生态修复工程学

Ecological Restoration Engineering

李春林　王志康　许剑平　等　著

中国建筑工业出版社

图书在版编目（CIP）数据

生态修复工程学 ＝ Ecological Restoration
Engineering / 李春林等著. —北京：中国建筑工业出
版社，2024.3
ISBN 978-7-112-29615-6

Ⅰ. ①生… Ⅱ. ①李… Ⅲ. ①生态恢复—生态工程—
研究 Ⅳ. ① X171.4

中国国家版本馆 CIP 数据核字（2024）第 040046 号

责任编辑：毕凤鸣
文字编辑：王艺彬
责任校对：赵 力

生态修复工程学
Ecological Restoration Engineering

李春林　王志康　许剑平　等　著

*

中国建筑工业出版社出版、发行（北京海淀三里河路9号）
各地新华书店、建筑书店经销
北京建筑工业印刷有限公司制版
建工社（河北）印刷有限公司印刷

*

开本：787毫米×1092毫米　1/16　印张：19¼　字数：386千字
2024年10月第一版　　2024年10月第一次印刷
定价：**198.00元**
ISBN 978-7-112-29615-6
（42678）

前　言

　　生态修复工程是修复受损生态系统的工程措施。它通过人工干预去除或减少生态系统受到的胁迫压力，补充生态系统缺失的成分，调整或重建生态系统的结构，从而促进生态系统的稳定和健康发展，实现优质且持续的生态系统功能。在生态修复工程的场地元素中，既包括受损的生态系统成分，又包括通过人工措施新增的成分。生态系统的演变受到人为和自然的双重影响，其结构与功能在微观和宏观的变化都由人为干预和自然作用之间的平衡或协同所决定。人为干预是调节生态系统变化的主要可控力量，生态修复工程学理论必须解决如何通过合理成本的人为干预将原有成分与新增成分组合到一起，建立稳定的生态结构。因此，生态修复工程学理论应包含基础生态学知识，以及指导人为干预生态系统的理论和方法。

　　在受损生态系统修复过程中，恢复并重启物质循环是实现生态系统健康的基础和核心。构建土壤层、种子库和先锋植物群落，恢复生物群落的正向演替能力是决定生态修复效果的关键因素。本书通过全面梳理生态系统内外各要素之间的相互关系，结合生态修复实践经验，探讨了如何在人为干预条件下，利用新型材料和技术建立营养丰富且结构稳定的环境基础，以恢复物质循环，并快速构建具有正向演替能力的植物群落；提出了物质循环的人为调节理论、环境非生物要素的平衡关系理论、生物要素的竞争促进理论以及群落演替的人为加速理论共四项生态修复工程学的基本理论依据。本书涵盖了从理论指导到问题诊断、工程设计、项目建设、管理养护和成效评价的工作全过程，介绍了生态修复的部分技术和案例，用以探讨生态修复工程的理论和方法。

　　这是作者在二十多年的生态修复工作实践中，研发、归纳与发现的一套基于地球物质循环与原生演替等生态学基本原理的生态修复新理论。在其指导下，希望形成一整套完整的生态修复技术、材料、工艺、装备、标准、设计与工程建设的产业体系。在当下生态修复实践工作大多以工程项目方式实施的时代背景下，生态修复工程学这门新理论对于指导相关工程实践具有重要的现实意义。

　　本书正文共分三个部分。第一部分是背景与理论，包含第 1~4 章。其中，第 1~3 章介绍了生态修复的概念、范畴、指导思想、理论现状，以及生态学的基础知识，包括生态系统的结构、功能和特征，还探讨了人类对自然生态环境进行人为干预的行为与特征。第 4 章在全面梳理生态系统内外各要素之间相互关系的基础上，基于本研究总结出的新的多层次物质循环模型，提出了新的生态修复工程学理论。

第二部分是方法学，包含第 5～7 章。第 5 章介绍了生态修复工程的一般过程和方法体系，包括勘察与调查、问题诊断、设计及建设的方法；第 6 章介绍了生态修复工程过程与成效评价的方法；第 7 章介绍了被修复生态系统的碳汇估算方法。

第三部分是应用案例。首先，以辽宁海城金旺采石场生态修复项目案例介绍了生态修复工程的勘察与诊断方法；其次，按照我国五大气候区划分，介绍了五个不同区域的生态修复工程的典型案例；随后，介绍了湿陷性黄土、吹填岛礁、建筑屋顶以及河道四个特殊环境的生态修复工程典型案例。最后三个案例，分别是对修复过程和修复效果的评价以及对修复后的碳汇估算。涉及的 11 个具体案例，都是由本书主编单位——青岛冠中生态股份有限公司建设完成的，使用的图片和图表除注明出处外，都由本书主编单位拍摄和制作。

本书总结了在生态修复技术研发、工程实践与成效评价中长期积累的经验，反映了当前阶段生态修复工程的理论和技术水平。生态修复工程学是一个快速发展的新学科，随着我国社会经济发展过程中新生态问题的出现以及科学技术的进步，生态修复工程的方法和技术也将不断丰富和更新。此外，本书对生态修复技术和工程案例的介绍，主要以受损边坡的修复经验为基础，尽管受损边坡的修复是生态修复工程的主要类型之一，但生态修复工程学的应用范围远远不止于此。因此，本书中不可避免会存在疏漏或偏颇之处，恳请各位读者批评指正。

本书中的生态修复理论、方法与案例是在青岛冠中生态股份有限公司数个部门多位同事的共同努力下完成的。他们分别主持或参与了本书不同部分的写作与整理：背景与理论部分（第 1～4 章）由李春林、王志康、朱建军、臧小龙、陈天宇、曹志泉和张式雷合作完成；方法学部分（第 5～7 章）由李春林、许剑平、魏保、王乃强、王志康、臧小龙、曹志泉和朱建军合作完成；应用案例部分（第 8～20 章）由李春林、许剑平、封姣、臧小龙、王志康、魏保、王乃强、曹志泉、陈天宇和曲宁合作完成。孙琳婷、王志康和朱建军整理了本书各章节的参考文献，张式雷、曲宁、孙琳婷、张良振和封姣参与了本书的资料收集和整理。此外，许剑平、曲宁、封姣、臧小龙、周昀晖、樊桐桐、张方杰、高军、李宗倩等人也对本书全部或部分章节的写作提出了很多意见和建议。全书在大家协作的基础上，由李春林、王志康和许剑平执笔综合完稿。

本书在写作与出版的过程中，还得到了相关机构、领导、专家、同行、同事和朋友们的大力支持、指导与帮助，在此一并致以衷心的感谢！

本书的研究和写作得到以下课题项目的资助，特此感谢：

（1）国家重点研发计划（编号 2017YFC0504900），西南高山亚高山区工程创面退化生态系统恢复重建技术，2017—2020；

（2）科技部"科技型中小企业技术创新基金"项目（编号 10C26213714461），有机固体废弃物资源化循环应用及 FSA 植被恢复与环境的生态性治理技术，2010—2012；

（3）科技部"农业科技成果转化资金"项目（编号 2011GB2C620004），团粒喷播植被生态恢复技术的产业化推广，2011—2013；

（4）住房和城乡建设部 2022 年科学技术计划项目（编号 K20220455），零碳建筑技术体系及关键技术研究，2022—2024；

（5）国家林业和草原局林草国家创新联盟研发项目（编号 GLM〔2020〕1），工厂化乡土树种育苗及造林技术研究，2020—2022；

（6）青岛市科技计划项目（关键技术攻关类）（编号 12-4-1-37-nsh），植物对环境生态恢复关键技术的产业化推广，2012—2014；

（7）青岛市民生科技计划项目（科技惠民专项）（编号 17-3-3-72-nsh），重金属污染土壤修复技术的研究应用与推广，2017—2019；

（8）拉萨市科技计划项目（编号 LSKJ201926），拉萨空港新区风积沙地植被恢复技术研究，2019—2020。

另外，本书的研究内容还得到了 77 个青岛市企业技术创新重点项目的支持，在此一并感谢！

目　　录

第二部分　方法学

第三部分 应用案例

第一部分 背景与理论

第1章 绪 论

1.1 概述

1.1.1 生态修复与生态修复工程

生态修复是指对退化、污染或受损的生态系统采取一定的措施，修复自然环境应有的功能、结构和可持续发展的能力。其中，"修复环境功能"是指恢复一个生态系统的健康。这种健康主要是指有序的能量流动（物质循环）和信息传递；"修复环境结构"是指修复一个生态系统的结构完整性，包括空间结构和生物结构，要具备稳定的群落结构和物种多样性。良好的生态结构是地球物质循环的基础和保证；"可持续发展能力"包括群落的正向演替方向、环境系统的抵抗能力与自我修复能力。

修复和保护是生态环境治理的两种主要策略，其中保护是指对当前尚未出现的生态环境问题采取的预防措施，而修复是对当前已经出现的生态环境问题采取的补救措施。有些退化或受损的生态系统仅通过保护难以恢复正常或者恢复速度缓慢，甚至有些已经受损的生态系统通过修复措施也难以恢复到原本的状态。因此，保护和修复两者之间是一种相互补充的关系，但彼此之间不能互相替代。

生态修复工程是在生态修复工作中采用的工程措施，通常涉及土木、水电、道路、绿化等建设内容，需采用较多人力和大型设备。因此，实施生态修复工程，不仅需要生态学方面的基本原理，还需要将工程技术应用到解决生态问题中的方法论。

1.1.2 生态修复的研究学科——修复生态学

生态修复的研究学科为修复生态学，是一级学科生态学（Ecology）下设的二级学科，旨在研究和解决环境污染和治理问题，主要研究方向有污染生态学和恢复生态学。污染生态学是研究生物系统与被污染的环境系统之间的相互作用规律及采用生态学原理和方法对污染环境进行控制和修复的科学[1]，恢复生态学是研究生态系统退化的原因、退化生态系统恢复与重建的技术和方法及其生态学过程和机理的科学[2]。

污染生态学和恢复生态学分别是解决生态系统的污染问题和退化问题的指导性学科，解决污染和退化的措施均包含工程措施，因此这两门学科的具体内容涉及生态修复工程。然而，很多生态修复工程主要解决的问题是生态系统的结构性受损，并非仅仅是生态系统的污染或者退化。

生态系统退化是指生态系统的运行状态失稳但基本结构还在，表现为生物群落结构失衡，植物生长状态差。生态系统污染是指生态系统中某些物质的含量过高，在生态系统中，经过食物链的富集，对生物产生毒害作用。生态系统结构性受损的主要原因是生产建设等人为活动以及剧烈自然灾害对生态系统结构的严重破坏。结构性受损与污染和退化相比，其被破坏的程度更加剧烈，以至于无法完全依靠自然能力或少量的人为干预进行恢复。甚至在缺少工程修复的情况下，生态环境问题还会进一步扩大，导致问题更加严重，如侵蚀的逐渐发育、污染的扩散。要解决这种情况严峻、势态紧急的生态环境问题，依靠传统的自然恢复方法是无法实现的，必须依靠工程手段，对生态系统进行强有力的人为干预。

当前修复生态学的相关理论体系建设主要集中在污染生态学和恢复生态学，这两个方面均已有多部相关专著对其修复原理和方法进行介绍。例如，污染生态学相关的专著有不同版本的《污染生态学》[3-5]、《复合污染生态学》[6]和《污染生态化学》[7]，恢复生态学方面的专著有多个版本的《恢复生态学》[8-10]、《恢复生态学导论》[11-12]。这些专著全面总结了修复生态学两个主要方向的理论体系，并提供了充足的实施案例。然而，在生态修复工程方面，仍缺少相关的理论和专著，仅有一部《生态修复学导论》[13]对相关技术和工程案例进行了介绍，并没有梳理生态修复工程的理论体系。因此，仍需要有一部专著对生态修复工程的原理和方法进行系统的阐述和介绍。

1.1.3 生态修复工程学的定义与范畴

生态修复工程学（Ecological Restoration Engineering）是研究生态修复工程的理论及方法的一门学科。基础学科为生态学和工程学，密切相关学科包括恢复生态学、污染生态学、环境学、水土保持学等。研究内容包括生态修复工程中的生物学与生态学过程、生态修复工程采用的技术、材料和方法以及生态修复工程监测与评价。

生态修复工程学的研究范围包括各种类型的生态修复工程，根据修复的生态系统类型可以分为森林修复工程、草原修复工程、河道修复工程、湿地修复工程、海岛修复工程等，根据修复的具体问题和场地可以分为矿山修复工程、受损边坡修复工程、（重金属、有机、酸碱）污染场地修复工程、尾矿库修复工程、荒漠化治理工程、沙化治理工程、水土保持治理工程等。

生态修复工程学不仅是一种生态修复的理论和应用技术集成，也是一种环境保护的思想认识，可以广泛应用到人工环境建设和社会生活的多个领域，如零碳建筑、市政工程、交通工程、水利工程、工业生产、农业种植、居家生活等。

1.2　生态修复工程学研究的必要性

1.2.1　我国生态保护修复工作的发展变化

如表 1.2-1 所示，王夏晖等学者将中国近 20 年来的生态保护修复发展历程分为三个阶段[14]，分别是以生态建设与重点治理为主阶段、以生态空间和生态功能保护恢复为主阶段和以山水林田湖草沙系统保护修复为主阶段。

近 20 年中国生态修复发展历程与主要特征　　　　　　　　　表 1.2-1

发展阶段	年份	主要理念	重要文件或重大事件	阶段特征
以生态建设与重点治理为主的阶段	1998 年	预防为主，治理与保护、建设与管理并重	《全国生态环境建设规划》	针对生态退化和生态破坏的重点问题，开展生态恢复重大工程建设，实施重点区域生态治理，要求治理与保护、建设与管理并重
	2000 年	保护优先，预防为主，防治结合；在保护中开发，在开发中保护	《全国生态环境保护纲要》	
	2005 年	在发展中落实保护，在保护中促进发展	《国务院关于落实科学发展观加强环境保护的决定》	
	2006 年	预防为主，保护优先；分类指导，分区推进；统筹规划，重点突破	《全国生态保护"十一五"规划》	
以生态空间和生态功能保护恢复为主的阶段	2007 年	保护和恢复区域生态功能，逐步恢复生态平衡	《国家重点生态功能保护区规划纲要》	以保护和恢复生态系统服务功能为重点，实施分区分类保护修复，加强具有重要生态功能的区域、生态脆弱区等生态空间保护修复，确立重点生态功能区制度，提出划定生态保护红线
	2008 年	划定对国家和区域生态安全起关键作用的重要生态功能区域	《全国生态功能区划》	
	2008 年	维护生态系统完整性，恢复和改善脆弱生态系统	《全国生态脆弱区保护规划纲要》	
	2010 年	在关系全局生态安全的区域，应把提供生态产品作为主体功能；保护生态产品生产力，实现科学发展	《全国主体功能区规划》	
	2011 年	在重要区域划定生态保护红线	《国务院关于加强环境保护重点工作的意见》	

续表

发展阶段	年份	主要理念	重要文件或重大事件	阶段特征
以山水林田湖草沙系统保护修复为主的阶段	2012 年	尊重自然、顺应自然、保护自然	党的十八大报告	在习近平生态文明思想的指引下，按照"山水林田湖草是生命共同体"的理念，从局部生态功能恢复向以维护国家和区域生态安全为核心的生态系统整体保护、系统修复、综合治理转变
	2015 年	节约优先、保护优先、自然恢复为主	中共中央、国务院《关于加快推进生态文明建设的意见》	
	2017 年	人与自然和谐共生	党的十九大报告	
	2017 年	生态保护红线制度上升为国家战略	《关于划定并严守生态保护红线的若干意见》	
	2018 年	确立习近平生态文明思想	全国生态环境保护大会	
	2020 年	山水林田湖草是生命共同体	《全国重要生态系统保护和修复重大工程总体规划（2021—2035 年）》	

不同阶段的划分体现了我国生态治理理念、规划目标和治理重点的变化和发展。目前，我国的生态修复和治理已经发展到以山水林田湖草沙系统保护修复为主的阶段，新阶段强调了对不同生态环境类型的整体保护、系统修复、综合治理。

然而，相比这些年来理念、目标与治理重点的不断变化和发展，我国生态保护修复工作所依据的生态学理论并没有随之变化和调整。当前生态修复相关理论大多来自基础生态学，主要有生态因子作用、竞争、生态位、演替、定居限制、护理效应、互利共生、啃食／捕食限制、干扰、岛屿生物地理学、生态系统功能、生态型、遗传多样性等[15]。状态过渡模型及阈值、集合规则、参考生态系统、人为设计和自我设计、适应性恢复等理论是在生态治理的发展过程中产生的理论，其中人为设计和自我设计理论是唯一从恢复生态学中产生的理论[15]。这些理论的产生时间大多在 2000 年之前，少数在2000 年左右，均早于我国生态修复工程大规模实施的阶段（2000 年以后）。因此，这些理论很难全面指导生态修复工程中普遍存在的高强度人为干预下的生态过程，尤其是新材料、新技术的产生。例如，在受损边坡（矿山、道路等环境治理）生态修复工程中，采用喷播技术构建的土壤厚度通常为 10cm 左右。而传统认识中，如此薄的土壤是无法构建林地植被的。此外，传统生态学理论或生态修复理论对环境与生物的同步设计，以及环境与生物之间的相互关系并没有给予足够的重视，没有突出生物互作对环境产生的重要影响，也缺少对高强度人为干预下生态系统变化规律的研究。

1.2.2 生态修复工程是不可或缺的生态治理手段，需要新的理论指导

当前，世界上存在的生态环境问题大到全球变暖、小到一条河流的污染，都与人类活动密切相关。从陆地到海洋，从城市到雪山，从赤道到两极，地球环境中很难找到真

正意义的不受人类干扰的纯粹"自然环境"，而随着地球人口数量的不断增加，人类对地球生态环境干扰的频率和强度也会不断升高。人类活动已经对自然生态系统产生了不可逆的影响，许多生态环境呈现出显著的退化趋势。因此，伴随着人类活动的发展，生态环境治理必将是长期而持续的过程。

生态修复工程是生态治理的一种方法，解决的是生态环境问题中较严重的生态结构受损和生态功能严重退化问题。这些问题出现的原因主要有三个，即自然灾害、气候变化和人为活动。从历史趋势来看，三者都将长期存在。这就意味着，我们所要解决的生态问题也会长久存在，从而可以确定生态修复工程将是现在、未来都不可或缺的生态治理手段。

从修复方法和修复理论的发展逻辑来看，相比于封禁、轮牧、农业和植树造林、园林绿化等传统生态措施，修复工程所采用的生态要素改造和生态结构重建方法是对生态环境进行了强有力的人为干预。通过人为的精确干预，满足形成高质量生态系统的地质、地形、土壤、水分、温度等环境条件和群落物种组成、种子库密度等生物条件，而这些干预措施的力度和时间则往往由效果和成本之间的平衡决定。与其他修复措施相比，由于投入的成本（具体为资金，人力，机械等）更大，生态修复工程对生态环境干预的强度、广度和精度上均有明显的提高，从而能够取得更好的修复效果（包括时效和质量）。随着科技水平的进步，生态修复技术更新换代，人为干预生态环境的强度、广度和精度还会进一步加强。通过生态修复工程，甚至可以人为创造一些自然环境中不存在的空间生态结构，如玻璃建筑物或者不透光密闭空间中的植被建设。因此，当前以自然生态环境研究为基础形成的生态学理论体系，将难以全面指导未来的生态修复工程建设。人为干预下的新的生态学理论，将会成为新的生态修复工程的理论依据。

我们希望这部《生态修复工程学》能为日后新的生态学理论抛砖引玉。

1.2.3   生态修复实践的大量创新经验需要总结归纳

在过去的 20 多年，中国涌现出了许多专注于生态修复理论与实践的一大批从业者，包括专家、学者、机构和企业。

北京林业大学朱清科教授及其团队在研究《黄土高原水土保持林的近自然构建》课题中，提出半干旱黄土区基于微地形植物群落结构精准配置的近自然植被构建理论与技术体系，回答了如何在生态修复中实施宜乔则乔、宜灌则灌、宜草则草的问题，揭示了微地形分布与林木自然分布格局、植物群落结构及林草植被稳定密度之间的耦合关系[16-21]。

四川大学艾应伟教授及其团队对团粒喷播技术在受损边坡的应用进行了广泛而深刻的研究，在国际期刊中发表了 10 余篇文章，这些文章介绍应用团粒喷播技术形成人工土壤的物理、化学（包括养分）、微生物群落、土壤酶特征以及重金属污染状况[22-27]。

近年来，我国生态修复企业一边实施生态修复实践，一边不断研发生态修复新技术和新设备，已经从我国生态修复工程的生力军变为主力军。例如，青岛冠中生态股份有限公司成立于 2000 年，已在中国开展生态修复业务 20 多年。在中国 31 个省份、82 个城市中，完成超过 500 个生态修复项目（表 1.2-2）。这些项目覆盖了中国全部的 5 个气候类型，特别是在修复难度较大的高原和高山气候、干旱少雨的温带大陆性气候地区，都取得了良好的修复效果（图 1.2-1）。冠中生态公司的研发成果和工程实践涵盖了包括植被恢复、水土保持、防沙治沙、土壤修复、水环境治理等内容的生态修复工作范围，其中的"优粒土壤"以及以"优粒土壤"为技术核心形成的植被恢复技术体系，已成为中国高陡边坡生态修复的首选方案。并且，冠中生态公司作为主要起草单位之一，主持编写了国内植被恢复行业的行业标准——《边坡喷播绿化工程技术标准》CJJ/T 292—2018[28]，为我国生态修复行业的健康发展做出积极贡献。

冠中生态公司的项目分布 表 1.2-2

地区	省/自治区/直辖市	地级市								
东北地区	黑龙江	抚远	齐齐哈尔	哈尔滨						
	吉林	白城								
	辽宁	大连	葫芦岛	本溪	鞍山					
华北地区	内蒙古	包头	乌海	呼和浩特						
	河北	承德	张家口	保定	邯郸	唐山	邢台			
	北京	北京								
	天津	天津								
	山西	吕梁	长治							
华东地区	山东	青岛	威海	烟台	济南	日照	临沂	泰安	淄博	莱芜	聊城
	江苏	连云港	徐州	镇江						
	上海	上海								
	安徽	蚌埠	淮北	马鞍山	铜陵	芜湖	繁昌	黄山	安庆	
	江西	赣州	景德镇							
	浙江	杭州	台州	温州						
	福建	漳州								
华中地区	河南	新乡	焦作	南阳	洛阳					
	湖北	宜昌	黄石	武汉						
	湖南	张家界								

续表

地区	省 / 自治区 / 直辖市	地级市							
华南地区	广东	汕头	珠海						
	广西	百色	崇左						
	海南	三亚	海口	三沙市					
西北地区	陕西	西安	韩城	延安					
	宁夏	宁夏							
	甘肃	陇南							
	青海	互助	海东						
	新疆	乌鲁木齐							
西南地区	西藏	拉萨	山南	日喀则					
	云南	大理	建水	怒江傈僳族自治州					
	贵州	安顺							
	四川	成都	南充	九寨沟					
	重庆	重庆							

图 1.2-1　冠中生态公司的项目效果图

（左为西藏拉萨修复后 3 个月，右为内蒙古包头修复后 8 年）

这些生态修复从业者多年积累的创新经验为生态修复行业的发展和生态修复工程学理论的构建打下了良好基础，但是还需要进行归纳总结才能形成完善的理论体系。

1.2.4　生态修复工程的发展需要新理论引导

当前，在材料学领域，新型材料、复合材料、高分子材料等新材料方向的成果不断更新，这意味着未来生态修复工程的材料会有更多更好的选项。在生命科学领域，分子生物学发展迅速，基因编辑技术逐渐成熟，其应用不仅能够培育改良出更加理想的修复植物品种，还可以开发出具有改善环境条件促进植物生长的微生物制剂。在装备和设计开发领域，人工智能的成熟显著促进了工程机械臂、机器人的发展，计算机分析能力得到空前的加强，大数据支持下的物联网、远程运维、自动识别及诊断等功能，给生态修复的设备和设计创新带来了无限可能。然而如何将这些新出现的材料与技术应用在生态修复工程的实践中，不仅需要进一步地探索和实验，更需要有新的理论引导实践的方向。

1.2.5　生态修复工程学的应用展望

生态修复工程学是研究人为干预手段下的新的生态学理论。虽然通过人为干预使生态功能超越自然极限的应用在生态修复工程中尚处于开始阶段，但是在农业和林业中已经非常普遍。通过施肥、耕地、改变种植方式、杂交甚至修改遗传信息等人为干预，现代农林业能够实现数倍、数十倍甚至数百倍于自然极限的产出效率。回顾农业的发展历史，我们可以发现，生物群落的各项功能（包括生态功能和农业功能）存在三个极限，分别是自然极限、生态学极限和生物学极限。自然极限是生物群落完全依靠自然力量进行组织和发展所能实现的最高功能效率；生态学极限是生物群落在最优物种组成和适宜环境条件下所能实现的最高功能效率；而生物学极限是在最优基因组成和理想环境条件下所能实现的最高功能效率。生态学极限是一个介于自然极限和生物学极限之间的阈值，更高功能效率物种或品种的出现和更强环境调控技术的研发将使生态学极限更加靠近生物学极限。生物学、材料学和工程学的创新，将为生态修复工程学不断注入新的内容。

随着世界人口增加和城市化的推进，人类将不得不占据更多的区域进行居住和生产活动，而当前世界存留的自然生态系统正在受到严格保护，这就意味新增人口所带来的生态环境服务功能需求的增加都需要在现有的城市和农村中解决，显然仅靠生态保护和生态修复难以满足这些需求。解决这些问题的一个方案是进一步提高现有人工系统环境的服务产出功能，但是还有另外一个方案——将部分生态供应功能从室外移到室内，以满足人类的生活和生态需求。一方面可以建立城市立体农场，通过现代技术手段为植物提供理想的人工环境生长条件，克服自然条件下的季节、土地限制，实现远超自然环境的高效生物量服务产出；另一方面可以对人居和办公环境进行生态赋能，构建室内和园区的人工植被环境，彻底解决当下建筑运行过程中产生的碳排放、高耗能、污水处理、中水回用难等问题，打造"人与自然和谐相处"的"未来城"。这些目标构想中涉及的内容都是生态修复工程学的研究范畴。

综上，生态修复工程学就是研究人为干预条件下形成的自然环境和人工环境中有机成分与无机成分成长、变化、发展、循环的新生态学理论，它是对以自然生态环境研究为基础形成的传统生态学理论的补充和完善，更是未来人居环境生态赋能和生态管理的重要理论依据。

1.3　参考文献

［1］孙铁珩，周启星．污染生态学的研究前沿与展望［J］．农村生态环境，2000（3）：42-45+50．

［2］周瑞华．单县嘉单河和东沟河人工湿地施工方法探讨［J］．地下水，2022，44（2）：260-261．

［3］孙铁珩，周启星．污染生态学［M］．北京：科学出版社，2001．

［4］张辉．污染生态学［M］．呼和浩特：内蒙古大学出版社，2000．

［5］乔玉辉．污染生态学［M］．北京：化学工业出版社，2008．

［6］周启星．复合污染生态学［M］．北京：中国环境科学出版社，1995．

［7］周启星，罗义．污染生态化学［M］．北京：科学出版社，2011．

［8］孙书存，包维楷．恢复生态学［M］．北京：化学工业出版社，2005．

［9］彭少麟．恢复生态学［M］．北京：气象出版社，2007．

［10］董世魁．恢复生态学［M］．北京：高等教育出版社，2009．

［11］任海，彭少麟．恢复生态学导论［M］．北京：科学出版社，2001．

［12］任海，刘庆，李凌浩．恢复生态学导论［M］．北京：科学出版社，2008．

［13］刘俊国，安德鲁·克莱尔．生态修复学导论［M］．北京：科学出版社，2017．

［14］王夏晖，何军，牟雪洁，等．中国生态保护修复20年：回顾与展望［J］．中国环境管理，2021，13（5）：85-92．

［15］任海，王俊，陆宏芳．恢复生态学的理论与研究进展［J］．生态学报，2014，34（15）：4117-4124．

［16］李依璇，朱清科，石若莹，等．2000—2018年黄土高原植被覆盖时空变化及影响因素［J］．中国水土保持科学（中英文），2021，19（4）：60-68．

［17］石若莹，朱清科，李依璇，等．陕北黄土区坡面微地形与群落数量特征的关系［J］．中国水土保持科学（中英文），2021，19（3）：1-7．

［18］王鹏祥，朱清科，申明爽，等．陕北黄土区陡坡微地形土壤水分对降雨的响应［J］．干旱区资源与环境，2020，34（8）：167-172．

［19］濮阳雪华，苟清平，王春春，等．陕北黄土区不同微地形土壤养分特征研究［J］．西北林学院学报，2019，34（3）：37-42+73．

［20］李豪，卢纪元，魏天兴，等．陕北黄土高原不同微地形下植被-土壤系统耦合特征研究［J］．四川农业大学学报，2019，37（2）：192-198+214．

［21］赵兴凯，李增尧，朱清科. 陕北黄土区具干表土层的极陡坡绿化技术研究［J］. 应用基础与工程科学学报，2019，27（2）：312-320.

［22］Fu D, Yang H, Wang L, et al. Vegetation and soil nutrient restoration of cut slopes using outside soil spray seeding in the plateau region of southwestern China [J]. Journal of environmental management, 2018, 228: 47-54.

［23］Zhang W, Li R, Ai X, et al. Enzyme activity and microbial biomass availability in artificial soils on rock-cut slopes restored with outside soil spray seeding (OSSS): Influence of topography and season [J]. Journal of environmental management, 2018, 211: 287-295.

［24］Huang Z, Chen J, Ai X, et al. The texture, structure and nutrient availability of artificial soil on cut slopes restored with OSSS – Influence of restoration time [J]. Journal of environmental management, 2017, 200: 502-510.

［25］Ai X, Wang L, Xu D, et al. Stability of artificial soil aggregates for cut slope restoration: A case study from the subalpine zone of southwest China [J]. Soil & tillage research, 2021, 209: 104934.

［26］Ai S, Chen J, Gao D, et al. Distribution patterns and drivers of artificial soil bacterial community on cut-slopes in alpine mountain area of southwest China [J]. Catena, 2020, 194 (3): 104695.

［27］Chen Z, Ai Y, Fang C, et al. Distribution and phytoavailability of heavy metal chemical fractions in artificial soil on rock cut slopes alongside railways [J]. Journal of Hazardous Materials, 2014, 273 (may 30): 165-173.

［28］青岛冠中生态股份有限公司. 边坡喷播绿化工程技术标准（附条文说明）：CJJ/T 292—2018［S］. 北京：中国建筑工业出版社，2018.

第 2 章　生态学基础知识

生态系统是指在一定尺度的空间区域内，生物（植物、动物和微生物）与非生物环境之间通过不断的物质循环、能量流动和信息传递形成的相互作用和相互依存的统一整体（E.P. Odum 和 H.T. Odum）。生态系统概念由英国生态学家 A.G. Tansley 于 1935 年提出 [1]，经过 R.L. Lindeman（1942）的继承和发展 [2]，奠定了稳固的基础。20 世纪 60 年代以后，以 Odum 兄弟（E.P. Odum 和 H.T. Odum）、R.E. Ricklefs 和 F.B. Golley 等为代表的生态学家对生态系统概念进行了逐步完善，生态系统进入实验研究阶段 [3-6]，成为生态学研究重点，得到了许多学科和实践领域的认可。

2.1　生态系统的组成

生态系统是生物圈的组成部分和基本单元，其大小范围可根据研究对象进行划分。根据环境性质，生态系统分为陆地生态系统、水域生态系统、湿地生态系统等，根据景观特征，生态系统分为森林生态系统、草地生态系统、城市生态系统、湖泊生态系统等（图 2.1-1）。

生态系统组成包括非生物环境、生产者、消费者和分解者四种基本成分 [7]。

陆地生态系统

水域生态系统

图 2.1-1　不同类型的生态系统

森林生态系统　　　　　草地生态系统　　　　　城市生态系统　　　　　湖泊生态系统

图 2.1-1　不同类型的生态系统（续）

2.1.1　非生物环境

特定生物体或生物群体以外的空间，以及直接或间接影响生物体或生物群体生存的一切事物的总和称为环境。非生物环境包括两类：一类是地理要素，即生态系统所在的研究边界范围内的地理特征，包括气候、地形、地貌和水文等。这些因素往往控制着生态系统与外界的能量和物质交换，使生态系统成为一个相对开放的系统；另一类是生态系统内部的要素，包括岩石、土壤矿质成分、温度、湿度、空气以及空间等。生物生命活动所需的资源最初均来自这些非生物要素。

1. 光照

太阳辐射是绝大多数生态系统的主要能源，可以主导生态系统的温度变化，控制或影响生物的生理周期，并影响水和气体的活动和分布。在人工生态系统中，缺少阳光需耗费能源进行补光。

2. 空气

空气中的不同成分是支撑不同生命活动的基础。例如，氧气和二氧化碳分别是呼吸作用和光合作用的主要原料；水蒸气则是水分移动的重要形式。空气组分能够影响生态系统能量流动的方向，并调节其温度。同时，空气能够流动在不同生态系统之间，成为各个生态系统之间物质传递中至关重要的一环。

3. 水

水是所有生命体的主要组成部分，是地球上所有生物活动所必需的物质。在生态系统中，水是植物养分吸收和体内运输主要载体，是物质在高等生物体各器官之间运输的主要媒介。水具有较大的比热容，对于稳定生态系统的温度具有重要作用。此外，水还能够在不同生态系统间流动，是生态系统之间物质传递的重要载体。在水生生态系统中，水是构成生态系统的最主要物质；在陆地生态系统中，水是支撑生物生命活动的基本物质之一，主要包括地下水、土壤水、空气中的水汽。

4. 土壤与岩石

土壤是由空气、水、矿物质、土粒和腐殖质以及微生物构成的非均质混合物，是绿色植物能够生长的地面疏松表层。其中，腐殖质和微生物组成土壤中的有机物质。因此，土壤中的非生物要素不包括土壤微生物、土壤动物及植物根系等。

土壤不仅是陆地绿色植物生长的主要基质，而且是多数陆地生物的生活环境基底。土壤的生成是由风化的岩石通过生物作用发育成的，因此岩石也是生态系统的重要组成部分。除了形成土壤，岩石更是陆地生态系统的主要支撑物质，岩石的分布和形态大大影响着地貌地形。水生生态系统的底泥可以视为一种土壤，是螺、贝、蟹等底栖生物以及水底微生物的重要生存场所，同时也是挺水植物的生长基质。

在生态系统中，对生物生长、发育、生殖、行为和分布有直接或间接影响的环境要素为生态因子。环境中各种生态因子彼此联系、相互促进、互相制约，任何单一因子的变化，都会引起其他因子不同程度的变化及其反作用。生态因子对生物的作用有直接和间接作用、主要和次要作用的区别，在一定条件下它们可以相互转化。在生态学中，将生物的个体、种群或群落生活地域的环境（包括必需的生存条件和其他对生物起作用的生态因子）称为生境。生物体要在某种环境中生存和繁殖，必须得到所需要的各种基本物质，依其生物的种类和生活状况的差异，对基本物质的需求量不同，当某种基本物质的可利用量接近所需要的临界最小值时，这种基本物质将成为一个限制因子。德国化学家 B.J. Liebig（1840）针对植物生长与营养物质的量关系，提出在"稳定状态"下（即能量和物质的流入与流出处于平衡的情况下），植物生长取决于处在最小量状况的生态因子。此外，同一生态因子由于伴随的其他因子不同，对生物所起的作用也不同[8]。例如，光强不足时，二氧化碳浓度的提高可得到部分补偿，使光合作用的强度有所提高。美国生态学家 V.E. Sheford（1913）针对生物对生态因子具有耐受限度，提出了耐受定律：只要其中一项因子的量（或质）不足或过多，超过了生物的耐受限度，则物种不能生存，甚至灭绝[9]。生物对生态因子耐受限度称为其生态幅（有时也叫生态价）[10]。例如，熊猫仅见于秦巴山区，大象只生长在热带丛林。

2.1.2　生产者

生产者是自养生物，包括绿色植物和某些化能、光合微生物，是生态系统的基础成分。绿色植物截获太阳辐射能，通过光合作用转化为化学能，将无机物转化为有机物。绿色植物在地球分布广泛，以《中国植被》分类系统划分为乔木、灌木、半灌木、竹类、藤本、多年生草本、一年生草本、附生维管植物和叶状体植物九大类[11]。光合细菌（简称 PSB）是以光为能源，以二氧化碳或有机物为碳源，以硫化氢等为供氢体，进行自养或异养。根据光合细菌所含光合色素和电子供体的不同而分为产氧光合细菌（蓝细菌、原绿菌）和不产氧光合细菌（紫色细菌和绿色细菌）。生产者按营养级划分属于第一营养级。

2.1.3 消费者

消费者是异养生物，由动物组成。消费者不能将无机物转化为有机物，而是通过直接或间接消耗植物有机物制造动物有机物。消费者按照食性的不同分为：草食动物、肉食动物、杂食动物和寄生动物。草食动物只以植物有机物为食源，统称为一级消费者。肉食动物以草食动物为食源，使物质和能量获得重新分配，可分为二级消费者、三级消费者等。根据营养级划分：草食动物属于第二营养级，以食草动物为食的动物是第三营养级。

2.1.4 分解者

分解者是异养生物，包括腐生性微生物（细菌和真菌）和食腐性动物（蚯蚓、蜣螂等）。他们在生态系统中进行分解活动，在一系列复杂的过程中，各阶段由不同生物共同把复杂的有机物逐步分解为简单的化合物，最终以无机物的形式回归到环境中，被生产者再利用。

非生物环境、生产者、消费者和分解者在生态系统中紧密联系、相互作用，实现了物质的聚集、贮存和循环，以及能量的流通，使生态系统的生物量达到一定的水平，维持生态系统的生命活动。

2.2 生态系统的结构

生态系统的结构是指生态系统成分在空间和时间上相对有序、稳定的状态，包括组分结构、时空结构和营养结构。

2.2.1 组分结构

组分结构是指生态系统中由不同生物类型或品种以及它们之间不同的数量组合关系所构成的系统结构[12]。组分结构中，主要讨论的是生物群落的种类组成及各组分之间的量比关系，生物种群是构成生态系统的基本单元，不同物种（或类群）以及它们之间不同的量比关系，构成了生态系统的基本特征[13]。例如，平原地区的"粮、猪、沼"系统[14]和山区的"林、草、畜"系统[15]，由于物种结构的不同，形成功能及特征各不相同的生态系统。即使物种类型相同，但各物种类型所占比重不同，也会产生不同的功能。此外，环境构成要素及状况属于组分结构。

2.2.2　时空结构

时空结构也称形态结构，是指各种生物成分或群落在空间上和时间上的不同配置和形态变化特征，包括水平分布上的镶嵌性、垂直分布上的成层性和时间上的发展演替特征，即水平结构、垂直结构和时空分布格局。

生态系统的水平结构是指在一定生态区域内生物类群在水平空间上的组合与分布。在不同的地理环境条件下，受地形、水文、土壤、气候等环境因子的综合影响，植物在地面上的分布并非是均匀的。有的地段种类多、植被盖度大的地段动物种类也相应多，反之则少。这种生物成分的区域分布差异性直接体现在景观类型的变化上，形成了所谓的带状分布、同心圆式分布或块状镶嵌分布等的景观格局。

生态系统的垂直结构包括不同类型生态系统在海拔高度不同的生境上的垂直分布和生态系统内部不同类型物种及不同个体的垂直分层两个方面。随着海拔高度的变化，生物类型出现有规律的垂直分层现象，这是由于生物生存的生态环境因素发生变化的缘故。如川西高原，自谷底向上，其植被和土壤依次为：灌丛草原——棕褐土，灌丛草甸——棕毡土，亚高山草甸——黑毡土，高山草甸——草毡土[16]。由于山地海拔高度的不同，光、热、水、土等因子发生有规律的垂直变化，从而影响了农、林、牧各业的生产和布局，形成了独具特色的立体农业生态系统。生态系统的垂直结构以农业生态系统为例[17]。作物群体在垂直空间上的组合与分布，分为地上结构与地下结构两部分：地上部分主要研究复合群体茎枝叶在空间的合理分布，以求得群体最大限度地利用光、热、水、大气资源；地下部分主要研究复合群体根系在土壤中的合理分布，以求得土壤水分、养分的合理利用，达到"种间互利，用养结合"的目的。

2.2.3　营养结构

营养结构是指生态系统中生物与生物之间，生产者、消费者和分解者之间以食物营养为纽带所形成的食物链和食物网，它是构成物质循环和能量转化的主要途径。植物所固定的能量通过一系列的取食和被取食的关系在生态系统中传递，我们把生物之间存在的这种传递关系称之为食物链。所谓食物链，就是一种生物以另一种生物为食，彼此形成一个以食物连接起来的链锁关系。食物链主要可分为两类：一种是以活体为起点的，称为牧食食物链；另一种是以死体为起点的，称为碎屑食物链。

在生态系统中，生物之间实际的取食与被取食的关系，并不像食物链所表达的那样简单，通常是一种生物被多种生物食用，同时也食用多种其他生物。这种情况下，在生态系统中的生物成分之间通过能量传递关系，存在着一种错综复杂的普遍联系，这种联系像是一个无形的网，把所有的生物都包括在内，使它们彼此之间都有着某种直接或间接的关系。在一个生态系统中，食物关系往往很复杂，各种食物链互相交错，形成的就是食物网。食物网越复杂，生态系统抵抗外力干扰的能力越强；反之，则越弱。例如，苔原生态系统是地球上最耐寒，也最简单的生态系统之一，它是由"地衣—驯鹿—人"组成的食物链所构成的。但众所周知，地衣对二氧化硫的含量非常敏感，一旦地衣遭到破坏，那么苔原生态系统就会崩溃。可如果消失的地衣存在于热带雨林生态系统中，虽然也会对生态系统的稳定性和功能造成一定的影响，但不会是毁灭性的。

2.3　生态系统的功能

　　生态系统的组成和结构为了解生态系统的功能奠定了基础。一个健康的生态系统具备自我维持、自我调节和自我修复的功能。因此，生态系统通过生物与生物、生物与环境之间的相互作用保持正常运转。这些作用是生态系统的基本功能，主要包括物质循环、能量流动和信息传递。

2.3.1　物质循环

　　生态系统的物质循环指生物地球化学循环（Biogeochemical Cycles），描述了元素和化合物通过生物体、大气、水体和地壳的运动和转化的途径（图 2.3-1），根据化学元素的循环属性可分为水循环，气态循环和沉积循环三种主要类型，其中主要元素包括碳、氮和水。在碳循环中，植物通过光合作用吸收大气中的二氧化碳，将其转化为有机化合物。这些化合物然后被生物体用于能量转化和生长。碳通过呼吸和分解等过程以及燃烧化石燃料等人类活动释放回大气中。氮循环涉及通过固氮将大气中的氮气转化为可用的形式，如氨和硝酸盐，主要由某些细菌进行。这些化合物对植物和其他生物的生长至关重要。氮通过反硝化作用和其他过程返回到大气中。水循环，也称为水文循环，涉及水在大气、陆地和海洋之间的运动，包括蒸发、凝结、降水和径流等过程。水对于维持生命不可或缺，在各种生物地球化学循环中起着至关重要的作用。

　　物质循环是个复杂的过程，各循环相互关联，并依赖于生物、地质和化学过程之间的相互作用。微生物，如细菌，是生物地球化学循环的重要驱动力，因为它们执行与营养循环有关的基本代谢过程。如果没有微生物，许多这些过程就不会发生，从而极大地影响生态系统的功能和地球的整体生物地球化学循环。营养元素来自生物生存环境中的土壤、水、大气，甚至岩石，并在生物死亡或凋落后返回环境。在这个过程中，营养元素经历了不同化学形态的转换和迁移，首先，被生物从非生物环境中吸收，然后，在生命个体的不同部位中运输，从食物链不同营养级之间迁移，最后，在非生物环境中迁移和转化。

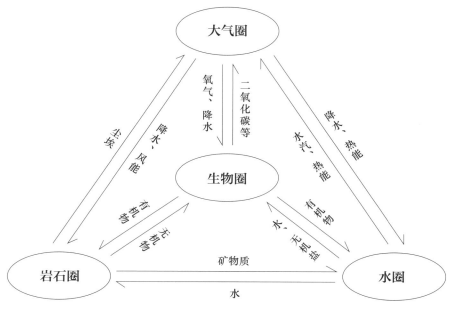

图 2.3-1　物质的地球生物化学循环模型（图片来源于互联网）

2.3.2　能量流动

生态系统中能量的根本来源是太阳，太阳辐射被光合作用所截取，成为地球上一切生活有机体进行生命活动的能量来源。在生态系统中，能量通过食物链传递，每从一个环节到另外一个环节，都要消耗大量的能量（以热能形式消耗）。因此，能量流动具有单向、逐级递减和质量逐渐提高的特点。各营养层的能量总量形成由高到低排列的能量金字塔。金字塔底层是绿色植物，它的生产能力最大，草食动物次之，肉食动物最小。

能量流动过程中在各营养层级的能量比值称为生态效率。美国生态学家 Lindeman 在对湖泊生态系统的能量转化研究中计算了 $n+1$ 营养级所获得的能量占 n 营养级所获得的能量的比（林德曼效率），发现相邻两个营养级之间能量传递的效率只有 10%～20% 左右，后一营养级只能获得前一营养级能量的约 1/10[18]。一般来讲，生态系统能量转化效率大致是 5%～30%，从植物到草食动物的转化效率大约是 10%，从草食动物到肉食动物的转化效率大约是 15%[19]。

2.3.3 信息传递

信息传递是生态系统的基本功能，在传递过程中伴随着一定物质和能量的消耗，方向具有双向性。生态系统包含大量复杂的信息，既有系统内要素间关系的"内信息"，又存在与外部环境关系的"外信息"，大致可以分为物理信息、化学信息、行为信息和营养信息。

物理信息主要指光、声、热、电、磁等以物理过程为传递形式的信息。生态系统的光信息主要来自太阳及其派生出来的次级信息。光的强弱，即光质和光照时间的长短都是重要的光信息。声信息对动物有重要作用。研究表明，森林动物的听觉比视觉更重要，动物更多以声信息确定食物的位置或发现敌害的存在。植物也能感受声信息，如含羞草在强烈声音的刺激下，就会表现出小叶合拢，叶柄下垂的运动[20]。电信息表现为植物或动物组织与细胞存在着电现象，因为活细胞的膜存在着静电位，任何外部刺激都会引起电位产生，形成电位差，引起电荷的传播[21]。磁信息指生物对地球磁场的反应。海洋生物的洄游，候鸟的迁徙，信鸽千里传书等行为都是动物通过自身磁场与地球磁场的相互作用确定方向和方位[22]。

化学信息指生态系统生物代谢产生的化学物质，能够参与传递信息、协调各种功能[23]。在植物与植物之间，植物与动物之间，动物与动物之间都存在化学信息的传递。例如，有些植物分泌植物毒素或防御素，使其对邻近植物产生毒害；植物花的香味、花粉和蜜吸引昆虫的取食和传粉；动物在遭遇天敌侵扰时，迅速释放化学物质，以警告种内其他个体有危险来临。

行为信息是指生物个体之间通过异常行动进行信息传递和交流。例如，蜜蜂通过形态和动作表示蜜源的远近和方向。

营养信息是指生物在生态系统食物链的关系。各种生物通过营养信息关系，联系成一个相互依存和相互制约的整体。

2.4 生态系统的动态变化

生态系统的变化包括周期性变化和演变两种形式。周期性变化是由于气候等环境条件周期性变化对生态系统的影响，主要包括昼夜变化、不同季节的雨热变化及年际间气候变化。演变是指环境明显改变或遭受严重外力作用，导致生态系统当前的要素构成和能量状态向另一种状态转化。当演变有利于生态系统更稳定，功能提升时，称为进化；反之，则称为退化。

2.4.1　生态系统的演替

生态系统演替指生态系统的结构和功能随时间的改变，通常以植物群落演替、动物种群变化和环境条件为基础，是一个生态系统类型（或阶段）代替另外一个生态系统类型（或阶段）的过程[24]。生态系统演替过程涉及的有机体的变化、所需时间以及达到的稳定性程度，取决于地理位置、气候、水文、地质等因素。人类过度的开发、污染物的输入等干扰会抑制或终止演替过程。生态系统演替的特征表现为：演替是有方向、有次序的发展过程，演替是系统内外因素作用的结果，演替的趋势是增加稳态，可以保持自然环境的基本特征。

一般而言，生态系统演替泛指以群落为主的演替。植物群落演替是一个群落被另一个群落所取代的过程，大多数是由植物群落的季节变化和逐渐变化累积而成。造成植物群落演替的原因包括：植物繁殖体的迁移、散布和动物的活动性，群落内部环境变化，种内和种间关系的改变，外界环境条件的变化，以及人类活动等。按演替的起始条件划分[25]，植物群落的演替可分为原生演替和次生演替。原生演替是指在一个从来没有植被覆盖的地面，或者原来存在过植被，但被彻底消灭的地方发生的演替[26]。以旱生演替为例，原生演替的过程是：裸岩阶段→地衣阶段→苔藓阶段→草本植物阶段→灌木阶段→森林阶段。次生演替是从次生裸地（如森林砍伐迹地、弃耕地）开始的演替。次生裸地是指原来有过植被覆盖，以后出于某种原因导致原有植被被消灭的裸地，原有植物被消灭，但原有土壤条件基本保留，甚至还保留了植物的种子或者其他繁殖体。以弃耕农田为例，次生演替的过程为：弃耕农田→一年生杂草→多年生杂草→灌木→乔木。通常条件下，群落演替的各顺序阶段是从稀疏的植被到森林群落的进展演替，具有群落结构更加复杂、环境条件利用更加充分等特征。而当条件改变时，群落则发生从森林群落到稀疏植被的逆行演替，表现为群落结构简单化等特征[27]。

群落演替一般经过迁移、定居、群聚、竞争、反应和稳定六个阶段。当群落达到与周围环境取得平衡时（物种组合稳定），群落演替到达终点，成为演替顶级。演替顶级学说由英美学派提出，根据决定演替终点是否取决于该地区的气候条件发展出了气候顶级论[28]，多元顶级论和顶级－格局假说[28]。气候顶级论反映了大尺度的气候条件对植被演替终点的影响，而多元顶级论补充了局域尺度的植被演替终点的控制机制。顶级－格局假说与多元顶级学说并无本质的区别，只是后者特别强调了群落变化的连续性。

2.4.2　生态系统的周期性变化

太阳辐射是地球上所有生物生存和繁衍的基本能量源泉，地球上所有生物所必需的能量都是直接或间接来自太阳光；同时，生态系统的温度随着辐射量的波动变化，在辐射强度较高时升高，在辐射强度过低时降低。因此，太阳辐射的强度、波长组成以及周期性变化对于生物的生长发育和地理分布产生了深刻的影响，而生物本身对这些变化的光因子也有着多样复杂的反应。

生态系统的日变化主要是由地球自转影响产生的太阳辐射周期性变化所导致的。昼夜交替是周期现象，太阳总辐射在夜间几乎为零，日出后逐渐增加，正午达到最大值，午后又减小，这使得气温于 13—14 时达到最高点，在凌晨日出前则降至最低。大多数生物表现出昼夜节律，即 24h 循环一次的现象。动物的活动行为、体温变化、能量代谢以及内分泌激素的变化等都表现出昼夜节律性，而植物的光合作用、蒸腾作用、积累和消耗等表现出昼夜节律性变化。

生态系统的季节性波动主要是由于地球公转的影响。植物的开花结果、落叶及休眠，动物的繁殖、冬眠、迁徙和换毛换羽等，是对日照长短的规律性变化的反应，称为光周期现象，这一现象与季节的变化协调一致。由于海陆表面的热力学性质的差异，随着太阳辐射的季节性波动，大陆和海洋之间的热力差也会随之波动，使海陆之间形成大范围的、风向随季节有规律改变的风，也就是季风。季风的存在使干湿程度不同的空气随季风在海陆之间运动，从而导致受季风影响的生态系统其降雨量具有明显的季节性变化。

生态系统的年际变化是由于生态系统不定期地受到各种极端气候的影响，使温度、水分等环境因素的变化表现出在一定的极值范围内波动的现象，波动的频率从数年到数十年、数百年不等。气候的年际变化会影响生物和非生物的变化，比如树木的年轮会在雨水充足的年份较宽而在干旱的年份较窄，黄土形成过程中在湿润的时期会形成红色条带。

年际变化通常没有表现出准确的周期性，而是气候因子在高低极值之间呈现不规则的长短周期。这些气候因子的极值范围与生物生态幅的对应关系，就决定了不同物种在该生态系统中的生存情况。此外，这些气候因素的波动还影响了生态系统的水文及地貌变化。因此，在进行工程设计时，通常会对这些极端气候的重现期进行设计和预测，比如设计水坝时，要考虑五十年一遇或者百年一遇的降雨。对于生态修复工程，也应该重视这些极端气候，通过极端气候形成的环境极值范围选择生态幅合理的目标植物。此外，还应该在设计时提出遭遇极端天气时应该采取措施的具体方案。

一个稳定的生态系统需要不断进行物质和能量的输入、输出、流动和交换，以满足生物个体的生长、生存、死亡和种群的扩缩。在相对稳定的气候和地质条件下，生态系统中的各组分保持多个平衡，形成良性循环的营养结构和食物链，从而维持系统稳定性和持续性。当环境变化或干扰打破这些均衡时，生产者、消费者、分解者和非生物要素之间需要重新适应，直至重新建立稳定的自然循环机制，使生态系统从不稳定状态过渡到另一稳定状态。这一过程便是生态系统的演变。生物群落的演替是生态系统演变的重要组成部分，但并非全部。生态系统演变还包括非生物要素的变化。

引起生态系统演变的外因主要包括气候变化、自然灾害和人类活动[29]。气候变化导致的温度、水分等条件的改变，使原本植物群落的生态系统与当前环境的对应状况发生改变。部分物种难以适应改变后的环境而退出该群落，部分物种能适应该环境则有可能进入该群落。在群落内部，原本的优势种可能对气候的变化难以适应，而原来的其他种群可能对气候的变化更加适应，此时就很有可能发生优势种的改变。自然灾害是指不可抗拒的自然外力干扰作用，如水灾、病虫害及风蚀，包括偶发性的破坏性事件以及环境的波动等。偶发性破坏性事件主要包括山体滑坡、泥石流、龙卷风以及蝗虫大爆发等，它们常常对事件发生区的生物系统产生破坏性甚至毁灭性的影响。非连续性的环境波动包括周期性的气候干湿变化与冷热交替等过程，它们会对生态系统的结构、功能和组成产生明显的影响。人类活动因素是指经济发展、人口增长、工业建设、社会进步等各项因素的总称。随着人类经济社会活动深度和广度的拓展，人类活动打破了自然生态系统良性循环的结构，扰动了自然生态系统物质循环、能量流动和信息传递的固有渠道和耦合关系，致使生态系统的资源环境问题不断加剧[30]。人类干扰改变了70%的自然生态系统，被认为是驱动种群、群落和生态系统变化的主要动力之一。

生态系统进化是指生态系统向着种群多样化、组织水平更高、生产力更大的方向发展，与生态系统在种群结构和生境相对固定的状态下的生长发育不同，生态系统的进化是一个长期由外部因素驱动与生态系统中不同物种之间相互作用所引起的变化过程。回顾地球生态系统的变化历程，可以明显看出以下趋势[31-32]：

（1）随着生态系统内生物的进化，生态系统的物质能量利用效率逐步提高，表现为初级生产力的提高（由化学合成到光合成，由光合系统Ⅰ到光合系统Ⅱ）和能量转换率的提高，从而导致物质在生态系统中的存留时间逐渐增加。

（2）生态系统的复杂程度逐步提高，表现在随着物种分异度的增高而造成生态系统内生态关系复杂化，系统内物质、能量的转换层次增多。

（3）生态系统所占据的空间逐步扩展，由半深海底到浅海有光带、到海洋表层水域、到陆地及陆上水体和空中。

（4）生态系统内物种占据的小生境由"不饱和"状态逐步达到"饱和"状态。表现在物种之间竞争逐步加剧，物种寿命缩短，绝灭速率和种形成的速率提高。在早期阶段，新种的产生往往增加系统内的新的环节，但并不常常引起绝灭，前寒武纪"长寿"的物种较多可以证明这一点。显生宙以后新种产生往往导致老种绝灭，新老物种之间的替代关系很明显。

地球环境的不可逆变化和生物进化是驱动生态系统进化的基本因素[33]。生态系统的进化又加入了人类活动的因素，由此看来，未来的生态系统进化趋势主要取决于人类活动。当前人类活动正在导致环境的大改变和生物的大绝灭，这将引起生态系统的不可逆的改变，这关系到人类的命运。

较为严重的自然干扰和人为干扰会导致生态系统正常结构的破坏、生态平衡的失调和生态功能退化，有时候甚至是毁灭性的，如各种地质和气候灾害、森林的砍伐和长期过度放牧等掠夺式经营。这些干扰中，自然干扰往往是人力无法抗拒和挽回的，而对生态系统破坏性的人为干扰则是能够逐渐减少乃至杜绝的。

人为干扰实质上是对生态系统物质、能量、信息流的扰动。在生态修复工程中，要实现生态修复的目标，提高生态修复的质量，就必须考虑如何通过工程干预使修复的生态系统发生进化方向的演变。

2.4.3　陆地生态系统的土壤发育过程

土壤发育是原生演替的基础条件。自然环境下，植物生长需要土壤，如何保持土壤质量并且不流失，是恢复和重建植被环境的关键技术因素。土壤给人类提供了 95% 的食物，是世界上最大的净水器，是陆地系统最大的碳库，其储量是大气环境的 3 倍、植物系统的 4 倍。保护和利用好表层土壤，是实现良好生态修复效果的重要手段。

如图 2.4-1 所示，在陆地生态系统进化过程中，生物群落演替与土壤的发育均有明显的序列性。生物群落演替的阶段与土壤发育的阶段往往相互对应，这是因为土壤与生物群落是互为关键生态因子。生物群落的正向演替会引起生物多样性、生物量和群落稳定性的增加，而土壤发育也会体现在土壤的积累、土层厚度的增加、土壤结构的完善以及土壤中关键物质的丰富方面，如有机质和速效养分的增加。这些内在因素的变化通常会导致土壤外观的改变，如颜色的变化、黏化层和团粒的形成、凋落物层的覆盖和积累等。

土壤的形成是一个极为缓慢而又复杂的过程，在非生物因素（如气候、母质、地形和时间）和生物因素（植物、微生物和动物）的相互作用下，使物质经历淋溶、沉积、迁移和转化等过程，最终形成具有分明层次的土壤剖面。土壤剖面是指从地面向下的垂直土层序列，不同类型的土壤具有不同形态的土壤剖面，是土壤发生过程的重要反映，能够揭示成土因素的作用、影响和成土过程。

图 2.4-1   植物群落演替与土壤发育的同步序列性（图片来源于互联网）

土壤学将土壤形成的成因划分为母质因素、气候因素、地形因素、时间因素和生物因素五类。母质是形成土壤并构成土体的基本材料，母质风化形成的土壤矿物颗粒是构成土壤的核心，也是土壤物质的最初来源。气候对土壤形成的影响十分重要，其中热量和降水量的影响尤其明显。地形是指地表地貌特征，虽然对土壤形成没有直接影响，但是通过水分和热量的再分配和母质类型的影响，对土壤形成间接产生影响。时间是成土的"催化剂"，土壤的形成和发育需要长时间的作用，时间间隔越长，土壤的形成过程就越明显。生物因素包括植物、土壤动物和土壤微生物，这些生物通过生命活动积累有机质，促进土壤肥力的形成和发展。

生物活动是促进土壤发育最活跃的因素[34]。只有通过生物演替过程中持续进行的物质循环及能量流动，才能使外界的太阳能间接参与成土过程，从而使分散于岩石圈、水圈和大气圈的多种养分物质汇集于地表，有助于土壤进行肥力的累积并使之不断更新。因此，土壤发育过程实质上就是母质在一定条件下被生物不断改造的过程，包含土壤物质的分解、合成、转化、移动、聚积等过程。没有生物的演替作用便没有土壤的形成，尤其是陆生植物与土壤彼此之间具有明显的从属性。如在亚热带高山气候下，一个典型的冰川退缩迹地上会发生如下演替：先锋植物→草灌群落→乔木混交群落→针叶乔木群落；相对应的，土壤经历了如下发育过程：碎石、裸岩→始成土→雏形土→淋溶土（图 2.4-1）。因此，生态修复工程在配制使用人工土壤时，应该参考该气候下发育良好的土壤类型，各项主要指标均应优于该土壤类型的一般水平。

植物的凋落物（包括根系的周转）是土壤中有机质主要来源，也是许多养分的重要来源，因此植物是土壤发育的首要生物因子[35]。木本植物和草本植物对土壤发育的影响有显著的差异，因此在进行生态修复时对土壤的修复应该与植物的选择相匹配。为了解释不同生物对土壤发育的影响，以下对土壤发育过程中木本、草本植物、动物和微生物的作用进行分别介绍。

1. 木本植物群落演替过程中的土壤发育

木本植物的年生长量较大，但其生物量主要集中在地上植被中，而土壤中的生物量较少，土壤一般比较贫瘠。木本植物的残落物为枝叶的一部分及花果等。残落物层下部为半分解的有机质层，含碳量丰富，质地疏松多孔，易吸水和利于淋洗作用，通气效果好，适于好氧微生物活动并有利于真菌类生长，容易形成强酸性腐殖质。有机质中的单宁、树脂含量较多，在真菌分解下产生较强的有机酸，既可抑制细菌活动，又能对矿质土粒进行酸性溶提，使表土层的盐基淋失，铁、铝、锰等亦发生螯合淋溶作用下移。因此，在木本植物长期影响下，土壤可产生不同程度的"灰化过程"，即表土中的碱金属和碱土金属以及铁、锰、铝等元素的化合物被强烈淋失，表层下部灰白土层，呈酸或强酸性，养分贫乏（图 2.4-2）。在木本植物中，阔叶树类的灰分组成中，钙、镁等盐基元素较针叶树的丰富，而残落物中单宁、树脂类的含量则较少，故阔叶林下酸性淋溶作用也较弱。总的来说，木本植被下有机质多聚积于最表层，但厚度不大，故土壤的有机质总量不及草原土壤，有机质的品质和氮、磷的含量也比草原土差[36]。

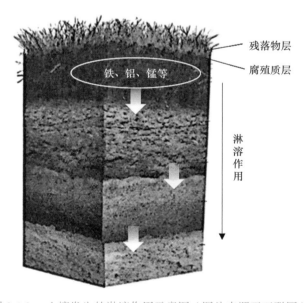

图 2.4-2　土壤发生的淋溶作用示意图（图片来源于互联网）

我国以木本植物为优势种的生态系统有：① 热带雨林；② 亚热带常绿阔叶林；③ 亚热带硬叶阔叶林；④ 温带落叶阔叶林；⑤ 寒温带针叶林。对应的典型土壤类型分别为：① 砖红壤和具有灰化现象的红壤；② 红壤和黄壤；③ 褐土；④ 棕壤；⑤ 灰化土（图 2.4-3）。

热带雨林	亚热带常绿阔叶林	亚热带硬叶阔叶林	温带落叶阔叶林	寒温带针叶林
砖红壤	黄壤	褐土	棕壤	灰化土

图 2.4-3　我国不同森林类型对应的土壤类型（图片来源于互联网）

2. 草本植被群落演替过程中的土壤发育

草本植物的地上和地下部分每年都经历全部或大部分死亡而更新，故其土壤中有机质层较深厚，含单宁、树脂较少，木素含量也不及木本植物高，以纤维素为主。因此残落物柔软而少弹性，在分解过程中不产生强酸性物质，并以细菌分解为主，所形成的有机质或腐殖质的品质较好，盐基饱和度较高。草本植物众多的须根死亡后可形成有机胶体，活根的伸展和分泌出多糖类化合物，都易与土粒结合形成良好的土壤结构，有助于提高土壤的肥力[36]。

草甸和草原同为以草本植物为主导的生态类型。草甸适应湿润的环境，植物生长旺盛，生长期较长。由于气温和土温较低，草类无法充分分解并积累成丰富的有机质层。另外，过多的水分也会影响分解速度。相比之下，草原则更适应于干燥半干旱气候，有机质较易矿化，积累较少。因此，草原的腐殖质层并不如草甸深厚丰富。草甸和草原的区别在于韧皮草类植物在草原中占据优势，是生长在半湿润和半干旱气候下的地带性植被；而草甸则常见于非地带性植被中，可以与针叶林或落叶阔叶林共生。

我国以草本植物为优势种的生态系统主要有：① 草甸草原；② 温带半湿润草原；③ 温带半干旱草原；④ 荒漠草原；⑤ 高寒草原。对应的地带性土壤类型分别为：① 黑钙土；② 黑钙土；③ 栗钙土；④ 棕钙土和灰钙土；⑤ 高寒土（图 2.4-4）。

3. 动物群落对土壤发育的影响

土壤动物种类繁多，它们对土壤的发育影响也各不相同。原生土壤动物中，一些能够分解有机物质，例如轮转虫和部分线虫；而另一些则无法直接分解植物有机物质，例如变形虫和纤毛虫等。土壤中的无脊椎动物，如各类昆虫及其幼虫、蚯蚓、蚂蚁等，对于翻动土壤、消化分解土壤有机质的作用非常显著。其中，蚯蚓对于土壤肥力的促进作用最为突出，而热带蚂蚁对于土壤的影响也十分显著。脊椎动物，如鼹鼠、旱獭主要起到机械松土的作用。总的来说，土壤动物不仅通过其遗体增加土壤有机质等养分，还通过生命活动的过程中将动物或植物转运和消化，使其深埋于土壤中并被微生物分解，进而改变土壤的理化性质和结构组成[36]。

| 草甸草原 | 温带半湿润草原 | 温带半干旱草原 | 荒漠草原 | 高寒草原 |
| 黑钙土 | 栗钙土 | 棕钙土 | 灰钙土 | 高寒土 |

图 2.4-4　我国不同草原类型对应的土壤类型（图片来源于互联网）

4. 微生物群落对土壤发育的影响

土壤微生物（细菌、真菌、藻类等）对土壤的形成和发育起着重要作用。它们能分解有机质，释放各种养分；合成腐殖质，提高土壤质量；有些微生物能够固定大气中的氮，创造出土壤中的氮化合物；同时，它们还可以转化矿物养分，帮助植物吸收利用磷、硫、钾等矿物元素。有着繁多种类和数量极大的土壤微生物，尤其是植物区系微生物，对于生命元素的生物小循环至关重要。微生物在分解养分和生物小循环中发挥着重要职能，为生命元素的循环提供了保障。同时微生物的固氮对于高等植物的繁荣也有着极为重要的作用。因此，微生物是生物小循环不可或缺的一环。

2.4.4　生态系统的平衡

生态系统平衡是指在一定的时间内，生态系统结构和功能相对稳定，能量和物质循环在生产者、消费者、分解者和非生物环境之间长期处于动态平衡[37]。平衡的生态系统特征包括：生态系统的物种结构、空间结构、时间结构和营养结构彼此协调，组合正常；能量和物质的输入和输出基本相等，物质储存相对稳定；信息传递畅通；环境质量保持良好，生物与无机环境之间相互适应与协调；物种内、物种间相互制约，并保持一定的数量。

生态系统的功能和结构在时间上保持稳定的能力，称为生态系统的稳定性，包括：时间变异性（即周期性波动）、抵抗力和恢复力[38]。周期性波动是生态系统随环境因子正常波动发生的正常变化，抵抗力是生态系统在环境受到外界干扰时保持正常状态（即正常周期性变化）的能力，而恢复力是指，当受到破坏性干扰，导致生态系统结构损坏时，环境能够恢复到正常状态的能力[39]。

De Bello Francesco 等人指出，维持生态系统功能稳定性的机制主要有四个：优势种的特征、不同物种具有不同步的波动特征（补偿机制）、不同的物种具有相同的生态功能（保险机制）、生物应对干扰的反应和效应[40]。一个生态系统生物群落中的优势种是该群落长期适应当地环境所选择的结果。因此，优势种在当地一般的环境条件下生长良好，能够抵抗一般的环境干扰。通过形成具有长休眠期的种子库或地下块茎，植物能够在极端气候过去之后重新萌发和生长。这种抵抗干扰的能力被称为缓冲作用。优势种的稳定性能够使整个群落的结构保持基本稳定，并保持基本的生态功能稳定。在环境变化复杂的情况下，这些通常具有应对一般环境干扰（一般的年际变化）能力的优势种被称为保守物种。不同物种具有不同步的波动特性，即它们在不同时期表现出相似的生态功能。这使得健康生态系统能够在不同时间点上持续展现某些生态功能，这种效应被称为补偿机制。如果某些物种具有同步的波动特性和相同的生态功能，那么在某个物种受到干扰时，其他物种可以代替其实现生态功能，从而保持整个生态系统的完整性。这种效应被称为保险机制。这两种机制在物种多样性较高的情况下更容易实现，因此物种多样性的提高可以促进生态系统的稳定性。生物对干扰的反应和效应，决定了干扰对生态系统的影响是否会被放大。例如，当干旱发生时，大多数生物的生长均受到限制。但是，干裂的河床会使蝗虫的繁殖条件大大改善，从而形成蝗灾，造成生态系统的崩溃。当水富营养化发生时，水生植物的营养状况均会提高。而藻类的生长会失去约束，进而铺满水体表层，使水体缺氧并产生毒素，最终导致鱼类的死亡。

本书认为，对于生态系统的功能稳定性而言，植物的再生能力和生物多样性同样重要。植物再生能力是指土壤中或邻近生态系统中能够提供萌发潜能种子的潜力。植物再生能力较强的生态系统能够快速进行次生演替，并恢复到健康状态，从而避免了植被丧失引起的水土流失。此外，种子库活力较大的生态系统能够实现植物的自然更新，防止种群退化。从植物恢复潜力的角度出发，土壤和土壤种子库的稳定性是生态系统稳定性的重要部分，性状良好的土壤能够抵抗侵蚀、涵养水源，有利于缓冲异常气候对生态系统的干扰，并且保存植物的种子，对生态系统的抵抗力和恢复力的稳定性均有重要意义。

早期有研究者认为，生态系统的抵抗力稳定性和恢复力稳定性与生态系统的发育程度有关[41]，发育越高级的生态系统抵抗力稳定性越高，而恢复力稳定性越低。而近期的研究者发现恢复力稳定性与抵抗力稳定性之间是一种交替作用、相互补充的关系。如López 等通过放牧实验发现，草场在经过放牧后会从一个稳态退化到另外一个稳态，在稳态期间抵抗力稳定性较强而恢复力稳定性较弱[42]。实际上，植物群落的生长状况良好就会具有较高的抵抗力稳定性，而土壤种子库活力较高会呈现较高的恢复力稳定性，一般而言，在植物生长良好的情况下才会形成较好的土壤种子库[42]。又如，良好的土壤既能提高生态系统的抵抗力稳定性，又能提高生态系统的恢复力稳定性。

2.4.5　生态系统的自我调节能力与反馈机制

传统理论认为，生态系统的稳定性源于其自我调节能力和反馈机制，这些能力和机制是通过物种内外的相互关系实现的。近期研究发现在生物与环境之间也存在反馈机制[43]。在食物链中，被捕食者处于低营养级，而捕食者则处于高营养级。当某一营养级受到干扰时，其他营养级也会受到影响。食物链的第一营养级是绿色植物，通过光合作用转化光能为有机物，其光合能力决定了流入该食物链的总能量。高低营养级之间存在10%～20% 的能量转化效率，因此较高营养级的生物量往往低于较低营养级的生物量。中间营养级物种的生物量受到食物、捕食以及其他限制因素的共同限制。对于食物链顶端的捕食者而言，食物数量是其种群数量的最大限制因素，此外还会因为竞争、衰老、疾病等原因而死亡。

由于这些限制的存在，食物链中各个物种能够相对稳定地保持数量，这种不同物种之间的稳定状态称为稳态。当某个营养级的物种数量减少时，它上方的营养级会因食物减少而数量下降，它下方的营养级会因天敌减少而数量上升，从而形成有利于该物种数量恢复的条件。这种恢复机制称为负反馈作用，使得生态系统能够自我调节、自我恢复。然而，并非只有负反馈作用存在于生态系统中，有时也出现正反馈效应。例如，当植物受到损伤时，土壤因缺少保护，容易受到侵蚀，而土壤侵蚀又会导致植物难以恢复，这就形成了一个生态退化的恶性循环。

不同食物链通过某些营养级的重叠会链接成食物网，从而使不同食物链之间的物种相互影响。其中包括不同食物链上相同营养级之间的互补作用，以及共享同一物种的两条食物链因为该物种的变化同时受到干扰。在食物网中，若一种物种数量减少，其竞争者可能会填补空缺位置。这样，生态系统就能获得一个新的稳态，而不是通过负反馈作用使该物种数量恢复。在物种多样性较高的生态系统中存在多种不同的稳态，并且在各种干扰的诱导下，不同稳态之间能够互相转化。

总之，我们越来越清楚地认识到：生态环境是一个"生命共同体"。生物体与各个环境因子以及各个生物体之间是复杂的共生关系，竞争与依存是环境系统的永恒主题，物种与个体的生存状态由其能量利用效率与生态位点决定。

2.5　参考文献

［1］ Tansley A G. The use and abuse of vegetational concepts and terms [J]. Ecology, 1935, 16 (3): 284-307.

［2］ Lindeman R L. The trophic-dynamic aspect of ecology [J]. Ecology, 1942, 23 (4): 399-417.

［3］ Odum E P, Barrett G W. Fundamentals of ecology [M]. Philadelphia: Saunders, 1971.

［4］ Odum H T. Systems Ecology; an introduction [J]. John Wiley & Sons. New York Ny, 1983.

［5］ Ricklefs R E. Community diversity: relative roles of local and regional processes [J]. Science, 1987, 235 (4785): 167-171.

［6］ Golley F B. Energy values of ecological materials [J]. Ecology, 1961, 42 (3): 581-584.

［7］ 李振基，陈小麟，郑海雷．生态学［M］．北京：科学出版社，2007．

［8］ Liebig J, Playfair L P. Organic chemistry in its applications to agriculture and physiology [J]. (No Title), 1840.

［9］ Shelford V E. The reactions of certain animals to gradients of evaporating power of air. A study in experimental ecology [J]. The Biological Bulletin, 1913, 25(2): 79-120.

［10］ 武吉华，张绅，江源，等．植物地理学［M］．4 版．北京：高等教育出版社，2004．

［11］ FANG J Y, GUO K, WANG G H, et al. Vegetation classification system and classification of vegetation types used for the compilation of vegetation of China [J]. Chinese Journal of Plant Ecology, 2020, 44 (2)：96-110.

［12］ 傅伯杰，刘世梁，马克明．生态系统综合评价的内容与方法［J］．生态学报，2001，21（11）：1885-1892．

［13］ 张健，宋坤，宋永昌．法瑞学派的发展历史及其对当代植被生态学的影响［J］．植物生态学报，2020，44（7）：699．

［14］ 蒋远胜，邓良基，文心田．四川丘陵地区循环经济型现代农业科技集成与示范——模式选择，技术集成与机制创新［J］．四川农业大学学报，2017，27（2）：228-233．

［15］ 任继周，林慧龙．农区种草是改进农业系统，保证粮食安全的重大步骤［J］．草业学报，2009，18（5）：1-9．

［16］ 郑度，李炳元．青藏高原自然环境的演化与分异［J］．地理研究，1990，9（2）：1-10．

［17］ 云正明．农业生态系统结构研究（三）［J］．农村生态环境，1986，（3）：16-20+31．

［18］ 张敏，韩娜，周长发．林德曼效率及十分之一规律考证［J］．生物学教学，2020，45（8）：65-66．

［19］Slobodkin L B. Ecological energy relationships at the population level [J]. The American Naturalist, 1960, 94 (876): 213-236.

［20］孔垂华，胡飞. 植物化学通讯研究进展［J］. 植物生态学报，2003，27（4）：561-566.

［21］贾如，雷梦琦，徐佳妮，等. 植物细胞中钙通道的分布及其在植物抗逆机制中作用的研究进展［J］. 植物生理学报，2014，50（12）：1791-1800.

［22］贺静澜，万贵钧，张明，等. 生物地磁响应研究进展［J］. 生物化学与生物物理进展，2018，45（7）：689-704.

［23］闫凤鸣. 化学生态学［M］. 北京：北京科学出版社，2003.

［24］任海，蔡锡安，饶兴权，等. 植物群落的演替理论［J］. 生态科学，2001，20（4）：59-67.

［25］Clements F E. Plant succession: an analysis of the development of vegetation [M]. Washington: Carnegie institution of Washington, 1916.

［26］许中旗，李文华，鲍维楷，等. 植被原生演替研究进展［J］. 生态学报，2005，（12）：3383-3389.

［27］马克平. 生物群落多样性的测度方法 Ⅰα 多样性的测度方法（上）［J］. 生物多样性，1994，（3）：162-168.

［28］Whittaker R H. A consideration of climax theory: the climax as a population and pattern [J]. Ecological monographs, 1953, 23 (1): 41-78.

［29］魏雅丽. 生态系统的人为干扰研究［D］. 武汉：华中师范大学，2006.

［30］郑华，欧阳志云，赵同谦，等. 人类活动对生态系统服务功能的影响［J］. 自然资源学报，2003，18（1）：118-126.

［31］张昀. 生态系统演化［J］. 大自然探索，1987，（2）：100-105.

［32］陈梦. 对生态系统及生物多样性等理论问题的探讨［J］. 南京林业大学学报（自然科学版），2003，46（5）：30.

［33］李玉强，陈云，曹雯婕，等. 全球变化对资源环境及生态系统影响的生态学理论基础［J］. 应用生态学报，2022，33（3）：603-612.

［34］王多尧. 祁连山（北坡）青海云杉群落物种多样性研究［D］. 兰州：甘肃农业大学，2006.

［35］周莉，李保国，周广胜. 土壤有机碳的主导影响因子及其研究进展［J］. 地球科学进展，2005，（1）：99-105.

［36］伍光和. 自然地理学［M］. 3 版. 北京：高等教育出版社，2000.

［37］马世骏，李松华. 中国的农业生态工程［M］. 北京：科学出版社，1987.

［38］李周园，叶小洲，王少鹏. 生态系统稳定性及其与生物多样性的关系［J］. 植物生态学报，2021，45（10）：1127-1139.

［39］Ren H, Wu J, Peng S. Concept of ecosystem management and its essential elements [J]. Ying Yong Sheng tai xue bao The Journal of Applied Ecology, 2000, 11(3): 455-458.

［40］de Bello F, Lavorel S, Hallett LM, et al. Functional trait effects on ecosystem stability: assembling the jigsaw puzzle [J]. Trends in ecology & evolution (Amsterdam). 2021, 36 (9): 822-836.

［41］王国宏. 再论生物多样性与生态系统的稳定性［J］. 生物多样性，2002，10（1）：126.

［42］López D R, Brizuela M A, Willems P, et al. Linking ecosystem resistance, resilience, and stability in steppes of North Patagonia [J]. Ecological indicators, 2013, 24: 1-11.

［43］Eppinga M B, Van der Putten W H, Bever J D. Plant-soil feedback as a driver of spatial structure in ecosystems [J]. Physics of Life Reviews, 2022, 40: 6-14.

第 3 章　人类干预自然环境的行为与特征

人类对自然环境的干预行为普遍且久远。早期的人类利用火源保暖、烹饪食物和驱散野兽，这一行为改变了人类的生活方式，并为更有效地利用自然资源打下了基础。随着工具的发明和使用，人类能够更好地适应和改造环境，使得狩猎、农耕和住所的建造更加便捷。

寻找洞穴和建造居所是为了保护自己免受恶劣天气和其他威胁。早期的人类选择自然洞穴作为避难所，获得了一定程度的安全和保护。随着时间的推移，人类开始使用石头、木材等材料建造简单住所，逐渐发展为更加复杂和耐久的建筑结构。城市建设则是人类社会发展的重要标志。随着农业和技术的进步，人类开始集中居住，建立城市和城镇。城市为人们提供了更多的生活机会、社交互动和资源交换的平台，推动了社会、经济和文化的发展。

人类干预自然环境的行为与人类文明的发展相辅相成。通过不断改进的技术和知识，人类能够更好地适应和改造环境，提高生活质量。然而，我们必须谨慎对待这种干预。过度地从自然中获取资源、按照人类的需求改变自然，可能导致对其他生物的干扰和掠夺。如果无法保证自然环境中最基本的物种多样性、物质循环和能量流动，最终将导致自然环境的破坏和人类的灭亡。因此，我们应该在干预自然时持有尊重和保护的态度，确保与自然的和谐共生。

3.1　人类干预自然环境行为的发展过程

人口的增加是人类对自然环境干预扩大的最主要原因。工业革命以来，由于生产力的极大提升，世界人口数量急剧增长（图 3.1-1）。1900—2000 年的 100 年时间里，世界人口从不足 20 亿增长到 60 亿，截至目前已超 80 亿。我国人口从新中国成立初期的 5 亿多增长到如今的 14 亿多（图 3.1-2）。人口的增长意味着人类要从地球生态系统（生物圈）中获得更多的食物和空间。

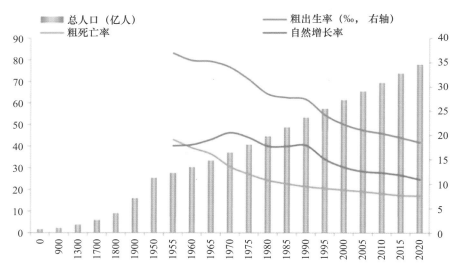

图 3.1-1   世界人口变化（图片来源于互联网   数据来源：美国自然历史博物馆）

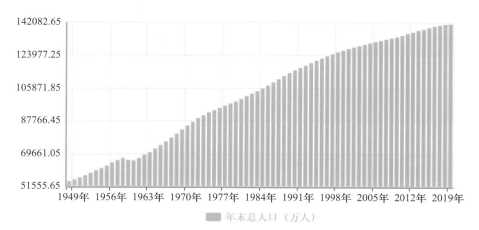

图 3.1-2   中国人口变化（图片来源于互联网）

随着人口数量的增长，人类对生存所需资源的需求不断增大，人类活动的范围及对自然环境的影响力度也在增加。大量原始生态环境被改造和破坏，转换为人类的居住环境或耕地。据估算，在这 100 年间，由于人类活动而减少的森林面积高达 10 亿公顷，而 2000—2018 年，短短 18 年时间世界又损失了约 1 亿公顷的森林（数据来源于互联网：https://www.weforum.org/agenda/2022/04/forests-ice-age/）。

回顾人类数千年来对自然环境的干预过程，我们会发现，人为活动已经对自然造成了难以弥补的伤害。由于缺乏正确的理论指导，以往的人为干预自然的行为已经导致了诸多严重后果，例如气候变化、水土流失、生物多样性下降等。近年来人类开始意识到人与自然之间的紧密关系，追求人与自然和谐共处，利用人类对自然环境的干预能力修复受损的自然生态环境。

　　通过对典型的人类干预行为进行分析，可以将人类对自然环境的干预分为三个阶段，包括初始阶段、发展阶段和成熟阶段。

3.1.1　人类干预自然的初始阶段及特点

　　人类干预自然的初始阶段是指从人类（智人）出现开始到农业出现之前的时间段。最新研究一般认为原始农业大致出现在新石器时代，以距今约 8000 年的兴隆洼文化为代表[1]。

　　这一阶段人类对自然的干预行为与其他大型动物类似，都是食物链中的消费者，仅能依靠竞争、捕食等行为影响生态系统，都受到环境承载力的限制，并没有对环境造成致命性破坏的能力。人类干预自然的最初目的，一是为了获取食物和生活空间，二是为了改善生存环境、抵御生存风险。因此，人类干预自然的初始阶段行为具有自发性和趋利性，同时受到自然条件的制约，还受到其他大型野兽捕食和竞争的制约（图 3.1-3）。

图 3.1-3　原始人的狩猎捕食（图片来源于互联网）

　　随着学会使用火，在制造和使用工具以及具有高级社会群体性的基础上，人类建立了对其他动物的竞争优势，并以此扩大了捕食范围，占有更多生态资源，最终对其他生物构成了生态挤压。此时，人类逐渐从众多的大型动物中脱颖而出。在生态链中由普通消费者逐渐变成具有超然地位的超级消费者。此时，人口数量依然受到自然资源数量的制约。因此，人口规模的扩大就会导致自然资源的枯竭，导致人类群体内部的竞争，这也是大部分早期人类战争的原因。

　　为了应对自然资源的枯竭、种内竞争的加剧，人类探索各种能够提供食物的途径，如改良捕猎方法、扩大捕食范围等。部分人类群体开始尝试通过种植和养殖的方式获取食物，这使人类在一定程度上能够操纵生态系统的物质循环和能量流动方向，人类的角色逐渐从生态系统的参与者变成了生态系统的管理者，标志着人类干预自然环境的行为从初始阶段进入到发展阶段。

这一阶段与下一阶段人类干预自然行为的主要变化是：人口增加导致食物的不足；人类由自然环境中的普通消费者变化为自然生态系统的局部操控者。

3.1.2 人类干预自然的发展阶段及特点

人类干预自然的发展阶段大致在农业出现之后到全球绿色环保新政（2000 年之后）出现之前的大约 8000 年。

农业出现之后，人类开始广泛了解其他生物的生长规律，并依靠这些规律促进一些能够给人类提供食物的物种的繁殖和生长。由于发展种植和养殖需要从自然环境中获取资源和空间，这一阶段人类对自然环境的干预行为具有明显的破坏性和掠夺性。大量野生动植物的生境被开垦后用于种植和养殖，导致了物种的大量灭绝。自然生态系统的数量急剧减少，人工干预的生态系统快速增加（图 3.1-4）。

图 3.1-4　农业开垦的土地（图片来源于互联网）

种植使人类获取食物更有效率且避免了不断迁徙，有了持续食物来源的原始人类逐渐开始定居，并驯养家畜和家禽。随着经验的积累，人类对生态环境的认识不断提高，发展出了许多改善自然环境的技术，如建筑、农业、林业、畜牧业和水利工程等，并利用文字记录下这些经验。在这个阶段，人类意识到对自然的干预需要有一定的认识和规划，注重改造自然环境。但是，由于缺乏正确的生态理论指导，这些行为仍有很大的局限性。

这一阶段人类干预自然环境的目的，已经不仅是获取食物，更多的是获取经济利益，满足除温饱以外的其他需求，这使得工业逐渐发展为人类经济活动的主要产业之一。在自然环境中获取的资源，从以采集食物为主，转变为以工业原材料为主的多种资源的大量采集。

然而，各种开采行为和工业排放使自然环境遭到极大的破坏和污染，使人类的居住环境受到严重威胁。为了应对逐渐恶化的环境，人类逐渐反思自身对环境干预的长期后果，开始采取主动的人类干预措施保护自然环境并修复受损的环境，使人类干预自然环境的行为从发展阶段进入成熟阶段。

这一阶段与下一阶段人类干预自然行为的主要变化是：环境的恶化使人类担心当前和未来的自身生存，人类行为从高度的利己变化为利己和利他的平衡。

3.1.3　人类干预自然的成熟阶段及特点

人类干预自然的成熟阶段是指全球绿色环保新政实行以后的时间，也就是我们正在经历的当下阶段。全球绿色环保新政开始的标志性事件是，联合国环境规划署于 2008 年 10 月首次提出全球"绿色新政"概念，联合国秘书长潘基文在 2008 年 12 月 11 日的联合国气候变化大会上正式发出"绿色新政"的倡议，随后联合国环境规划署 2009 年 4 月公布了《全球绿色新政政策概要》，启动了"全球绿色新政及绿色经济计划"[2]。

全球绿色新政的出现背景和发展情况如下：第二次世界大战结束以后，全球经历了持续至今约 80 年的总体较为和平的时期。这段时期全球人口激增，为了养活自身，人类需要扩大生产规模。但是，现在的人口数量已经达到了一个能够显著影响全球生态的程度。同时，频繁发生的环境问题、自然灾害以及反常的气候迫使人类开始反思传统的干预自然方式。人类开始采取措施，防止生态进一步恶化，修复受损生态环境并保护现有的自然环境。但由于之前对生态环境的破坏性干预，已经出现了显著的环境变化和大量物种灭绝。1972 年，在瑞典斯德哥尔摩召开了联合国关于人类环境的大会，会议成立了联合国环境规划署，各国政府签署了一些地区性和国际性协议，以解决如保护湿地、管理国际濒危物种贸易等问题。1992 年，在巴西里约热内卢召开了联合国环境与发展大会，各国代表签署了旨在应对全球气候变化问题的《联合国气候变化框架公约》和旨在保护生物多样性的《联合国生物多样性公约》。2008 年，联合国在全球范围内推广绿色环保新政，并决定每年举办世界经济与环境大会，该峰会发起于中国，旨在构建政府和企业之间的交流合作平台，解决全球面临的人类活动和经济发展过程中持续恶化的环境问题，推动可持续发展和经济增长的互利共赢。2009 年，通过了《哥本哈根协议》。2013 年，联合国大会通过决议，将环境规划署理事会升格为各成员国代表参加的联合国环境大会。

在这个阶段，人类对生态环境的认识日益增长，逐渐形成完善的生态学理论体系。

在理论指导下，开始对自然进行越来越科学的干预。这个阶段人类干预自然的特点是具有科学理论的指导，具有保护性和修复性，注重可持续发展。

3.2　人类干预自然环境的典型行为

3.2.1　农业

农业是人类干预自然最古老、最广泛的行为。考古发现，最早的农业开始于约一万年前的新石器时代，经历了原始农业、传统农业、现代农业和生态农业等不同的发展阶段。人类通过栽培作物和养殖牲畜，改变生态系统中物质和能量的流向，使更多的物质和能量积累到人类容易获取的食物中。初期的原始和传统农业开垦是破坏性的，原有的植物被砍伐烧毁，土壤上覆盖的枯枝落叶保护被去除，土壤的抗侵蚀能力极大减弱。这个过程使自然生态系统发生了巨大的转变，其结构变得简单，生物多样性减少，稳定性降低。随着机械和化工技术的进步，农业已经进入了超大规模时代，耕地面积急剧扩大，已涉及全球陆地地表的三分之一（图 3.2-1）[3]。

图 3.2-1　世界耕地面积变化（图片来源于互联网，1 英亩 = 0.404686 公顷）

农业系统中主要包括土地、水源、农作物、人口和牲畜等要素，通过各要素组成的物质流主要服务于人类。在传统农业生产中，生产水平较低，剩余农产品少，农产品主要为动物和人类食用，粪便则作为有机质回归土壤，植物营养元素通过"土壤—植物—动物—微生物"进行再循环，生产要素的需求和供给处于长期平衡状态，土壤结构稳定。而在现代农业生产体系中，土壤肥力处于"提高—退化—重建"的动态循环平衡中，农民通过施用化肥、投放农药获得更高的产能以及减少病虫害，收获的农产品主要作为商品出售，仅有极少部分有机质回归土壤，土壤肥力多靠化肥补充。化肥的使用严重损害微生物环境，破坏了自然环境下的物质循环过程，致使土壤板结，土壤结构被破坏。由于物质流的属性更偏向于开放性，这使得现代农业生态结构更为简单，并不利于农业系统中的养分循环。

经过长期的培育，人类已经繁育出了许多生长迅速的可食用动植物和菌类，通过施肥大量补充物质，极大地缩短了植物积累物质所需的时间。以中国为例，1949 年粮食亩产仅为 68.6kg，1965 年稳定在 100kg 以上，1982 年突破 200kg，1998 年达到 300kg 以上，到 2018 年达到 374.7kg，比新中国成立时增加 4 倍以上。在这种农业模式下，作物需要的主要营养元素是通过肥料以无机或有机的形式吸收的，但这些营养元素是人为添加的，并非自然环境经过生物地球化学过程产生。所以，这些人为添加的肥料类物质往往会随着水气循环进入大气或水体，造成污染。

当前，随着对农业环境和生物的研究进一步加深和增加，人类环境保护意识逐渐增强，人们正在探索一条实现农业与生态文明双赢的途径。近些年来，绿色生态型农业逐渐在我国推广。据《扬州日报》（2021 年 7 月 14 日）报道，扬州市稻田综合种养模式的农田达 12 万亩，其中稻鸭共作 3 万亩，水稻水产共作 9 万亩，主要模式有稻田养鳖、稻田养鱼、稻田养虾（小龙虾），农田的亩均纯效益远高于单一水稻种植。通过将鱼、虾、蟹、鸭等养殖生物引入稻田，建立新型的复合种养模式生产绿色稻米；这样，不仅可以有效利用营养元素循环，而且保持了土壤肥力，同时又提高了产量，取得了良好的效果。这种复合种养模式下的土壤菌群有较高的丰富性，同时河蟹、虾等动物在爬行和筑巢过程中可有效疏松土壤，增加土壤通透性，有利于微生物生长。

但是，我们要清醒地看到，在市场经济条件下，现代农业的根本诉求还是提高作物产出效率，降低运营成本，追求利益最大化。这样，农业生产就会追求单品种作物的大面积种植与培育，追求肥料、水分、设施的大量使用与消耗。可这些做法和自然生态环境下的物种多样化、物质有序循环、生物共生互利的内在规律是相违背的。

3.2.2　林业

林业的发展与农业几乎同步。火的运用是人类文明形成的重要原因，也是人类破坏环境的重要推手。柴薪采集和燃烧是早期人类生活不可或缺的生活内容，木材是人类早期制造工具和建设房屋主要原料。随着人们对原始森林进行不断地开发利用，客观上对环境也造成巨大破坏。据联合国粮食及农业组织统计，自 1990 年以来全球已失去 1.78 亿公顷森林净面积（图 3.2-2）。由于过度伐木等因素导致的生态破坏、水土流失、野生动物栖息地减少及物种灭绝加速等问题给地球环境带来了难以挽回的损失。

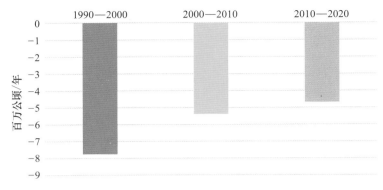

图 3.2-2　1990—2020 年森林面积的变化（数据来源于世界粮农组织）

随着社会的不断发展，人口数量的增加导致对林木资源需求日益增长，因此逐渐开始了造林活动。自 20 世纪六七十年代以来，环保意识逐渐提高，林业内容得到进一步丰富和拓展，从简单的采伐利用转向了原始森林保护和通过造林进行生态治理。由于森林砍伐行为减少、植树造林增加以及森林自然扩张，使得全球森林净损失率大幅下降。近年来，越来越多的人关注森林生态价值，并形成了一种生态化思维方式。生态化思维是指遵循生态经济学和规律并充分利用当地自然资源促进可持续性发展，在为人类创造最佳生态环境方面具有重要作用。

我国一直高度重视森林保护，尤其注重天然林的保护。自第一次进行森林清查以来，我国的森林面积和覆盖率稳步上升（图 3.2-3）。2017 年，全国停止商业性采伐天然林，并于 2019 年发布了《天然林保护修复制度方案》。该方案指出："天然林是森林资源的主体和精华，是自然界中群落最稳定、生物多样性最丰富的陆地生态系统。全面保护天然林，对于建设生态文明和美丽中国、实现中华民族永续发展具有重要意义。"但同时指出，我国目前存在着"数量少、质量差、生态系统脆弱"等问题，并需要进一步完善其保护制度和管控水平。

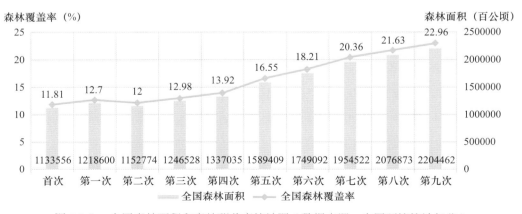

图 3.2-3　全国森林面积和森林覆盖率统计图（数据来源：中国环境统计年鉴）

3.2.3　工业化

工业是对自然资源进行开采和加工的行业，是当下人类干预自然的主要形式之一。工业化指一个国家或地区国民经济中，工业生产活动占主导地位的发展过程，通常被定义为工业在国民生产总值中比重不断上升以及就业人数在总就业人数中比重不断上升的过程。随着工业化进程的推进，规模迅速扩大，自然资源消耗速度激增，而各种废弃物和污染物排放给自然生态环境造成了巨大损害。

采矿业是所有工业的基础，并为其他各种制造提供能源和原材料。由于矿藏多埋藏在地下，因此采矿对生态环境影响最直接：首先，在采矿过程中会破坏地表并导致植被和土壤流失；其次，在地下开采时会进一步破坏地质稳定性并引起诸如裂缝、塌陷、泥石流等灾害事件，从而严重损害生态系统结构；此外，在开采过程中还会产生许多粉尘和废水，并污染空气与水体；尾渣与含有毒性元素之金属残留物如果处理不当，也会对周边环境带来伤害。

制造业是工业的主要组成部分之一，需要大量消耗资源和能源。由于工业化过程中对地下水的严重消耗，全球各大城市的地下水位曾普遍下降。工业生产过程中产生的废气、废水和固体废物（即工业三废）通常含有重金属、有机污染物和无机矿物，若处理不当会对环境如大气、水、土壤等造成污染，并危害野生动植物及人类健康。

当前，我国积极倡导以绿色能源为主导的经济发展模式，积极开发利用水能、海洋能、太阳能、风能以及生物质等绿色能源，并推广新型清洁汽车等新型节能产品。在产业布局上，通过关闭或迁移处于生态脆弱区或人口密集区内的高污染企业和设施，并加强周边环境保护措施，在经济转型与产业调整方面实现工厂向"绿色"转型；同时鼓励并支持"绿色"发展逐渐将建设生态文明融入经济社会建设之中。通过这些措施，使得我国传统制造模式逐步向环保友好型制造转变。

3.2.4　城镇化

城镇化是我国目前影响自然环境的最主要形式之一。城镇化是乡村型社会向现代型社会转变的过程，以农业为主的传统乡村型社会转变为以工业和服务业等非农产业为主。然而，城镇化带来的不断扩大的城镇规模却带来了一系列问题，其中包括环境的污染与生态的破坏。大规模的城市建设破坏了原有的自然环境和河网系统，加剧了热岛效应和温室效应，造成了大气、水体和土壤污染，导致了耕地和林地减少、地下水位下降、资源短缺等问题，进而对生物多样性产生影响。此外，城镇化的发展使原有的自然生态系统之间互相隔离，减弱了相邻生态系统之间互相补充的能力，变相降低了生态系统的物种多样性潜力和植被恢复潜力。城市是碳排放强度最高的区域，其面积虽然只占全球陆域面积的 3%，但却承载了超过一半的人口，产生了超过 70% 的碳排放 [4]。

在日常活动中，城市建设、发电供暖、污水处理、垃圾处理等都会产生大量的温室气体排放。根据《2020 全球建筑现状报告》，2019 年建筑运营所产生的二氧化碳排放量约为 100 亿 t，占全球与能源相关的二氧化碳排放总量的 28%。加上建筑建造行业的排放，则该比例占到全球与能源相关的二氧化碳排放总量的 38%（图 3.2-4）。虽然水处理行业的能耗并不像工业那样高，但其仍属于高耗能行业。以城市污水处理为例，根据联合国的数据显示，全球的污水处理等水处理行业占全球碳排放量的 2% 左右。

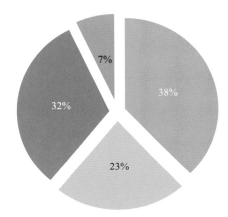

■ 建筑　■ 交通　■ 工业等其他行业　■ 其他排放

图 3.2-4　2019 年建筑全过程碳排放全球占比（数据来源：IEA，《2020 全球建筑现状报告》）

研究表明，绿色植被在降低碳排放中扮演了重要角色，同时还具有调节小气候的功能 [5]。通过光合作用，绿色植被可以有效地吸收并固定大气中的二氧化碳，并且在建筑的应用中，绿色植被不仅能提高建筑的景观环境，而且符合当今绿色、节能、环保建筑的要求 [6]。然而，随着城市化进程的加速和人口增长，绿色植被的生长空间受到了严重挤压，导致人类居住环境的质量下降，碳排放问题更加严重。因此，如何平衡人类、建筑和绿色植被间的关系，达到三者的和谐共处，维护生态平衡，使绿色植被更好地服务于建筑环境和人类生活，是未来城市生态建设的重要研究领域。

在现代城市化快速发展过程中，市政工程建设项目数量和规模都进一步扩大。但市政工程的粗放式管理带来的环境污染等负面影响日益突出，生态文明建设背景下城市基础设施建设存在诸多问题，例如，城市建设周期通常较长，对于资源和能源的消耗较大，其过程中产生的废气、废物和废渣较多，造成大面积环境污染和水土流失等问题，直接影响着城市生态文明建设。

为了解决市政工程与城市生态之间的矛盾，未来城市建设应大力发扬绿色发展理念，统筹经济发展和生态保护，建设生态文明型市政工程，这样才能获得更加广阔的发展空间。建设生态文明型市政工程需以减少环境污染和降低能源消耗为出发点，减少碳足迹。此外，城市化促进了工业化和商业化的快速发展，导致工业和商业污染问题的加剧，如工厂排污、商业垃圾等。这些问题需要得到重视和解决，发展清洁生产和绿色经济，实现经济增长和生态环境保护之间的和谐发展。

综上所述，城市化对环境的影响不可避免，但我们可以采取有效的措施来控制其负面影响，实现城市可持续发展，保护生态环境，建设美丽的城市。这也是生态修复工程学当下重要的应用与研究领域。

3.2.5　交通

交通是连接城市的重要纽带，是城市发展运送人流、物流的主要通道，对经济发展至关重要。然而，交通运输业的发展也带来了一系列环境问题，如空气污染、噪声污染、水土流失、土地资源和森林植被的减少、野生动物栖息地和地貌特征的丧失，对生态环境造成了不利影响。陆路基础设施如公路和铁路主要涉及陆生生态系统，可能加剧生态阻隔和景观破碎。水路基础设施如港口和航道主要涉及水生生态系统，可能影响重要生境和物种。此外，交通还是城市碳排放的三大排放源之一，呈现日益增长的趋势。世界资源研究所的数据显示，全球交通碳排放量逐年增加，截至 2019 年约占全球碳排放量的 16.9%，总量约为 8.43 亿 t（图 3.2-5）。

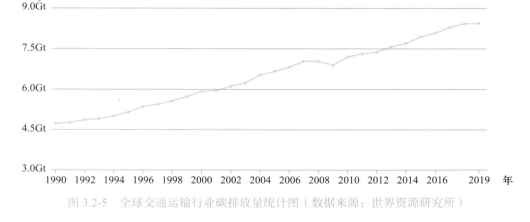

图 3.2-5　全球交通运输行业碳排放量统计图（数据来源：世界资源研究所）

目前，我国正在积极推进城市公共交通，并对现有的公共交通进行新能源改造。研究表明，使用公共交通工具出行以及清洁能源的使用是减少碳排放的有效途径 [7]。与此同时，我国逐步淘汰高排放的黄牌车辆，并鼓励使用新能源汽车。此外，我国还在实施

"公转铁""公转水"等交通措施，以持续降低单位运输周转量的能耗和排放量。2021年，我国发布的《国家综合立体交通网规划纲要》提出了"实施交通生态修复提升工程，构建生态化交通网络""落实生态补偿机制"等要求，旨在将交通基础设施建设的生态影响降至最低。由此可见，促进交通基础设施与生态空间协调、贯彻生态文明建设要求已经成为中国交通行业发展的最新要求。

3.2.6　水利工程

水资源是人类生存的物质基础，在防洪、发电、排涝、灌溉、供水、航运等方面起着重要的作用。水利工程是调配地表水和地下水资源的重要工程，可以为人类生产实践提供有效支持。修建水利工程可以控制河流流量，有效阻止洪涝灾害，为人类的生活提供保障。然而，水利工程在促进经济社会发展的同时，也对生态环境产生了巨大的影响。例如，大中型储水工程的修建会改变局部的小气候，水面扩大会增加蒸发量并降低气温，同时增加空气湿度，导致局部的降雨和温室效应加剧。水利工程拦截河流后会导致水流变缓，使水体的自净能力降低导致污染加重，同时缓慢的水流适宜藻类生物生长，藻类的生长和死亡又引起富营养化。许多河流由于水坝拦截，鱼类生物迁徙洄游路线被切断，不能正常繁殖和生存。水利工程自身坝体和蓄水可能改变原来的地质应力，在岩层脆弱区容易引发地质灾害；同时，水位的提高一方面淹没了原有的陆地，导致许多陆生生物的死亡，另一方面润湿了周围的土壤，容易造成土体的移动和坍塌。

近年来，随着国家对生态环境治理越发重视，水利工程也开始倡导和践行生态文明理念，并且在生态环境治理方面取得了许多令人瞩目的成果。其中最大的一项是我国的南水北调工程，这是迄今为止世界上规模最大、影响人口最多的水利工程之一。该工程合理利用了我国已有的古代水利工程如京杭运河等，并在调水工程实施过程中完成了对京杭运河的疏通和水质的治理，有效补充了北方河流的水量，显著提高了北方城市的地下水位，改善了整个华北地区的生态现状。调水工程沿线的北方湖泊受到了及时的生态补水，水体自净能力和环境承载力明显提高，生物多样性逐年恢复。南水北调工程的成功实施为解决大范围区域性生态问题提供了有力的方法，同时也为解决人类面临的极端气候增多、气候不稳定等全球性生态环境问题提供了宝贵的借鉴方案。

因此，我们应该在水利工程建设和管理中更加重视生态环境保护，加强科学监测和评估，优化设计和施工方案，采取有效的环境保护措施，确保水利工程建设过程中对生态环境的影响最小化，实现水资源的可持续利用和生态环境的可持续发展。

3.3　人类干预自然行为导致的生态问题

不正确的人为干预会导致生态环境诸多问题，进而引起退化，破坏原有生态环境。这不仅会降低整个生态系统的生产力，危及动植物和人类的生存环境，也是生态修复工程需要应对的主要问题之一。因此，研究人类干预所导致的生态破坏机理和特点对于生态修复至关重要。

3.3.1　人类干预会直接导致生态系统结构受损和景观破坏

人类活动会直接改变生态系统的结构，导致不同程度的生态系统破坏。火灾、开垦、放牧、砍伐、开采和挖掘等行为都会对生态系统结构造成不同程度的破坏。火灾会使地表植被受损，对土壤和岩石的影响较小。而不科学的开垦、放牧和砍伐等行为则会对生态系统的稳定性产生多重影响，其中包括影响生物多样性、破坏土壤等。根据巴西空间研究所（INPE）卫星数据，2022 年上半年，亚马逊雨林遭到砍伐的森林面积超过 3980km^2，创下该研究所自 2016 年开始此类监测以来的最高纪录（图 3.3-1）。此外，焚林开荒和高温干旱也导致该地区的火灾频发，INPE 卫星数据显示，亚马逊地区 6 月份的火灾数量创 15 年来最高水平。科学家们表示，如果不采取有效措施，这一全球最大的雨林可能会退化成稀树草原，给生物多样性和气候变化带来严重后果。我国黑龙江省大兴安岭曾在 20 世纪 50 年代到 60 年代、70 年代到 80 年代和 90 年代经历了三次毁林开荒的高潮，导致其南麓森林边缘退缩了 200km。

图 3.3-1　被破坏的亚马逊热带雨林（图片来源于世界自然基金会（WWF）网站）

3.3.2 人类干预会导致生态系统功能异常

人类的某些活动会对生态系统的物质循环、能量流动和信息传递造成干扰，从而导致生态系统功能受损。例如，过量的施肥、农药和废水排放等行为对生态系统造成负面影响，当输入的物质具有生理毒性且含量较高时，将危害生态系统的某些生物，导致生态失衡。当输入的物质是某些生物的生长限制因子时，这些行为将刺激生物大规模繁殖，掠夺生态系统的其他资源，挤压其他生物的生长环境，从而造成另一种生态失衡。人类使用的抗生素、生物激素和信息素等物质进入环境后将极大地干扰环境微生物群落和其他生物的生长发育，甚至导致生物灭绝。

人类通过引种行为带来的生物入侵也会使生态系统的功能出现异常。例如，自1963 年，为清理水体藻类植物，美国引进亚洲鲤鱼，结果，由于亚洲鲤鱼觅食能力强，繁殖速度快，当地又缺乏天敌，很快占据了水域中 80% 的生物量，威胁其他水生动物的生存。此外，1901 年引入中国的凤眼莲作为花卉，此后又被推广种植作为动物饲料，由于其繁殖能力强，在扎根后很快覆盖整个水面，造成水体缺氧和水质污染。因此，在进行任何引种行为时，必须谨慎考虑其潜在的生态影响，以保护当地的生态环境和生物多样性。

3.3.3 人类干预会导致群落演替方向与速度改变

人类的干预行为能够直接改变生态系统中原有的植物群落，从而改变群落的演替方向和速度。人类的森林砍伐、填湖造地、乱捕滥杀、滥用及污染水源等行为会导致生物群落向着不良的方向发展，而通过退耕还林、退牧还草、植树造林等行为则能够推动群落演替良性发展。此外，人为引种行为、栽植作物或养殖生物的逃逸及放生等也有可能改变乡土的生物群落，导致演替方向的变化。

3.4 生态修复工程也是人类对环境的主动干预行为

3.4.1 实施生态修复工程应秉持宏观角度和系统思维

生态修复工程应该从宏观角度进行规划和实施。首先，我们需要全面了解生态系统的结构和功能，并识别出问题所在。只有在有意识地考虑整个生态系统的相互作用和生态过程的情况下，才能制定出有效的修复策略。

其次，宏观角度要求我们考虑不同尺度上的影响。生态修复不仅仅是针对具体地点或局部问题进行解决，还需要考虑生态系统的整体响应和与周边环境的相互联系，这意味着需要在修复过程中考虑生态边界的扩散效应，也就是实施生态修复工程对整个区域范围整体的影响。

再次，宏观角度要求我们考虑人类活动对生态系统的影响。生态修复工程应该与社会和经济发展相协调，避免因修复工作而造成社会经济的不利影响。需要通过科学合理的管理和规划，促进人类与自然的和谐共生。

最后，宏观角度强调长期效益和可持续性。生态修复工程不仅仅是暂时性的解决方案，而是要追求长期的自然恢复和生态系统的健康。我们需要制定长远的修复目标，并采取措施保护生态系统的稳定性和抵御未来的环境变化。

总之，宏观角度和系统思维是生态修复工程应该秉持的原则，通过综合考虑生态系统的结构、功能、尺度和人类活动的影响，以及长期的可持续性，确保修复工程的有效性和生态系统的健康。

3.4.2　人工干预形成的环境系统类型

人类活动造成的影响通常具有全球性，现今几乎所有的环境系统都受到了人类活动的干扰。本书中的人工干预环境系统是指人类对其进行有针对性的干预行为的环境系统。因此，人工干预行为是这种环境系统形成和维持的主要特征。人工干预的环境系统包括以下主要类型：

（1）人工维持型环境系统，如农田系统、养殖系统、果园系统等。由于人类需持续从环境系统中获取生物量产品，因此需要投入必要的养分和繁殖体维持系统的一般结构。这种环境系统缺乏自然生态系统应有的稳定性。

（2）人工管理型环境系统，如林场、草场、城市绿地等。这种环境系统旨在利用自然的供给能力提供生态产品，不持续投入养分和繁殖体。但是，需要定期进行管理保护措施，否则会发生退化。该类环境系统中的植物群落可能被人工地维持在生长周期的某个阶段，不能进行自然的更新、衰老和演替。

（3）人工协助型环境系统，如国家公园、野生动物保护区、生态脆弱保护区等。这种环境系统在局部存在生态障碍或受损，含有珍稀物种需要人类协助繁殖和更新，或需要一定的修复措施使环境系统脱离异常状态。

（4）人工引导型环境系统，如防护林。这种环境系统由人工建立或重建，经过一段时间的人工管护后不再需要人工干预就能自我维持稳定，并逐渐向自然生态系统的方向发展。

构建人工引导型环境系统是生态修复工程的主要目标，即通过人工干预一段时间后，使生态系统能在自然条件下正常演替发展。但人工维持型、人工管理型、人工协助型环境系统同样可以成为生态修复工程的实施目标，这些环境系统应该遵循生态修复工程学的理论要求。

3.4.3　生态修复工程中如何干预生物群落演替

人类对生物群落的干预可以涵盖多个尺度。从微小的微生物环境调整到改变大尺度生物群落结构和演替方向，干预的规模都有所不同。在生态修复工程中，干预的尺度通常较大，通过修复工程措施改变整个生物群落的生长环境、结构和演替过程。物质循环相关理论（如限制因子理论）和群落演替相关理论（如原生演替理论）是指导人类干预生物群落演替的基本理论依据。

根据限制因子理论，在修复过程中，可以通过一定的人为操作调控、克服或消除外界干扰压力，从而改变生物群落演替的方向和速度，实现人工加速的正向演替。具体的调控方法包括改变植物的种子库、引入新物种、灌溉、施肥、保温、改善光照和土壤修复等措施，以改善植物生长条件。

在生态修复工程中，对地形、地质条件等非生物要素的干预往往是一次性或永久性的，因此必须提前设计。而对温度和水分的干预是临时性的，需要选择适当的时间和方法，并考虑成本。对土壤的干预需要进行长期设计，包括如何保证土壤的抗侵蚀能力、肥力和水分，以满足植物生长需求。

3.4.4　现代技术支持下的新型生态修复技术及理念

现代科学技术的不断进步为生态修复技术的发展提供了强大的支持。基因编辑、纳米技术、智能监测与控制系统等技术的应用使得生态修复技术变得更加精确、高效和可持续。这些新兴技术的发展带来了许多新的方法和手段，为生态修复提供了更多的可能性。

1.　更精确的分析和设计手段

通过遥感技术、卫星图像和无人机等高分辨率影像，可以获得准确的环境信息，识别和分析生态问题，并制定精确和目标导向的修复方案；通过大数据和机器学习等技术，可以对大量的生态数据进行分析和建模，为决策者提供科学依据。数据驱动的修复策略能够提高修复效果，减少资源浪费，并实现长期的生态可持续性。

2.　更高效的修复方法

基因编辑和合成生物学的应用可以改良植物基因，培育出耐旱、耐盐碱和耐重金属的植物品种或微生物菌剂，以加速植被恢复和土壤修复。

3. 更智能的监测和控制

通过物联网、云计算和人工智能等技术，可以开发智能监测和控制系统，提供准确的环境信息，优化修复方案，实现更精确和即时的修复。

4. 清洁和可持续的能源供应

新能源作为支持生态修复的关键技术，利用太阳能、风能、水能等可再生能源，可以实现修复设备和工具的动力供应，例如利用太阳能驱动水泵进行土地修复、利用风能提供电力供应等。此外，新能源技术的应用也有助于减少碳排放，降低对传统能源的依赖，推动实现低碳、可持续的生态修复。

3.5 参考文献

［1］王月莹. 全球重要农业文化遗产的保护与开发路径研究——以内蒙古赤峰市兴隆洼镇为例［J］. 智慧农业导刊，2023，3（13）：51-54.

［2］联合国环境规划署. 全球绿色新政政策简报［EB/OL］.（2009-03-08）.

［3］张丽娟，姚子艳，唐世浩，等. 20 世纪 80 年代以来全球耕地变化的基本特征及空间格局［J］. 地理学报，2017，72（7）：1235-1247.

［4］罗鑫玥，陈明星. 城镇化对气候变化影响的研究进展［J］. 地球科学进展，2019，34（9）：984-997.

［5］吴仁武，晏海，南歆格，等. 夏季竹类植物冠层结构对其土壤温度的调节作用［J］. 中国园林，2020，36（3）：134-138.

［6］李焱柳. 绿植在公共建筑室内环境中的应用研究［J］. 环球市场，2016，26：125.

［7］李杏筠，李文翎. 市区外围建设停车换乘中心的必要性和可行性分析——以广州车陂地区为例［J］. 城市观察，2012（5）：149-158.

第4章　生态修复工程学理论

生态修复工程学是在长期的生态修复工程实践中逐渐总结和发展出的一种新的理论，属于生态学领域的一个分支，主要研究人工干预条件下的生物学与生态学过程、生态修复工程采用的技术、材料和方法以及生态修复工程监测与评价。

自然环境中的植物群落从裸地阶段到达顶级群落阶段，需要经历漫长的原生演替过程。而生态修复工程的实施可以打破演替的时间限制，在裸露边坡、受损环境区域短时间内能将裸地变成稳定的森林或草地生态系统，将原本漫长的原生演替过程变成一个在短时间内营造健康生态系统的工程过程。

根据生态系统的演替原理，生物群落的原生演替是一个缓慢积累有机物质的过程，物质从生态系统外部进入生态系统，通过生物化学作用被固定下来，使生态系统的环境得到改善，从而使外来物种能够迁入和定居在这些新生态系统。比如在陆地自然生态系统进化的过程中，植物群落的正向演替通常伴随土壤的发育过程。土壤的发育可以视为演替的结果，同时也是演替的原因。而生态修复工程是通过人工措施，将构成一个稳定生态系统所需的物质、能量和植物物种，按照成熟、高级生态系统的组成、结构等规律组织起来，形成一个整体的系统，使植物群落能够进行有序的演替，并快速稳定下来。这些用来指导如何通过人为干预将物质、能量和生物组织起来，形成稳定结构的规律，就是生态修复工程学的基本理论。

生态修复工程学的主要理论包括：物质循环的人为调节理论、环境非生物要素的平衡关系理论、生物要素间的竞争促进理论、群落演替的人为加速理论。

4.1　物质循环的人为调节理论

物质循环是生态系统的基本功能之一，指物质在生物与环境的不同要素之间不断运移和转化。生态修复工程需从物质循环角度出发，实现以下目标：

（1）对于受损或新建的生态系统，提高物质利用效率，促进物质积累、形成群落结构并维持生态功能；

（2）对于受污染的生态系统，降低主要污染物含量至安全浓度，或使其具有维持低浓度污染物的能力。针对受损或新建生态系统的物质循环调节，需考虑到限制性环境要素等各种不同要素资源的搭配；而在受污染生态系统的物质循环调节中，则需围绕降低主要污染物含量进行。在生态修复工作中，应通过干预物质循环，达到物质积累或降低的目的，并调整物质循环速度。那么在生态修复工作中，应该如何干预物质循环以达到物质在生态系统中的积累或降低，并调整物质循环的速度？

4.1.1 物质的复合式循环模型

传统的物质循环模型中，经典的四大圈层模型（图 2.3-1）只是其中一种模式。除此以外，还有土壤学中的"地质大循环和生物小循环模型"（图 4.1-1）[1]。地质大循环是指，物质通过"岩石风化释放养分（土壤）—水的淋溶—江河的汇聚—沉积物堆积形成岩石—地壳运动形成陆地岩石"的地质路径进行循环。而生物小循环则指物质在生物体和土壤之间进行的小范围、短周期的循环过程，其一般路径为"土壤中的矿质养分—植物吸收转化为有机物并在食物链中迁移和转化—被分解者分解释放回土壤"。生物小循环促进了植物营养元素在土壤表层的集中和积累，被称为生物积累作用。

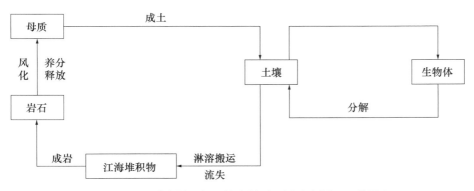

图 4.1-1 地质大循环与生物小循环（图片来源于互联网）

这个模型不仅用于解释土壤形成的地质和生物作用之间的关系，更为关键的是揭示了在生态系统中积累物质的方法——增加小循环结构以延长物质在系统内的存在周期。

除了岩石风化和生物分解外，生态系统中养分还来自外部输入，不同生态系统之间存在链状和网状的物质循环路径。然而，传统生态学模型很少能反映出不同生态系统间的物质迁移，形成大范围的局部循环。如图 4.1-2 所示，物质在不同生态系统之间的移动方式主要包括大气移动、水流移动、风蚀移动、冲蚀移动和迁徙移动。简单来说，就是流动相和携带的固体物质的移动，再加上动物在生态系统之间的迁徙，导致物质的跨生态系统移动[2]。

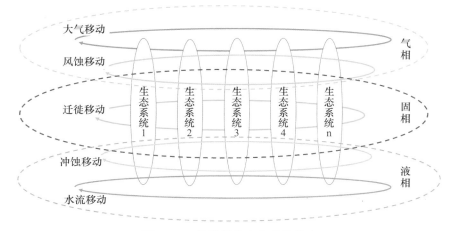

图 4.1-2   物质的跨生态系统移动

为了方便生态修复工程中对具体修复的生态系统进行分析，本书提出了一个新的物质循环模型（图 4.1-3），以具体生态系统为主体视角。该模型将生态系统内部和外部视为两个模块，并将自然生态系统内部模块的物质循环过程分为四个局部小循环（①、②、③、④）和一个单向过程（⑤）：① 生物活体及共生体内部物质循环，例如盐分在动物体内的回收利用，叶片衰老脱落前大部分养分回流树体，内生菌根将获取到的营养提供给树木；② 生物活体与生物残体之间的循环，例如动物的尸体被食腐动物吃掉后又重新转化为生物活体；③ 生长环境和生物活体之间的循环，例如树木通过光合作用吸收环境中的二氧化碳形成有机物后，又通过呼吸作用将有机物分解成二氧化碳释放到环境中；④ 生长环境不同要素之间的物质循环，例如离子在土壤颗粒表面和土壤溶液中的吸附和解吸；⑤ 生物残体通过淋溶、直接燃烧氧化等途径转化为生长环境物质的单向过程。一个生态系统内部可能同时存在这些小循环和多个过程共同构成的复合式循环。

除内部循环外，还有生态系统与外部系统之间的物质循环（图 4.1-3 过程⑥），以及外部系统中不同要素之间的循环（图 4.1-3 过程⑦）。

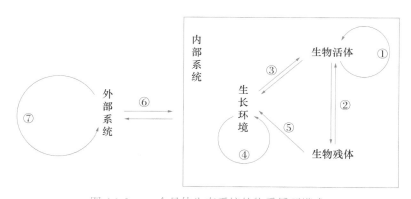

图 4.1-3   一个具体生态系统的物质循环模式

以广东省珠海市三角岛生态修复工程为例，如图 4.1-4 左图所示的三角岛裸露边坡，由于表面没有植物群落，动物和微生物也由于缺少栖息地与养分来源从而数量稀少，因此生态系统内部的物质循环的类型和数量处于极低的水平。此时由于外力作用，坡面极易发生水土流失，使养分物质流失进入其他生态系统（对应图 4.1-3 中的⑥过程）。当采用团粒喷播技术进行生态修复之后（见图 4.1-4 中图），土壤表面建立了密集的植被（对应图 4.1-3 中的③过程）。如图 4.1-4 右图所示，植物为动物和微生物提供了栖息地和食物（对应图 4.1-3 中的②和⑤过程），并与微生物建立共生关系（对应图 4.1-3 中的①过程），如此就在生态系统内建立了密集且多样化的种间或种内相互作用关系，形成了丰富的生态系统内部物质循环。

图 4.1-4　三角岛裸露边坡（左）、修复边坡（中）以及修复后出现的动物和微生物（右）

综上所述，一个生态系统的物质循环途径是开放的，由内部循环系统和外部循环系统构成。内部循环的增加能够使物质在生态系统内部积累，而外部循环是生态系统物质增加和减少的最终来源和去向。通过人工调节生态系统物质循环的局部环节，可以在生态系统内控制物质的增加或减少。具体生态系统的物质循环模式表明，生态系统内部是由各生物要素和非生物要素构成的互动关系网络，对其中的部分要素干预会导致整个生态系统的变化。

4.1.2　人为调节物质循环的途径

根据关系构成要素的类型进行分类，生态系统内部的关系可以分为三类：环境非生物要素之间的关系、生物之间的关系以及非生物环境与生物之间的关系。根据生态系统物质循环的模式和不同要素之间的关系，可从三个途径调节物质循环，以实现对生态系统功能和稳定性的影响：

（1）增加物种多样性会丰富生态系统内部的小循环结构，提高物质循环的效率。通过不同物种之间的共生共存，营养元素得以更加有效地循环，并在生态系统内积累。因此，保持物种的多样性是保护生态系统稳定性与可持续性的重要途径之一。如在水田中加入稻田蟹，在杨树林中养蚯蚓，就是通过增加物种多样性提高物质循环效率的典型案例。

（2）营养物质进出生态系统净增加值的正负性，决定了生态系统的演替方向。当系统内物质输入净增加值大于输出净增加值时，生态系统表现为正向演替，将朝着更加繁荣的方向发展。相反，如果输出净增加值大于输入净增加值，生态系统将呈现逆向演替，逐渐走向衰退。因此，平衡生态系统中各要素的输入和输出是保持生态系统健康的关键。从这个角度来看，施肥就是向生态系统输入物质的典型行为，而水土流失的治理则是减少生态系统中物质输出的典型行为。

（3）营养物质进入生态系统的速率与种类，会影响生态系统的演替速度。例如，缺乏水分和养分会限制植物的生长，从而阻碍整个生态系统的物质积累。在一些条件下，根际微生物可以促进植物生长并改善土壤质量，从而影响生态系统的演替速度。因此，了解生态系统中各要素之间的相互作用，并控制这些作用的种类和速率，有助于保持生态系统的稳定性。在生态修复工程中，为了满足植物生长对各类营养物质的需求，应当选择使用含有多种营养成分的有机肥和复合肥，并保证水分的适当供应。

综上所述，生态修复工程学强调环境演替的自我主导作用。生态系统主要通过光合作用实现无机物到有机物的合成，再通过微生物完成从有机物到无机物的分解，实现物质循环过程。良好环境由于光合作用的能量输入使系统的生物量和净生产力不断提高。演替形成的稳定顶级群落是物质循环的动态平衡。

4.2　环境非生物要素的平衡关系理论

环境非生物要素之间维持适当的平衡关系是实施生态修复工程的环境基础。

环境条件决定生命形式。大多生态修复指标都是环境条件下的时间函数。遵循原生演替底层逻辑，构建生物体（主要是植物）在目标区域自然环境下发生、发育、发展的无机条件（土壤、水、大气、温度等），是生态修复工程学研究的重要内容。

环境非生物要素之间的矛盾关系是许多生态问题的主要原因。风、水等流动相非生物要素是物质循环的主要动力，其相互作用和平衡关系影响着整个生态系统的演变方向。例如，水与土之间的关系，过多的降雨会导致土壤结构破坏和水土流失，而适度的水分能促进植物和土壤生物生长，提高土壤质量。因此，如何协调与平衡水土关系是生态修复工程设计的重要问题。为实现生态系统稳定，应从多方面考虑水土保持措施，比如水的补给和来源、水体与陆地分布比例的调整，有组织的排水和固土措施等。土壤中水和空气的比例存在平衡的问题，水分过多会导致植物根系缺氧，生长不良甚至死亡，而水分缺乏则又会导致植物枯萎。土壤的粗细颗粒比例也存在类似的平衡问题，粗颗粒（如砂粒土）透气性好但保肥性差，细颗粒（如重粘土）保肥但不利于透气。

　　温度、湿度和光照存在一种平衡的关系，光、热、水都是植物生长的重要因子。在黄土高原地区，水常常是造林的限制性因子，因此在阴坡、半阴坡、侵蚀沟的背阳侧以及洼地上，林木的成活率往往高于阳坡。这是因为阳坡的光照太充足导致温度较高，使土壤水分蒸发较多，从而限制了林木的生长。而在秦岭山脉中部，温度是树木生长的主要限制因子，因此相同种类的林木在阳坡可以生长于更高的海拔。

　　总之，环境的非生物要素是环境生物的生存、生长不可或缺的基础条件，而且这些非生物要素之间必须维持一种恰当的平衡关系，才能保证生态系统的健康发展。因此，环境非生物要素的具体情况是生态修复工程所要采取的技术、手段、材料的重要依据。在进行生态修复工程设计时，应充分考虑环境非生物要素之间的矛盾关系，并通过整体设计，使不同环境非生物要素之间维持相对平衡的关系，从而使修复的生态系统更加结构稳定。比如在陆地受损边坡上实施生态修复工程，首先要确定地质的稳定，然后根据地形因素如坡度、岩土特征，确定土壤层是否需要重新构建，以及构建的方法。如图 4.2-1 所示在安徽省铜陵市的矿山整治工程中，由于部分边坡较陡，存在滑坡、崩塌等地质灾害隐患，常规的施工方法不能使客土稳定附着于边坡之上，难以构建新的表层土壤。

图 4.2-1　安徽省铜陵市矿山整治工程场地修复前图片

　　因此该项目施工首先通过渣石土开挖、石方破碎、回填续坡等工序对边坡进行适当修整，降低边坡坡度，消除地质灾害隐患，重塑自然山体形态，让原本陡立且寸草不生的坡面相对缓和，以满足生态修复的技术要求（图 4.2-2 左图）。为使喷播基质更好的附着于边坡之上，在进行边坡铺网后（图 4.2-2 中图），采用了团粒喷播技术构建表层土壤（图 4.2-2 右）。生态修复 8 年后的效果如图 4.2-3 所示。

图 4.2-2   安徽省铜陵市矿山整治工程中采用的削破（左）、挂网（中）和团粒喷播（右）

图 4.2-3   安徽省铜陵市矿山整治工程场地修复后图片

4.3   生物要素的竞争促进理论

环境系统中，生物之间保持必要的竞争、共生和捕食等互作关系，是人为干预条件下环境系统能够快速稳定的内在机理。

研究表明，生物之间的竞争、促进和营养层级互作等生物相互作用，能直接或间接驱动或改变生态系统在不同尺度上的变化模式、方向和速率。应用这些理论管理生态系统，有望大幅提升生态系统保护和修复的成效[3]。因此，通过人工干预增加生物互作的频率和强度，可以加速实现稳定生态系统的形成。然而，传统的生物技术往往仅利用共生关系促进特定物种的生长，或者利用捕食和竞争关系控制害虫或杂草，而少有利用生物之间的竞争关系塑造物种个体和整体形态的技术。

例如，在受损边坡生态修复工程实践中，团粒喷播技术采用"土壤喷播＋密集播种木本植物"的修复方式，这种方式能快速形成密集生长的木本植被。由于生长密集，个体之间互相竞争激烈，通过对有限资源（养分、水分、阳光等）的竞争，仅有极少数量的个体生存下来，成为优势种。这个竞争过程不但保证了工程实施后快速实现修复效果（土壤层＋密集播种＋水热条件＝高植被盖度），而且体现了自然环境下的优胜劣汰与互作循环，有效增加了植被和土壤的稳定性。这种修复方式充分利用了植物个体之间的竞争作用和群体密集竞争产生的整体效应。通过此方式，人工干预了生物之间的竞争关系，实现了对物种个体和整体形态的限制和塑造，达到了有效控制和设计种群的目的。

竞争作用对各物种之间的物质能量分配和群落的景观效果都有影响。例如，实施生态修复工程，以木本植物群落为目的植物群落形成后，草本植物会自然发生在林下空间与边界区域，乔木的根系占据较深土层，而草本的根系则占据较浅土层。此外，竞争还能够调节物质循环，促进资源循环利用。例如，根系对空间和养分的竞争能够产生一种对土壤的约束，使土壤不容易受到侵蚀；植物对养分的激烈竞争能够减少养分的流失，从而使养分得以固定在生态系统内部。因此，竞争是将物质保持在生态系统内部循环的关键机制。对某一种资源的竞争会使得竞争双方都趋向于增加对该种资源的获取和吸收能力，从而使这种资源被约束在生态系统内部循环中。基于这一点，提出以下推论：

（1）生物个体或种群间对某一种资源的竞争越激烈，该种资源的利用率越高，该种资源的循环就越趋于封闭（不易流失）。如 Tiessen 等[4]的研究结果表明，一旦原始森林生态系统内部的生物营养循环被人为耕作破坏，土壤中的有机质和养分会快速流失，并在 3 年左右的时间丧失耕种价值。而 Macedo 等[5]的研究表明随着生态修复后植被的建立，土壤养分含量又逐渐的恢复。

（2）植物个体或种群间竞争最激烈的资源就是制约该生态系统植物群落演替的限制性因素，因此植物对限制性资源具有较高的利用率。如 Shao 等[6]通过总结分析 237 个前人研究中的 2226 份数据发现，密植的玉米对氮素的利用率高于低密度种植的玉米，这是因为密植的玉米个体之间对氮的竞争更加激烈[4]。

（3）由于竞争，限制性资源在生态系统中的有效态含量较低，这是正常状态。当人为提高该项资源的水平时，生物群落整体的生物量会增加，环境中的该资源浓度逐渐回到较低水平。环境学经典的"氧垂曲线"最能反映这一点，如图 4.3-1 所示，含碳有机物是水中细菌和藻类生长的限制性资源，当水体流入含有机物的污水，水体中的含碳有机物浓度会骤然上升，随后细菌和藻类的生物量就会增加，从而使含碳有机物的浓度慢慢降低至较低的正常水平。

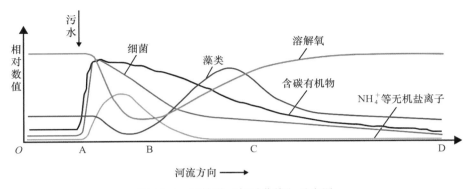

图 4.3-1　环境学"氧垂曲线"示意图

（4）当某种资源在生态系统中的有效态含量长期过高时，说明该种资源已不是限制性因子。该种资源的利用率处于较低水平，存在较大的流失风险。此时，生物群落演替的限制因素可能由一种资源转变为另一种资源。当前全球性的农业面源污染和氮沉降问题就是这一点最好的证明。农业面源问题是由于农业中过量使用化肥导致农业土壤中的活性的氮和磷等元素含量过高，以及养殖业扩大导致含氮、磷废液的过量排放，从而使这些营养元素流失到水体中变为污染物，导致了水体的富营养化等问题[7]。氮沉降是指工业等活动大量燃烧化石燃料导致大气中的氮氧化物浓度增加，从而使降水中含有较高浓度的含氮离子，这些含氮离子随着降水进入森林或草原生态系统，打破了原有的氮素限制，使植物群落的生长限制因素由氮限制转变为磷限制[8,9]。

（5）自然生态系统中，顶级群落的生长密度是对空间资源进行竞争的结果，对空间及光照具有较高的利用效率。这个竞争的过程是形成健康顶级群落的必然过程。例如，在美国黄石公园面积广阔的扭叶松森林中，自然播种使松树密集生长，个体之间对空间的竞争极其激烈，表现出个体树干之间很大的粗细差异。竞争处于优势的个体高而粗壮，而在较大个体空隙中生长的新个体由于在对空间和光照资源的竞争上处于劣势，因此多生长较细，容易倾倒（图 4.3-2）。

图 4.3-2　美国黄石国家公园的扭叶松森林

4.4 群落演替的人为加速理论

生态修复工程能够实现演替加速的原因是，通过人工措施提高了目的植物群落的形成速度，直接进化到较高级的演替阶段。

非生物环境与生物群落的时空变化规律是生态修复方案设计的重要依据，良好生态功能的实现需要将非生物环境与生物群落两个部分之间的功能进行有机衔接。比如在自然土壤中，植物的遮盖作用、凋落物的覆盖作用、腐殖质的胶粘作用、根系的加筋作用共同维持了土壤的稳定，这些作用在不同时间、不同季节彼此消长、互为补充。在生态修复过程中，设计者和施工者也必须考虑工程措施和植物群落之间的功能衔接。传统的水土保持措施例如挡土墙、石笼、拦水坝等，会留下太多的人工痕迹，与"生态"的本意相悖。而且，这些"人工痕迹"大多有寿命周期，经过几十年的设计期限，大多数的工程措施都会失效，那时的水土保持靠什么呢？因此，在修复工程中，应优先考虑可降解的、起临时作用的、功能可以被植物逐渐替代的材料，如团粒喷播技术采用的人工土壤中使用了可降解的团粒剂和金属网，这些成分能够在一定时间内使土壤保持稳定，但是随着植物的生长，这些成分逐渐分解、氧化，并被植物和其他生物利用，而它们原本起到的固土功能也会被植物茎叶、凋落物、腐殖质和根系完全代替。综上所述，生态修复工程的前期依靠工程材料实现系统的稳定，而生态修复的中后期，应主要依靠生物的力量实现稳定。显然，如何通过人为干预提高植物的生长速度、加快群落的演替，是实现植物作用与工程措施作用相衔接的关键问题。

环境非生物要素和生物群落之间的互动关系，整体上类似于生物间的互利共生关系。提升环境中各非生物要素质量有助于保障生物群落的健康发展，而健康的生物群落又能够改善生态环境质量，提高土壤肥力、保持水土、净化空气等。当非生物和生物群落协调良好时，物质循环更多地约束在生态系统内部，实现物质积累和有序循环。而若两者不能协调，则物质循环会流向系统外部，造成物质流失和生态系统的退化。例如，植物与土壤之间相协调，既有利于植物生长，又能保持水土，当土壤与植物不协调时，植物生长稀疏，则不能有效覆盖土壤，容易发生土壤侵蚀，并导致植物营养元素的流失。从发展变化的角度来看，随着植物群落的演替和发展，土壤等非生物环境要素逐渐改善，如果非生物条件不能得到相应的提升，则植物群落的演替阶段就会受到非生物环境的制约，从而停止在某个阶段。因此，在实施生态修复工程时，通过人工干预提供良好的非生物环境，则可以使植物群落的演替不受环境的制约，从而加快演替的速度。这就要求在进行生态修复方案设计时，综合考虑非生物环境和生物群落，充分利用两者之间的互动关系，创造、修复结构完整、功能卓越、循环畅通的稳定生态系统（图 4.4-1）。

从限制因子的角度来看，陆地生态系统中的气候和地形等因素在相当长的时间内不会发生明显变化，因此在未达到顶级群落的陆地生态系统中，土壤可视为制约群落演替的单一限制因子。据此可得出以下推论：① 当土壤条件改善时，植物群落会向正向演替趋势发展；② 当土壤条件优于当前植物群落所依赖的土壤发育阶段时，在种子库或植物侵入的情况下，群落演替会更快地进行；③ 当土壤条件低于当前植物群落演替水平所依赖的土壤发育阶段时，群落演替会减缓甚至趋向退化。

图 4.4-1　消除人工痕迹的生态修复工程

因此，在裸地上人工建立能正常生长的植被群落和对应的土壤，可以跳过原生演替的初期阶段，实现群落演替的加速。

生态系统环境要素是不均匀分布的，不同点位的资源搭配不同，形成各种微生境，植物在资源合理的微生境中能良好生长，而在资源贫瘠的微生境中则难以生存或生存不佳。因此，根据群落演替的加速理论，在生态修复工程中，可以通过现代技术（如团粒喷播）构建人工土壤表土层和种子库、繁殖体，并通过适当措施为植物提供更多优良的微生境，使植物群落演替加速。工程实践证明，这种先构建优质表层土壤和种子库、繁殖体，然后培植目的植物群落的修复方式是可行的，与自然修复和传统方法相比，时间缩短了很多，并且修复效果不断趋于自然。例如，在贵州省安顺市城市干道裸岩边坡生态修复项目中，分别采用了混凝土种植槽修复和团粒喷播修复两种办法。从修复之前的照片可以看出，整个石质坡面上仅有零星几处能够生长植物（图 4.4-1 左），说明石质坡面缺少能够生长植物的微生境。而采用混凝土种植槽方法进行修复（图 4.4-1 右图中红色虚线外的区域），仅能在少数区域改善植物的生长环境，大部分面积还依然裸露；但采用团粒喷播进行修复（图 4.4-1 右图中红色虚线内的区域），则能够在整个边坡上的所有位置构建植物可以生长的微生境，实现整个边坡的植被覆盖。

图 4.4-1　安顺市城市干道裸岩坡面生态修复项目修复前（左）后（右）对比

4.5　参考文献

［1］何耀喜，黄大振，黄晚意，等. 浅论地质大循环与生物小循环［J］. 咸宁学院学报，1990（2）：76-79.

［2］Sitters J, Atkinson CL, Guelzow N, et al. Spatial stoichiometry: cross-ecosystem material flows and their impact on recipient ecosystems and organisms [J]. Oikos. 2015, 124 (7): 920-30.

［3］贺强. 生物互作与全球变化下的生态系统动态：从理论到应用［J］. 植物生态学报，2021，45（10）：1075-1093.

［4］Tiessen H, Cuevas E, Chacon P. The role of soil organic matter in sustaining soil fertility[J]. Nature, 1994, 371:783-785.

［5］Macedo M O, Resende A S, Garcia P C, et al. Changes in soil C and N stocks and nutrient dynamics 13 years after recovery of degraded land using leguminous nitrogen-fixing trees[J]. Forest Ecology and Management, 2008, 255(5-6): 1516-1524.

［6］Shao H, Wu X, Chi H, et al. How does increasing planting density affect nitrogen use efficiency of maize: A global meta-analysis[J]. Field crops research, 2024, 311: 109369.

［7］Chen T, Lu J, Lu T, et al. Agricultural non-point source pollution and rural transformation in a plainriver network: Insights from Jiaxing city, China[J]. Environmental Pollution, 2023, 333: 121953.

［8］You C, Wu F, Yang W, et al. Does foliar nutrient resorption regulate the coupled relationship between nitrogen and phosphorus in plant leaves in response to nitrogen deposition?[J]. Science of The Total Environment, 2018, 645: 733-742.

［9］Deng M, Liu L, Sun Z, et al. Increased phosphate uptake but not resorption alleviates phosphorus deficiency induced by nitrogen deposition in temperate Larix principis-rupprechtii plantations[J]. New Phytologist, 2016, 212(4): 1019-1029.

第二部分 方法学

第 5 章　生态修复工程的过程与方法

生态修复工程是基于生态修复工程学理论指导的实施生态修复的一整套技术、工艺、材料、装备和过程的集成。它包括勘察调查、环境问题诊断、生态修复目标确定、生态修复工程设计（生态修复技术选择）、工程施工、质量检验以及生态修复效果评价等。

要指导生态修复实践，就要建立指标体系和评价标准。在开展生态修复工作的规划设计阶段，应把环境安全、功能、结构、效果、价值等问题目标化、指标化，并应该从"碳中和"的角度在项目后期实施长期效用评估。

5.1　生态修复工程的目的与原则

生态修复工程的目的应该主要考虑保证生态安全、保持生物多样性和正常的物质循环和能量流动；生态修复的基本原则是"整体保护、系统修复、综合治理"。任何一种环境要素（生物要素与非生物要素）的缺失和受损都会对整个环境的功能和结构造成负面影响，所以应该统筹考虑各环境要素在系统中的作用与逻辑关系，尤其是要明确它们在工程实施完毕后于时空尺度上的动态变化趋势，这一点是目前许多生态修复工程所忽视的。

另外，在确定生态修复目标时，需要考虑多个复合需求，并按照其重要程度进行排序。原则上，应该优先考虑生态安全，其次是修复生态功能和结构，最后兼顾景观效果。这样的顺序确保生态修复工作既能保障生态系统的稳定性和健康性，又能提升人们对修复工作的支持与认可。

5.2　生态修复工程诊断方法

根据生态修复工程学理论，生态修复工程可分为六个部分：项目区域的勘察与调查、生态环境问题分析与诊断、生态修复目标设计、生态修复工程设计（技术选择、方案制定、设计文件、投资预算等）、工程施工和生态修复效果评价。在修复实施前，需要详尽调查修复区域的生态功能、自然生态状况和社会经济状况，重点了解自然基底和生态系统现状，如自然生态环境受损程度，地质灾害分布、规模、发育程度和危害程度。然后根据调查结果分析生态系统受损的状况和原因，识别治理区生态环境问题，确定胁迫因子。在此基础上，制定修复目标并选择合适的修复技术，形成设计方案。最后，实施修复工程并对生态修复的效果进行监测与评价（表 5.2-1）。

陆地生态修复工程的主要环节 表 5.2-1

序号	主要环节	具体项目	内容	目的
1	项目区域的勘察与调查	地质环境勘察	岩土、水文、地灾历史等	广泛收集相关信息，为环境问题的诊断、生态修复工程的设计与实施提供依据
		生态基底调查	植被、动物、微生物、土壤、水质、污染物等	
		气象资料调查	海拔、气温、降水、风向、风速、物候期等	
		立地条件调查	土壤类型、土层厚度、坡向、坡度、光照强度等	
		社会经济状况调查	区域 GDP、原材料价格、人工价格、能源价格等	
2	生态环境问题分析与诊断	地质安全分析	确定是否受地灾危害或存在潜在的地灾风险	确定胁迫因子，明确修复重点，为生态修复工程设计与实施提供依据
		环境功能问题	明确固土、滞尘、降噪、蓄水、景观等功能是否异常	
		环境结构问题	查明环境与生物要素是否缺失、要素之间是否协调	
		可持续发展能力	生物群落和土壤种子库是否健康、与周边生态环境的联系是否良好	
3	生态修复目标设计	功能设计	提出修复的功能要求	确定修复完成的标准，为修复工程的实施、验收和评价提供依据
		结构设计	明确生态系统修复完成后应该具有的要素和结构	
		可持续发展设计	确保生态系统修复完成后具有正向演替和保持稳定的能力	
4~5	生态修复工程设计与施工	地质稳定修复	地灾的预防和治理	确定具体的修复方案，按照具体方案实施修复
		环境与资源配置	水源、土壤、光照、地形等环境要素的重构与协调	
		生物群落恢复	生物量、多样性逐渐提高	
		配套设施	道路、给水排水、供电等	
		环境影响预防措施	环境影响评价、水土保持方案等	
		投资预算	费用来源、成本控制等	

续表

序号	主要环节	具体项目	内容	目的
6	生态修复效果评价	修复过程评价	施工过程规范、科学	评价生态修复工程的实施质量、成效和创新性，为工程的维护、成果巩固和方法的创新和推广提供依据
		生态质量评价	生物群落生长良好	
		生态功能评价	生态安全功能保持稳定、环境质量逐步提升	

5.3　勘察与调查

为了对生态环境的受损情况进行诊断，需要进行充分的勘察和调查。勘察是指对地质环境的勘察，目的是全面了解并评估目标区域的地质状况与环境特征，为工程建设、自然资源开发和环境保护等提供科学依据（图5.3-1）。它的主要内容包括地质构造与岩性勘察、水文地质勘察和地质灾害勘察等，勘察评估报告应包括区域的地质受损概况、具体受损部位和程度，以及可能引发的次生灾害。调查包含对生态基底、气象资料、立地条件和社会经济状况等方面的调查。

图 5.3-1　地质环境勘察与调查

（左图：使用罗盘测量岩层产状；右图：使用无人机测量地形地貌）

5.3.1　地质构造与岩性勘察

对目标区域的地质构造、岩性、地层分布、地貌特征等进行综合调查。通过野外观察、地质测量、钻探和采样等手段，了解地质构造的性质与活动、岩石的性质与分布、地层的地理时代和厚度等重要参数。

5.3.2　水文地质勘察

研究地表及地下水资源的分布、赋存条件、水文特征和水质状况等。通过水文地质勘探和水样品采集了解水源的产生、移动和分布规律，评估地表及地下水资源的可持续利用性。

5.3.3　地质灾害勘察

主要包括地震、滑坡、泥石流、地面沉降、地面塌陷等地质灾害的调查与评估。通过研究地质灾害的发生机理、影响范围和风险等级，为灾害管理与预防提供科学依据。

5.3.4　生态基底调查

生态基底调查是对某一地区、生态系统或生物群落的生态环境进行全面、系统的调查和评估，以了解其生物多样性、物种组成、功能特征等情况，为生态保护和管理提供科学依据。

生态基底调查的步骤如下：

（1）定义研究目标和范围：明确研究的目的和范围，确定研究的地区和生态系统类型。

（2）收集资料和现有数据：收集已有的地理、气象、土壤、地形等相关数据，了解该地区的环境背景。

（3）选择调查方法：根据研究目标和特点，选择合适的调查方法和指标体系。常用的调查方法包括样点调查、样线调查、栖息地评估等。

（4）样本采集：根据选定的调查方法，在研究区域内设置调查样点或样线，并按照一定的规模和密度采集实地样本，包括土壤样品、植物样品、动物样品等。

（5）样本处理和分析：对采集的样本进行处理和分析，如植物标本的鉴定和气候数据的统计分析等。可以利用相关软件进行数据分析和整理。

（6）数据解读和结果评估：对调查数据进行解读分析，分析物种组成、生境类型、生物多样性指数和群落结构等指标，评估生态基底的状况和特征。

（7）生成报告和建议：根据调查结果，撰写调查报告，总结调查结果，并提出相应的生态保护和管理建议。

5.3.5　气象资料调查

气象资料调查是一个系统地收集、整理、分析和解读气象数据的过程，以获取项目区气象现象和气候情况的相关信息。这种调查涉及多种气象数据，包括气温、降水量、风向风速、湿度、气压等，用于气候变化、天气预测、气候模拟和其他气象相关的研究。气象资料调查通过不同的方法进行，包括实地观测、遥感观测和使用历史气象记录等。可以按照以下步骤进行：

（1）确定调查目的和范围：明确需要调查的气象数据的类型和范围，例如气温、降水量、风速等。

（2）确定调查时间段和地点：确定需要调查的时间段和地点，可以是某一个特定的时间段和地点，也可以是长期的历史数据调查。

（3）收集气象数据来源：查找可靠的气象数据来源，如政府气象部门、气象观测站、研究机构、气象学术期刊等。可以通过互联网、图书馆或与相关机构联系，以获取数据。

（4）确定数据类型和格式：确认需要调查的数据类型和格式，例如每日记录、小时记录、分钟记录等。此外，还需要了解数据的单位和表达方式，如温度的摄氏度或华氏度。

（5）提出数据请求或购买数据：根据收集到的信息，向相关气象数据提供方提出请求或购买所需的气象数据。有时可能需要填写数据请求表格并支付数据费用。

（6）数据整理和分析：收集到气象数据后，进行数据整理和分析。可以使用电子表格软件，如 Excel，进行数据整理和计算。

（7）数据解读和结果呈现：对于调查得到的气象数据进行解读和分析，如制作图表、绘制曲线、计算统计量等，以便于结果的呈现和展示。

在进行气象数据调查时，需要注意数据的准确性和可靠性。为了确保数据的科学性，建议参考政府机构、科研机构或专业气象网站等可信的数据来源。

5.3.6　立地条件调查

立地条件调查是对某个特定地点的环境和自然条件进行系统的调查和评估，以确定适宜的用途或规划，多以造林和绿化为目的。以下是进行立地条件调查的一般步骤：

（1）收集基础资料：了解目标地点的地理位置、气候特点、地形地貌、土壤类型等基本信息，可以通过地图、气象数据、土壤报告等来源收集。

（2）实地勘察：亲自前往目标地点进行实地观察和勘察，对环境要素进行直接测量和观测。这包括测量地形、地貌特征，记录气象数据如温度、降水、风速等，还可以采集土壤样本进行分析。

（3）调查环境因素：考察周边环境因素对目标地点的影响，如道路交通、社区发展、自然灾害风险等。

（4）评估资源可利用性：评估目标地点可利用的资源，如水源、土地利用状况、能源等。

（5）综合评估和分析：根据收集到的数据和信息，对立地条件进行综合评估和分析。评估目标地点的适生物种。

5.3.7　社会经济状况调查

社会经济状况指的是一个社会或地区的经济发展水平、就业情况、收入分配、贫富差距、社会保障、教育水平等方面的情况。以下是进行社会经济状况调查的一般步骤：

（1）收集统计数据：收集相关统计数据，包括该地区的 GDP、劳动力参与率、失业率、收入分布、教育水平、医疗保障等数据。这些数据通常可以从政府部门、统计机构、研究机构以及各种官方报告中获取。

（2）调查人口状况：了解该地的人口情况，包括总人口数量、人口年龄结构、性别比例等。这些信息可以通过普查数据、人口统计数据或相关研究报告来获取。

（3）调查就业情况：了解就业情况，包括就业率、行业分布、职业结构、工资水平等。可以通过政府部门发布的就业调查报告、劳动力市场调查数据或企业调查数据来获取。

（4）收集收入和贫富差距数据：了解收入水平和收入分配情况，包括平均工资、中位数工资、贫困线、收入差距等。这些数据可以从政府部门、统计机构、调查报告或研究机构中获取。

（5）调查社会保障和福利状况：了解社会保险、养老保险、医疗保障、失业保险等福利制度和政策，包括覆盖范围、报销比例、福利待遇等。

（6）调查教育水平：了解教育系统的发展状况，包括教育程度、教育资源分布、教育投入等。可以通过相关教育部门发布的统计数据、研究报告或调查数据来获取。

（7）综合分析和判断：根据收集到的数据和信息，对社会经济状况进行综合分析和判断。评估社会经济的发展水平、问题所在以及未来发展趋势。

5.4　生态修复的问题分析与诊断

生态修复是一个完整的发现问题—分析问题—解决问题的过程。每个工程都以一个生态问题为起点。为开展生态修复工程，需要进行系统认识和全面分析生态问题，这个过程称为生态诊断。在小范围区域的生态诊断中，从外到内分为生态功能、生态结构和地质环境三个层次。在较大范围内的生态诊断中，则需考虑各组成部分之间的相互影响和协调。这些诊断结果是开展生态修复工程的基础工作。

5.4.1 生态功能受损诊断

生态功能的受损程度能够很直观地反映出该生态系统是否需要修复。生态功能包括生态防护功能和景观功能等，是生态系统最外在的表现，也是最容易观察判断的部分。受损的生态系统常常表现为陆地上的水土流失、荒漠化，水体的富营养化、黑臭化等，以及植被生长异常与周边植被形成明显对比（图 5.4-1）。在选择生态功能受损诊断指标时，需要综合考虑生态系统的类型、损害类型、数据的可获得性及诊断的全面性等。

图 5.4-1   荒漠化导致生态系统的防护功能和景观异常

不同类型的生态系统具有不同的生态功能，因此需要根据具体的生态系统类型选择适合的诊断指标。例如，湿地生态系统的诊断指标可能包括湿地水位、湿地植被类型和栖息地面积等；森林生态系统的诊断指标可能包括林冠覆盖率、树木物种丰富度和腐殖质含量等。不同的人为或自然因素可能导致不同类型的生态功能受损，选择适当的诊断指标需要考虑受损类型。例如，土地表面的水土流失通过土壤侵蚀指标如坡面覆盖度、坡度和裸露率进行诊断；水体的富营养化通过浑浊度、总氮和总磷等指标进行诊断。选择的诊断指标应该是可以获得的数据，并且合理、可操作。例如，一些指标如植被覆盖可以通过现场调查和遥感技术获取，而一些指标如土壤质地和化学性质可能需要实验室分析。在选择诊断指标时，应该综合考虑多个指标，以全面评估生态功能受损程度。一个单一的指标可能不足以准确描述生态系统的受损情况，因此需要结合多个指标进行综合评估。

需要注意的是，选择诊断指标是一个复杂的过程，它要求具备一定的专业知识和经验。因此，在进行生态功能受损诊断时，最好依靠专家或相关研究机构的支持和指导。以下是一些常见的生态系统功能指标，可以用于判断生态系统功能的受损程度：

（1）植被覆盖：观察植被的密度、高度、种类多样性和分布状况等。受损的生态系统常常植被稀疏、枯萎和缺乏多样性。

（2）土壤侵蚀：观察土地表面的裸露情况、沟壑和溪流的形成等。土地被侵蚀严重时常常容易发生泥石流、滑坡等自然灾害。

（3）水体质量：观察水体的颜色、透明度、浑浊度和气味等。富营养化的水体常常表现为浑浊、蓝藻暴发、异味等。

（4）动物和植物的多样性：观察生态系统中的动植物种类和数量。受损的生态系统常常缺乏多样性和数量较少。

（5）生态过程的变化：观察生态系统的关键生态过程是否正常运转，如营养循环、能量流动和生殖繁衍等。受损的生态系统常常生态过程不平衡、功能减弱。

5.4.2　生态结构受损诊断

首先，要根据调查的结果和图片判断生态系统结构受损的程度。生态系统受损后的结构状况可以分为从轻到重的几个层次，包括：① 地表植被部分破坏或大面积生长异常；② 地表植物完全丧失但保留表层土壤；③ 地表植物、种子库和表土层完全丧失使岩石或底土裸露。

其次，根据受损程度，选择合适的诊断评价指标。对于地表植被部分破坏或大面积生长异常的生态系统，应以植物生长参数、植物病害和土壤指标为主，查明生长异常的原因；对于地表植物完全丧失但保留土壤和种子库的生态系统，应查明土壤存留状况和适生植物种类；对于地表植物和表土层完全丧失使岩石或底土裸露的生态系统，应判断是否需要重建，并调查周边健康生态系统的土壤、植被和水源信息作为参考，判断重建后形成的生境类型与可能的边界效应（图5.4-2）。

图 5.4-2　失去地表植物、种子库和表土层的裸岩山体

生态结构受损诊断中的植物生长状况指标有：① 物种多样性和物种丰富度；② 功能群组成和功能稳定性；③ 植被结构和物种组成。物种多样性和物种丰富度是指通过调查和监测物种的种类和数量，评估生态系统中物种多样性的状况。可以使用物种丰富度指数、Shannon-Wiener 指数等进行评估。功能群组成和功能稳定性是指研究生态系统中不同功能群的组成和相对丰度，评估其稳定性和功能完整性。比如研究植物中草本和木本植物的比例、食物链的结构等。植被结构和物种组成是指观察和描述植被的垂直和水平结构，比如植物的高度、树冠覆盖程度、植物的密度等。同时，研究植被的物种组成和种类的变化情况。

土壤指标主要用于判断土壤质量和养分循环是否健康，评估土壤的质量和养分的循环状况，应选择相关指标如土壤有机质含量、土壤水分的状况、土壤中氮磷钾等营养元素的含量等。

生境类型和边界效应具体是指生境类型的分布和相邻边界对生态结构的影响，比如土地利用变化对物种多样性的影响，森林片段化对物种迁移和栖息地质量的影响等。

5.4.3　地质环境受损诊断

依据地质环境勘察结果，对地质环境受损状况进行诊断。该项诊断的内容主要包括以下两方面：

（1）地质灾害诊断：评估受损区域内地质灾害，如地震、滑坡、泥石流、地面沉降等的发生概率、危害程度和成因，潜在的地质灾害发生的可能性判断，提出地灾预防的建议。

（2）水文地质诊断：分析受损区域内地表水以及地下水的水位、水质、流动情况以及水资源的受损状况等，评估水环境破坏对周边生产、生活产生的影响。

5.5　生态修复工程目标设计

完成受损生态系统的诊断后，应根据诊断结果确定生态系统修复的目标。由于生态系统的功能需要适宜的结构才能实现，而生态系统结构能够决定生态系统的生产、供给、维持、平衡以及景观、文化等功能作用，因此生态系统目标的设计需要将对功能的要求转化为对结构的要求。换言之，首先要明确生态系统功能要求，然后再具体设计生态系统的结构。因此，在制定修复目标时，应优先考虑生态修复的功能目标，其次是结构目标。

5.5.1　生态系统功能设计

生态功能设计主要考虑生产与供给功能、维持与协调功能和社会文化功能三个方面。生产与供给功能是指生态系统给生物提供赖以生存的各种资源的能力，如提供无机养分、水和二氧化碳给绿色植物，提供食物和氧气给动物，提供有机养分给分解者等。此外，生产与供给功能还包括提供生存空间或栖息地。因此，对该项的设计应该重点考虑生态系统的土壤、水体与大气之间在具体地形地貌上的搭配和协调。

维持与协调功能指生态系统对各类环境质量和生物群落稳定的维持能力，具体是指水土保持、水源涵养、水质净化、空气净化、抵抗灾害等。这些功能目标设计应明确实施生态修复后所能实现的维持与防护能力，如植被覆盖率、水源涵养量、水土保持量等。在治理水体时，应考虑水质和水动力两个方面，包括水质、水量和水流状态的设计。

社会文化功能是指生态系统对于社会和文化需求的满足。它包括以下几个方面：

（1）文化传承和历史意义：生态系统往往承载着历史和文化的遗产，尤其是一些珍贵的历史文化古迹，具有重要的文化意义。生态功能设计需要保护并提升生态系统的历史和文化价值，包括文化景观、传统知识和文化活动的保护和传承，以促进地域特色和文化多样性的发展。

（2）美学和休闲功能：生态系统具有让人赏心悦目的美学价值，可以提供旅游、休憩的服务。生态功能设计可以考虑增加景观元素和休闲设施，提升生态系统的美感和吸引力，促进人与自然的互动与和谐发展。

（3）教育和科普功能：生态系统可以作为自然资源的教育场所，帮助人们了解自然环境、生物多样性和生态系统的重要性，并促进环境保护意识的培养。生态功能设计可以包括设置展示区、教育活动和科普项目，提供教育和科学研究机会，以增强公众对生态系统和生态修复的认识。

5.5.2　生态系统结构设计

对于受损程度不同的生态系统，其结构设计的内容也是不一样的。对于存在地质环境受损的生态系统，首先应进行地形和地貌的重新设计。在地质环境未受损或已经进行重新设计的基础上，再进行土壤修复和生物群落的恢复设计。

对于地表植物、种子库和表土层完全丧失使岩石或底土裸露的生态系统，应重新设计表土层和种子库，优先通过种子萌发的方式恢复植物群落。表土层的设计应考虑土壤的成分（肥力）、厚度和稳定性，种子库的设计应考虑合理的物种组成、生长密度以及物种之间的替代关系。

对于地表植物完全丧失但保留表层土壤的生态系统，应设计对现有的土壤的改良和保护，在此基础上设计合理的植物群落。同时也要注意对乡土植物的保护。

对于地表植被部分破坏或大面积生长异常的生态系统，则应设计以植物群落的保护和恢复为主的方案。

生态系统的结构设计除了上述内容，还需要考虑空间分布结构、生物组成结构和营养结构三个方面。

空间分布结构涉及生态系统中各个组成部分的相对位置和空间布局，包括地形地貌、垂直结构、水平结构等。合理的空间分布结构可以促进生态系统的稳定和平衡。此外，空间分布结构决定了生态系统的景观效果，而景观效果是人类对生态系统最直观的感受。因此对生态系统空间分布结构的设计应兼顾对景观效果的设计。

生物组成结构是生态系统中各个生物群落和物种的组成和分布。合理的生物组成结构保持生态平衡和增加生态系统的稳定性。可以通过以下几个方面进行设计：

（1）物种丰富度和多样性：增加物种的丰富度和多样性，包括植物、动物和微生物等。可以采用引种、疏伐和增加适宜生境等手段增加物种多样性。

（2）物种间的相互作用：考虑物种之间的相互作用，如食物链、捕食关系和共生关系等。确保生态系统中的物种相互依存，形成稳定的生态关系。

（3）优势种群：关注优势种群的数量和分布，避免某些物种数量过多或过少，从而防止种群过度增长或灭绝。

营养结构是指生态系统中营养元素的循环和能量流动的路径和关系。合理的营养结构可以保持生态平衡和能量流动的稳定性。营养结构的设计需要确保食物链的完整性和多样性，即包括生产者、消费者、分解者等不同层次的组织者有合理的数量比例，以保持能量的流动和物质的循环。还需要注意养分的输入和输出，例如土壤发育对于营养循环的影响。需要通过选择合理的养分管理措施和灌溉措施，减少养分的流失，保持营养物质的平衡循环。考虑到消费者和分解者具有较强的迁徙性，因此通常生态修复工程需要重点解决的问题就是生产者的建立和维持，通常是指植被系统的建植。

一般而言，对于每个气候区域具体生态系统的修复设计，可以参考同一气候区相同类型的顶级群落生态系统，但生态修复工程的设计指标不必完全与顶级群落相同。因为顶级群落的形成经历了历史上的气候变化过程，具有一定的历史偶然性，要使各项指标刚好达到顶级群落的水平十分困难。因此，需要新的方法确定生态修复各项指标的标准。

5.5.3　生态系统可持续发展设计

生态系统的可持续发展设计需要考虑群落的正向演替方向、生态系统的抵抗干扰能力和生态系统的自我恢复能力三个方面，其最终目的是延长生态修复工程的设计寿命。

1. 促进群落正向演替

根据生态系统变化的规律，正向演替能增加生态系统的抵抗力和稳定性，因此在进行生态修复设计时，就应为植物群落的正向演替创造条件。具体可以从以下几个方面设计：

（1）提供优良的土壤条件：提供结构、稳定性和肥力良好的土壤，避免使土壤成为制约植物生长和演替的因素。

（2）配置具有演替潜力的物种组合：根据目标植物群落的要求，在设计中选择适应性强、能够逐步形成较稳定群落的植物物种。根据不同环境条件和生态位，选择适应性不同的物种进行种植，使植物群落具有多样性。

（3）为乡土物种的回归创造条件：在设计过程中，逐步引入乡土适生物种以推动群落的正向演替。通过预留生态位、人工引种等措施，从直接引入灌木和乔木植物开始，加速演替速度，修复植物与乡土植物一起形成更为复杂的植物结构，是生态修复工程应该追求的目标之一。

（4）促进种间互作：设计中应考虑物种之间的相互作用。适当选择具有共生关系的植物，如禾本科与豆科植物的混种，可以提高土壤养分利用效率，促进群落的正向演替。

2. 塑造生态系统的抵抗干扰能力

为了在最短时间内建成具有能够抵御环境一般干扰力的生态系统，生态修复工程应该确定抵御一般干扰力的生态环境多项指标，作为生态修复阈值（图 5.5-1）。这个阈值体系应该包括适应环境条件、各项指标名称和标准值或标准范围等信息。因此，生态修复工程的设计可以使用生态修复阈值作为生态修复设计目标值。陆地生态系统的生态修复阈值的大小取决于当地的气候、土壤、地形等环境条件和设计的群落结构。通过将受损生态系统的各项指标与该区域相似地形条件下的生态修复阈值进行比较，未到达生态修复阈值的指标就是生态修复工程需要修复的指标，这些指标构成了修复的具体目标。指标体系涵盖土壤、植物、工程结构等多个方面的生态修复阈值体系。

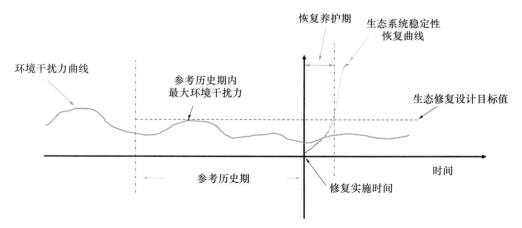

图 5.5-1　生态修复阈值示意图

在土壤方面，需要考虑修复初期植被未形成有效防护前的稳定问题。具体可通过采用本身具有较高稳定性的人工土壤如优粒土壤，或者通过对施工期天气情况的判断，采取覆盖等措施，避免土壤的侵蚀和破坏。

在植物方面，需要考虑最低植被覆盖率、最低生物量密度、最低生物多样性及验收时建成植被的生态幅等多个因素。为确定最低植被覆盖率和最低生物量密度，需要考虑土壤质量、坡度等与侵蚀相关的因素。而最低生物多样性应依据修复后植物群落中含有的乡土植物种的数量及生物量占比来定义。正常的物质循环和能量流动需要适宜的生长环境和人工养护措施，并需要有健康的土壤菌群。在出现异常气候时，人工干预可以帮助修复植物度过困难期或者准备好在极端气候结束后进行重建或补种。由于尚未有研究提出通用的指标计算公式，需根据不同情境综合考虑指标需要考虑的因素及可能的方法。

除了收集现有的资料外，最低植被覆盖率和最低生物量密度的确定可以利用人工降雨数据建立模型，并根据不同的土壤类型和地形条件进行大量模拟试验。而最低植物物种多样性的确定需要参考当地的文件要求和修复的设计要求，无需进行数学建模。最大耐受范围的确定可以通过收集当地和相同气候区极端气候出现时的相关资料建立模型，或通过模拟试验，关键参数包括极端高温、极端低温、持续高温或低温时间、持续干旱时间和干旱期累计降雨量等。

在工程结构方面，一般的工程设计和坼工结构措施都有设计寿命的要求。这种工程设计寿命（一般不超过 50 年）与生态修复工程实际期待的使用寿命（永久性）相比，是十分短暂的。所以，对生态修复工程中所采取的工程类措施，应该评价和验证其设计寿命到期后失效对环境的影响。考虑到这种工程结构的时效问题，生态修复工程设计应满足以下要求：

（1）工程结构在使用寿命到期后，不应具有环境风险，如造成环境污染或危害人员和动植物的健康。

（2）工程结构寿命到期后，其所起的功能停止不会对生态系统的功能、结构和可持续发展造成影响。

（3）具有此种设计的修复工程，应有相应的部门进行监管，对此种结构进行持续的监测，以防止因结构退化造成新的生态问题。

5.5.4　生态系统的景观结构设计

以植物为主体的陆地森林或草地生态系统中，植被群落位于空间的最上层，覆盖了大多数其他环境要素，这是植物进行光合作用，提供地球初级生产力，以维持整个陆地生态系统正常运转的基础保证，同时，植被的表观属性也是景观的主要方面。植被景观包括了植物群落中每个植物自身的属性和不同个体在地表的组合方式（分布结构）。也就是说，景观是由一定区域内各要素的自身表观属性及要素之间的组合方式决定的总体表观属性。人工干预生态系统时，如果对这两个方面的干预过多，则会造成过多的人工痕迹。因此，实现近自然生态景观的关键是尽可能多地让自然环境控制生态要素的自身表观属性和要素之间的组合方式。自然植被景观的自然特点是由自然作用形成的每个植物个体表观形态和不同个体之间按自然形式组合的结果。因此，营造近自然植被景观是同时保证环境功能和景观效果皆能实现的有效手段。

当前景观设计中新自然主义的设计比较流行，它在相似生境中使用乡土植物和自然演替进行群落组合，将生态学原理和美学功能有机结合，以形成能够自我演替的拟自然景观[1]。这种设计，追求自然植被的层次感的重现，利用空间竞争塑造一种拟自然的植被景观。

在生态修复工程中，由于许多修复区域的表土层和种子库基本被完全破坏，通过自然原生演替建立一个生物群落所需时间漫长，很难通过在自生群落的基础上直接构建近自然植被。因此，通过人工干预加速形成一个拟自生群落就成为迫切的诉求。为了模拟植物群落的自然恢复过程，应首先构建带有种子库（繁殖体）的表土层，种子库的构成应以乡土物种为主，并符合自然群落的物种搭配。恢复的过程应以种子繁殖方式为主，多植物品种混播可以保证构建群落中物种分布的随机性。同时，也可根据设计效果适量栽植植物幼苗，营造富有层次的动态群落景观[1]。在群落演替方面，应鼓励乡土自然物种的回归与侵入，以逐渐增加生物多样性，新物种的侵入既可以补充人工生态系统中空缺的生态位，实现对群落整体景观的自然再设计，又是生态修复工程学中竞争促进理论下的必然结果。

修复采取的工程措施应尽可能减少人工痕迹。管理和养护应尽量减少，使群落逐渐完全回归自然。这样修复形成的植被斑块，内部结构符合自然规律，外部形态具有自然美学，既可以作为生态系统中的一个独立景观斑块，增加整个生态系统景观的层次感，又可以与周围环境连成一片，共同构成一体的斑块。

5.6　生态修复工程设计与施工

根据修复目标制定技术方案，完成设计文件并付诸实施是生态修复工程的重要环节。不同类型生态系统的修复都可以分成三类，分别是：空间结构的修复与构建、生物生长基质的修复与构建（对水环境系统而言是水质与水动力的修复）和生物群落的修复与构建。对于陆地生态系统，其空间结构的修复主要是指地质安全环境构建、地形地貌修复，生物生长基质的修复主要是指土壤修复，而生物群落修复的首要内容是植物群落的修复。以下主要介绍陆地生态系统修复工程的相关设计、施工和技术内容。

5.6.1   地质环境治理措施

生态修复工程的地质环境治理措施是为了保障地质环境的稳定和避免地质灾害而采取的措施。在开展生态修复工程前，进行地质调查和评估，了解地质条件和地质灾害风险，制定相应的修复方案。对于存在地质安全隐患的边坡修复工程，采取边坡加固措施，如格构锚固、防护网等，防止坡面土壤侵蚀或失稳。同时还要采取措施预防降雨对地质环境的影响，如修建截排水系统、拦河坝和涵洞设施等。对于修复工程中涉及的河道，进行河道维护和疏浚，防止河道淤积和水流受阻。常见的地质安全措施可以参考5.7.1 地质灾害治理技术。

在生态修复工程完成后，还需建立地质监测系统，对地质环境进行持续监测和预警，及时发现和解决地质灾害风险。

5.6.2   地形地貌重塑

生态修复工程中的地形地貌重塑技术旨在改变原有的地貌形态，恢复自然的地形特征，以促进生态恢复和水资源管理。具体是通过挖方、填方、平整等手段，改变地形的高差和坡度，以重新塑造地形的特征，便于后续的绿化和生态恢复工作。

常见的地形地貌重塑措施可以参考 5.7.2 地形地貌重塑技术。

5.6.3   土壤修复与表层土壤构建

1. 土壤修复

土壤修复是指对受到污染或破坏的土壤进行恢复、改良或重建，以使其恢复到正常的生态功能和农业生产力。修复后土壤根据用途，农用地应达到《土壤环境质量 农用地土壤污染风险管控标准（试行）》（GB 15618—2018）的规定（表 5.6-1；表 5.6-2 和表 5.6-3）。

农用地土壤污染风险筛选值（基本项目）   表 5. 6-1

单位：mg/kg

序号	污染物项目[①②]		风险筛选值			
			pH ≤ 5.5	5.5 < pH ≤ 6.5	6.5 < pH ≤ 7.5	pH > 7.5
1	镉	水田	0.3	0.4	0.6	0.8
		其他	0.3	0.3	0.3	0.6

续表

序号	污染物项目[①②]		风险筛选值			
			pH ≤ 5.5	5.5 < pH ≤ 6.5	6.5 < pH ≤ 7.5	pH > 7.5
2	汞	水田	0.5	0.5	0.6	1.0
		其他	1.3	1.8	2.4	3.4
3	砷	水田	30	30	25	20
		其他	40	40	30	25
4	铅	水田	80	100	140	240
		其他	70	90	120	170
5	铬	水田	250	250	300	350
		其他	150	150	200	250
6	铜	水田	150	150	200	200
		其他	50	50	100	100
7	镍		60	70	100	190
8	锌		200	200	250	300

注：① 重金属和类金属砷均按元素总量计
　　② 对于水旱轮作地，采用其中较严格的风险筛选值。

农用地土壤污染风险筛选值（其他项目）　　　　　　　　表 5.6-2

单位：mg/kg

序号	污染物项目	风险筛选值
1	六六六总量[①]	0.10
2	滴滴涕总量[②]	0.10
3	苯并 [a] 芘	0.55

注：① 六六六总量为 α-六六六、β-六六六、γ-六六六、δ-六六六四种异构体的含量总和。
　　② 滴滴涕总量为 p，p'-滴滴伊、p，p'-滴滴滴、o，p'-滴滴涕、p，p'-滴滴涕四种衍生物的含量总和。

农用地土壤污染风险管制值　　　　　　　　表 5.6-3

单位：mg/kg

序号	污染物项目	风险管制值			
		pH ≤ 5.5	5.5 < pH ≤ 6.5	6.5 < pH ≤ 7.5	pH > 7.5
1	镉	1.5	2.0	3.0	4.0
2	汞	2.0	2.5	4.0	60.
3	砷	200	150	120	100
4	铅	400	500	700	1000
5	铬	800	850	1000	1300

　　建设用地应达到《土壤环境质量 建设用地土壤污染风险管控标准（试行）》（GB 36600—2018）的规定（表5.6-4和表5.6-5）。建设用地中，城市建设用地保护对象情况的不同，可划分为以下两类：第一类用地：包括《城市用地分类与规划建设用地标准》（GB 50137—2011）规定的城市建设用地中的居住用地（R），公共管理与公共服务用地中的中小学用地（A33）、医疗卫生用地（A5）和社会福利设施用地（A6），以及公园绿地（G1）中的社区公园或儿童公园用地等。第二类用地：包括GB 50137规定的城市建设用地中的工业用地（M），物流仓储用地（W），商业服务业设施用地（D），道路与交通设施用地（8），公用设施用地（U），公共管理与公共服务用地（A）（A33.A5、A6除外）。以及绿地与广场用地（G）（G1中的社区公园或儿童公园用地除外）等。

建设用地土壤污染风险筛选值和管制值（基本项目）   表5.6-4

单位：mg/kg

序号	污染物项目	CAS编号	筛选值		管制值	
			第一类用地	第二类用地	第一类用地	第二类用地
重金属和无机物						
1	砷	7440-38-2	20[a]	60[a]	120	140
2	镉	7440-43-9	20	65	47	172
3	铬（六价）	18540-29-9	3.0	5.7	30	78
4	铜	7440-50-8	2000	18000	8000	36000
5	铅	7439-92-7	400	800	8001	2500
6	汞	7439-97-6	8	38	33	82
7	镍	7440-02-0	150	900	600	2000
挥发性有机物						
8	四氯化碳	56-23-5	0.9	2.8	9	36
9	氯仿	67-66-3	0.3	0.9	5	10
10	氯甲烷	74-87-3	12	37	21	120
11	1,1-二氯乙烷	75-34-3	3	9	20	100
12	1,2-二氯乙烷	107-06-2	0.52	5	6	21
13	1,1-二氯乙烯	75-35-4	12	66	40	200
14	顺-1,2-二氯乙烯	156-89-2	66	596	200	2000
15	反-1,2-二氯乙烯	156-60-5	10	54	31	163
16	二氯甲烷	75-09-2	94	616	300	2000
17	1,2-二氯丙烷	78-87-5	1	5	5	47
18	1,1,1,2-四氯乙烷	630-20-6	2.6	10	26	100
19	1,1,2,2-四氯乙烷	79-34-5	1.6	6.8	14	50
20	四氯乙烯	127-18-4	11	53	34	183

续表

序号	污染物项目	CAS 编号	筛选值		管制值	
			第一类用地	第二类用地	第一类用地	第二类用地
21	1，1，1－三氯乙烷	71-55-6	701	840	840	840
22	1，1，2－三氯乙烷	79-00-5	0.6	2.8	5	15
23	三氯乙烯	79-01-6	0.7	2.8	7	20
24	1，2，3－三氯丙烷	96-18-4	0.05	0.5	0.5	5
25	氯乙烯	75-01-4	0.12	0.43	1.2	4.3
26	苯	71-43-2	1	4	10	40
27	氯苯	108-90-7	68	270	200	1000
28	1，2－二氯苯	95-50-1	560	560	560	560
29	1，4－二氯苯	106-46-7	5.6	20	56	200
30	乙苯	100-41-4	7.2	28	72	280
31	苯乙烯	100-42-5	1290	1290	1290	1290
32	甲苯	108-88-3	1200	1200	1200	1200
33	间－二甲苯＋对－二甲苯	108-38-3，106-42-3	163	570	500	570
34	邻－二甲苯	95-47-6	222	640	640	640
半挥发性有机物						
35	硝基苯	98-95-3	34	76	190	760
36	苯胺	62-53-3	92	260	211	663
37	2－氯酚	95-57-8	250	2256	500	4500
38	苯并 [a] 蒽	56-55-3	5.5	15	55	151
39	苯并 [a] 芘	50-32-8	0.55	1.5	5.5	15
40	苯并 [b] 荧蒽	205-99-2	5.5	15	55	151
41	苯并 [k] 荧蒽	207-08-9	55	151	550	1500
42	䓛	218-01-9	490	1293	4900	12900
43	二苯并 [a，h] 蒽	53-70-3	0.55	1.5	5.5	15
44	茚并 [1，2，3－cd] 芘	193-39-5	5.5	15	55	151
45	萘	91-20-3	25	70	255	700

　[a]　具体地块土壤中污染物监测含量超过筛选值，但等于或者低于土壤环境背景值水平的，不纳入污染地块管理。

建设用地土壤污染风险筛选值和管制值（其他项目）　　　　表 5.6-5

单位：mg/kg

序号	污染物项目	CAS 编号	筛选值		管制值	
			第一类用地	第二类用地	第一类用地	第二类用地
重金属和无机物						
1	锑	740-36-0	20	180	40	360

序号	污染物项目	CAS 编号	筛选值		管制值	
			第一类用地	第二类用地	第一类用地	第二类用地
2	铍	7440-41-7	15	20	98	290
3	钴	7440-48-4	20[a]	70[a]	190	350
4	甲基汞	22967-92-6	5.0	45	10	120
5	钒	7440-62-2	165[a]	752	330	1500
6	氰化物	57-12-5	22	135	44	270
挥发性有机物						
7	一溴二氯甲烷	75-27-4	0.29	1.2	2.9	12
8	氯仿	75-25-2	32	103	320	1030
9	二溴氯甲烷	124-48-1	9.3	33	93	330
10	1,2-二溴乙烷	106-93-4	0.07	0.24	0.7	2.4
半挥发性有机物						
11	六氯环戊二烯	77-47-4	1.1	5.2	2.3	10
12	2,4-二硝基甲苯	121-14-2	1.8	5.2	18	52
13	2,4-二氯酚	120-83-2	117	843	234	1690
14	2,4,6-三氯酚	88-06-2	39	137	78	560
15	2,4-二硝基酚	51-28-5	78	562	156	1130
16	五氯酚	87-86-5	1.1	2.7	12	27
17	邻苯二甲酸二(2-乙基己基)酯	117-81-7	42	121	420	1210
18	邻苯二甲酸丁基苄酯	85-68-7	312	900	3120	9000
19	邻苯二甲酸二正辛酯	117-84-0	390	2812	800	5700
20	3,3-二氯联苯胺	91-94-1	1.3	3.6	13	36
有机农药类						
21	阿特拉津	1912-24-9	2.6	7.4	26	74
22	氯丹[b]	12789-03-6	2.0	6.2	20	62
23	p,p'-滴滴滴	72-54-8	2.5	7.1	25	71
24	p,p'-滴滴伊	72-55-9	2.0	7.0	20	70
25	滴滴涕[c]	50-29-3	2.0	6.7	21	67
26	敌敌畏	62-73-7	1.8	5.0	18	50
27	乐果	60-51-5	86	619	170	1240
28	硫丹[d]	115-29-7	234	1687	470	3400
29	七氯	75-44-8	0.13	0.37	1.3	3.7
30	α-六六六	319-84-6	0.09	0.3	0.9	3
31	β-六六六	319-85-7	0.32	0.92	3.2	9.2

续表

序号	污染物项目	CAS 编号	筛选值		管制值	
			第一类用地	第二类用地	第一类用地	第二类用地
32	γ-六六六	58-89-9	0.62	1.9	6.2	19
33	六氯苯	118-74-1	0.33	1	3.3	10
34	灭蚁灵	2385-85-5	0.03	0.09	0.3	0.9
多氯联苯、多溴联苯和二噁英类						
35	多氯联苯（总量）	—	0.14	0.38	1.4	3.8
36	3，3′，4，4′，5-五氯联苯（PCB 126）	57465-28-8	4×10^{-5}	1×10^{-4}	4×10^{-4}	1×10^{-3}
37	3，3′，4，4′，5，5′-六氯联苯（PCB 169）	32774-16-6	1×10^{-4}	4×10^{-4}	1×10^{-3}	4×10^{-3}
38	二噁英类（总毒性当量）	—	1×10^{-5}	4×10^{-5}	1×10^{-4}	4×10^{-4}
39	多溴联苯（总量）	—	0.02	0.06	0.2	0.6
石油烃类						
40	石油烃（$C_{10}\sim C_{40}$）	—	826	4500	5000	9000

a 具体地块土壤中污染物监测含量超过筛选值，但等于或者低于土壤环境背景值水平的，不纳入污染地块管理。

b 氯丹为 α-氯丹、γ-氯丹两种物质含量总和。

c 滴滴涕为 o,p'-滴滴涕、p,p'-滴滴涕两种物质含量总和。

d 硫丹为 α-硫丹、β-硫丹两种物质含量总和。

e 多氯联苯（总量）为 PCB77、PCB81、PCB105、PCB114、PCB118、PCB123、PCB126、PCB156、PCB157、PCB167、PCB169、PCB189 十二种物质含量总和。

2. 表层土壤构建

表层土壤构建是在土壤修复或者原土壤剥离的基础上进行，目的是在受损的土壤表层上构建富含有机质和养分的可种植土层，为植物提供适宜的生长环境。首先，对于污染严重的土壤，需要将受到严重污染的土壤表层去除，以减少污染物的积累。其次，对场地进行平整和加固。然后，收集其他区域挖方产生的客土或者采用人工土壤基质制备技术生产人工土壤。最后，将客土和人工土壤通过覆土或喷播措施，覆盖在已经去除污染土壤的地表，形成表层土壤。"5.8.2 常用的表层土壤构建技术"中提供了相关的喷播技术，并介绍了不同技术的具体应用场景及条件。

5.6.4 水资源管理与水环境修复

水资源管理是指针对生态修复工程中涉及的水资源的管理和保护措施，包括对储水设施的改造和维护、对污染水体的治理、对水源的监测和保护。在河流、湿地的修复中，水资源的保护和管理是其生态修复的主要内容之一。

水是生物生存的必要条件之一，因此进行生态修复就必须提供足够的水资源。这就要求在进行生态修复工程设计时，对水资源调配和利用有成熟的方案。尤其是在水资源缺乏的区域，要通过制定水资源分配计划，调整水源的供应和分配方式，确保不同阶段、不同场地的水需求得到合理满足。在场地面积较大的情况下，可以通过建设雨水收集设施，如坝塘、水窖、雨水花园等，将雨水集中收集并储存，用于生态修复区内植被的灌溉和生活用水。

水生态系统是生态修复工程中关键的组成部分，需要采取措施保护和修复水生态系统。可以通过河道治理、湖泊整治、湿地保护等措施，改善水环境质量，促进水生物多样性的恢复和保护。通过修复、新建、截流、拓宽等手段，可以调整水系的分布和流向，改善水流的自然通道和水资源的分布。通过建设引水渠道、拦河坝、截流堤等措施，可以控制水体过度流失和排水速度，增加水资源的储存和利用效率。在河岸边缘或水体边界建设适当的护岸结构，以防止水体侵蚀和河岸坍塌，保护生态修复区的稳定性和安全性。通过疏浚、沉淀、清理等方法，清除水体中的淤泥、有害物质等，改善湖泊的水质和底质，提高水体的生态功能和环境状况。通过植被恢复、退耕还湿等措施，恢复河道的自然形态，修复河流的功能和生态系统的健康。

此外，湿地是生态修复工程中重要的水资源调节和生态系统恢复的一部分。可以通过修建人工湿地、恢复自然湿地等方式，提供生态系统的水分供应和处理水体中的污染物。

为了保证修复后的生态系统的健康发展，还需要对水质状况进行监测和治理。可以建立水质监测系统，定期对水体进行水质监测和评估，及时发现并处理水质异常问题。

5.6.5　植被与生物系统构建

植物群落是被修复生态系统各项主要功能的承担者，也是生态系统生物小循环的首要驱动者。因此，植被修复是生态修复的主要内容。在进行植被修复时，首要任务是确定修复植物的种类组成，随后确定植物的种植方式。植物物种的选择、种植方法和栽植环境是影响植被修复效果的三大主要因素。

在修复植物种类的选择方面，应依照适地适树原则，根据气候和环境条件选择植物种类。5.9 常用生态修复植物提供了我国 11 个不同地区部分常用的乡土修复植物，各地区的生态修复工程可以参考该附录选择修复植物。在选择具体的修复植物种类时，不仅应遵守适地适树原则优先考虑乡土种，而且还应考虑结构设计与景观设计，根据各物种的特性和种间关系，选择合理的目标物种组合及相应的先锋种和辅助种。

植物种植方法的选择应考虑土壤修复技术和修复植物种的特性。对于施肥改良后的土壤以及采用覆土工程修复的土壤，可以采用 5.8.1 中的"常见的造林和植草方法"。另外，采用 5.8.2 中的喷播技术，可以将植物种子混入喷播基质中，通过喷播的形式播种形成带有种子库的人工表土层。但需要注意的是，喷播方法只适用于种子较小的植物，不适用于种子体积较大的植物。在实际修复过程中，为了增加物种多样性或者营造特定的景观，也可以在喷播基质上人工栽种一些小规格的生态苗。

在植被修复技术中，种植时间和规格的设计也是重点内容。对于播种而言，修复工程养护期内水分充足，设计植物生长气候条件时只需要考虑修复时间，因为时间的选择决定了修复植物萌发和幼苗生长期的温度。为避免种子大量失活，在选择时间时应参考当地温度（月变化）10～20年的资料，避免播种后2个月内出现不利于植物生长的过高或过低温度。此外，生态修复工程需要在短时间内形成一定规模的生物量，在特殊情况下需要考虑使用密集播种的方法建立具有演替潜力的种子库或者采用高密度植苗的方法直接建立先锋植物群落。采用多物种混合密集播种的方法能够使不同物种在萌发时就开始竞争合适的微生境，在修复过程中筛选出优势种，形成具有合理生态位结构的植物群落。与大规模密集植苗方法相比，密集播种的成本较低且成活率风险较小。

播种密度或数量是决定修复覆盖率和生物量的关键参数，越高的萌发率意味着覆盖率和生物量更高，更有利于物种在生态系统中的积累。因此，如果种子萌发率和幼苗成活率较低或不能确定的情况下，最好采用密集播种方式。密集萌发的幼苗会快速吸收土壤中的活性养分，实现养分的约束和固定，并在幼苗的根系和死亡种子、萌发后的皮和子叶的分解下形成大量的土壤有机质，维持土壤的物理结构。在确定播种参数时，需考虑种子自身的重量、萌发率和大小，并且满足最低植被覆盖率和生物量密度的设计要求（图5.6-1）。

图 5.6-1　采用密集播种形成的植被

（左图：播种前；右图：播种后）

此外，建立人工种子库时应选择具备补偿性和替代性的不同植物物种组合。在当地不同的环境条件下，会有一些物种成为建群种和优势种，提供覆盖地表和防止侵蚀的功能。即使某种或少数物种生长受到干扰，其他物种也会代替其生态功能，以保持整个生态系统的功能完整。

5.6.6　常规的配套工程设施

工程配套设施的设置是为了满足工程项目的需要，提供必要的条件和便利性。它们通常是根据工程项目的规划和设计要求，在工程建设的过程中同时进行规划、设计和建设。生态修复工程的配套设施通常包括以下几个方面：

（1）交通设施：包括道路、桥梁、隧道、交通信号灯等，用于方便人员和物资的运输和流动。

（2）给水排水设施：包括供水管网、污水处理设施、雨水排水系统等，用于提供清洁水源和排放废水。

（3）电力设施：包括变电站、输电线路、配电设备等，用于提供电力供应。

（4）通信设施：包括电信设备、通信网络等，用于提供信息传输和交流。

（5）环保设施：包括垃圾处理设施、废气处理设施等，用于处理和减少工程项目产生的环境污染。

（6）公共设施：包括停车场、商店、医院等，用于提供公共和卫生服务。

（7）安全设施：包括防护栏、消防设备、安全出口等，用于确保工程项目的安全运行。

5.6.7　环境影响评价

生态修复工程的环境影响评价是指对修复工程实施前、实施过程中和实施后可能产生的环境影响进行评估和预测的过程。主要目的是提前发现、评估和预防潜在的环境问题，确保修复工程的可持续性和环境友好性。生态修复工程环境影响评价的一般步骤如下所示：

（1）问题识别和范围确定：识别可能产生的环境问题和影响范围，包括修复工程对土壤、水质、植被、野生动物、生态系统等方面的影响。

（2）数据收集和评估：收集相关数据，包括现场调查、环境监测、社会调查等，通过对数据的分析和评估，了解修复工程可能产生的环境影响。

（3）环境影响评价模型建立：根据修复工程的特点和可能影响范围的预测，建立相应的环境影响评价模型，对可能的影响进行定量评估。

（4）环境风险评估：对可能的环境风险进行评估，包括生态系统的稳定性、生物多样性的保护、土壤侵蚀、水污染等。

（5）环境管理和控制措施的确定：根据评估结果，制定相应的环境管理和控制措施，用于减少修复工程可能产生的负面影响，包括生态保护、土壤保持、水资源管理等方面。

（6）环境影响评价报告：编制环境影响评价报告，将评价结果和控制措施进行总结和说明，提交给相关管理部门进行审查和批准。

5.6.8　水土保持方案

水土保持方案是指为了达到生态修复工程的目标，在修复工程中采取一系列的措施来保护水土资源，防止水土流失、水质污染等环境问题的方案。以下是制定水土保持方案的一般步骤：

（1）环境调查和评估：对修复工程的施工区域进行环境调查和评估，了解当地的土地利用状况、水文地质特征等信息，评估可能的水土流失和水质污染风险。

（2）水土保持规划：根据环境调查和评估的结果，制定相应的水土保持规划，明确修复工程中需要采取的措施和目标，如植被恢复、地形修整、沟道治理等。

（3）植被恢复：选取适合当地气候条件和土壤类型的植物进行植被恢复，包括草本植物、灌木、乔木等，以增强土壤的保持能力，并提供根系的结构支撑。

（4）集水排水系统：通过分析治理区及周边区域的汇水面积，结合当地降雨量、汇水区地形坡度等因素，合理设置集水排水系统，如截水沟、排水沟、跌水沟、泄洪渠、蓄水池等，在解决地表水冲刷土壤造成水土流失问题的同时，将治理区内的汇水有组织排走或者引流至集水设施内，用于后期植被养护工程等。

（5）水资源管理：对修复工程中的水资源进行科学管理，包括合理利用和节约水资源，减少对地下水和表面水的过度开采，以保持水量的平衡和水质的稳定。

（6）监测和评估：对水土保持措施的实施进行监测和评估，通过定期的水土流失、水质和植被调查，评估水土保持的效果，并根据评估结果及时调整和改进措施。

5.6.9　投资预算

生态修复工程的投资预算是指对于一项生态修复工程所需资金的预估和安排。制定生态修复工程的投资预算，通常需要按照以下步骤进行：

（1）项目目标确定：明确生态修复工程的目标，例如恢复湿地生态系统、保护森林资源等，确定所需实现的具体效益。

（2）工程范围确定：确定项目的工程范围，包括修复的面积、受影响的区域等。

（3）工程量测算：根据工程范围、设计和施工要求，测算出各项工程的数量和规模，例如土地平整、种植植物、建设水利设施等。

（4）单位价格确定：根据市场行情和相关政策规定，确定各项工程的单位价格，包括劳动力费用、材料费用、设备租赁费用等。

（5）成本估算：根据工程量和单位价格，计算出各项工程的成本总额。

（6）其他费用考虑：考虑到项目执行过程中可能产生的其他费用，如管理费用、质量检测费用、环境监测费用等。

（7）风险和储备金考虑：考虑项目执行过程中可能产生的风险因素，设置适当的风险和储备金。

（8）投资预算编制：综合考虑以上因素，编制生态修复工程的投资预算，确保资金的充分和合理运用。

在编制投资预算时，需要全面了解生态修复工程的需求，并参考相关标准和成本指标，同时需要考虑到项目的特定情况和地区因素。此外，还应与相关部门进行充分的沟通和协商，以确保投资预算的准确性和可行性。

5.7　常用地质环境治理措施

5.7.1　地质灾害治理技术

为消除地质灾害隐患，提高地质环境安全，常采取削坡减载、回填压脚、截排水、挡土墙、柔性网防护、格构锚固、喷锚防护等工程措施。

1. 削坡减载

（1）实施削坡减载时应具备工程施工条件，以工程安全、环境保护、资源节约和最大限度地降低对生态环境与自然资源的破坏为前提，经相关主管部门许可。

（2）根据边坡工程地质条件和治理目标，确定削坡减载范围和设计技术参数，为边坡植被恢复及水土保持打好基础。削坡减载后的边坡应有利于植被恢复。

（3）当具备放坡条件、无不良地质作用且不会对周边生态环境产生严重影响时，地灾治理宜优先采用削坡减载工程措施。削坡减载工程一般包括坡体减载、降低坡度、浅表层变形体清除等。

（4）削坡减载工程设计应在边坡稳定性评价和设计验算后进行。

（5）削坡减载工程应结合截排水、防冲刷、植被恢复等措施进行设计。

（6）削坡减载工程设计应确定削坡区范围、开口线位置（控制点坐标）及标高、坡率、分层、分段、分级高度、平台高程及宽度、削坡后的坡脚线、坡脚高程等。沿开挖面走向坡面宜平顺，不得有棱角或较小转弯半径。

（7）对地下水丰富、地质条件复杂、坡体有软弱结构面或软弱夹层，以及削坡减载对相邻建（构）筑物有不利影响或削坡减载不能有效改善边坡稳定性的边坡，不应单独采用削坡减载，应与其他工程措施结合使用。

（8）削坡影响范围内存在道路、建（构）筑物、公共设施时，应设置护脚墙、消能平台、落石槽、防护栏、拦石堤或被动防护网等拦挡安全防护措施。

（9）削坡后的弃土（石）不应随意堆放，应就近利用或及时运至指定地点堆放稳定，严禁在潜在滑塌、崩塌区堆载，不得占用耕地和堵塞河道，不影响地表水排泄。应优先考虑弃土（石）的利用。

（10）开挖面应及时进行防护，不宜长期暴露。雨天不宜进行施工，应采用适当措施等对开挖面进行临时防护。

（11）削坡后应清除坡面松散的岩土体，确保不会发生落石和表面崩塌。

（12）削坡过程中应及时检查开挖坡面，自上而下每开挖 4～5m 检查一次，对于异形坡面应加密检查频率。根据检查结果及时调整改进施工工艺和措施。

（13）顺向坡开挖应及时做好支护加固，稳定性差的危岩体、楔形体应优先清除。

（14）采用爆破削坡减载工程措施时应进行专项设计，并组织技术论证。

2. 回填压脚

（1）回填压脚工程适用于坡脚有充足的回填场地。

（2）回填体各部位的结构与尺寸，应经边坡稳定性计算和技术经济比较后确定。

（3）填筑材料的选择应根据其类别、性质、质量、数量和挖方条件等确定。

（4）回填体设计参数取值宜通过现场试验确定。

（5）回填体基底应稳定、密实，满足地基承载力要求，边坡应根据工程需要采取护坡、护脚措施。

（6）库（江）水位变动带的回填压脚应对回填体进行地下水渗流和库岸冲刷处理，设置反滤层，进行防冲刷护坡。

3. 截排水工程

（1）截排水工程设计应以减轻水对边坡稳定和生态环境的不利影响为目标，经技术经济比较后综合确定。

（2）截排水工程的位置、数量和断面尺寸应根据地形条件、降雨强度与时长、汇水面积、坡面径流、排水路径和排水能力等确定。设计降雨重现期按 50a 计算。

（3）注重排水设施的功能和相互之间的衔接，与区外排水系统和设施合理衔接，就近接入市政管网、自然沟渠，形成完整、通畅的排水系统，避免影响环境和引发次生灾害。

（4）截排水工程应与其他修复工程相协调，合理布置，共同构成工程修复体系。边坡防护结构不应堵塞坡体的排水通道，造成坡体积水或形成水压力。

（5）排水沟设置应充分利用地势条件，随坡就势，有利于地表水的汇集和迅速向区外排水，不应造成水的滞流和积水，尽量减少雨水冲刷坡面或渗入坡体。

（6）截排水工程设计应确保基础的稳定性及自身结构的坚固性，并考虑自身及周边岩土体的不均匀沉降、水流方向及沟底坡度等。

（7）涉及崩塌、滑坡地质灾害防治的边坡截排水工程，应分析排水工程对地质灾害体稳定性的提高作用，进行专项论证。截排水工程通过地质灾害体变形明显区域时，应采取绕避或结构加强措施。截排水工程作为地质灾害综合防治辅助措施时，可将截排水工程作为安全储备。

（8）截排水工程基础必须满足承载力要求，沟槽地基如存在软土、回填土，应采取换填或地基处理、夯实整平等措施，保证地基承载力不小于 100kPa。基础设置厚度不小于 10cm 的 C15 素混凝土或强度相当的水泥砂浆垫层找平，宽度向基础外延每侧不小于 5cm。

（9）对于特殊地质条件、特殊岩土地区的截排水工程设计，应符合有关标准的规定。

（10）临时性截排水工程应满足地表水、季节性暴雨、地下水和施工用水的排放要求，有条件时应结合永久性截排水工程进行设置。

（11）截排水工程应与主体工程同时设计、同时施工和同时竣工验收。

4. 挡土墙工程

（1）挡土墙工程设计应依据不稳定岩土体的工程地质条件、变形与力学特征结合地形条件、地基承载力等因素，选择挡土墙类型及技术参数。

（2）对软弱地基土应采取措施，使基础满足地基承载力要求，并对墙后填土、泄水层（孔、管）、截排水等进行设计。

（3）挡土墙工程宜与排水、减载、护坡等其他治理技术结合使用。

（4）软质岩层和较破碎岩石的挖方边坡以及坡面易受侵蚀的土质边坡可采用护面墙和护脚墙，护面墙和护脚墙不承受岩土体压力。

（5）在边坡上设置挡土墙时，当墙前边坡较陡时，应考虑挡土墙地基前缘岩土体对墙基抗力不足进而影响墙基不稳定等问题。

（6）Ⅷ度及Ⅷ度以上地震区的挡土墙不宜采用砌体结构。

（7）有特殊要求以及采用新型结构或受力复杂的挡土墙设计应进行专项论证，并参照相应设计标准执行。

5. 柔性网防护工程

（1）柔性网防护工程设计应根据岩质边坡类型、边坡高度、坡度、地形条件等选择柔性防护网类型和技术参数。

（2）柔性网防护工程设计应明确柔性网防护系统的使用年限。

（3）柔性网防护工程设计内容包括主动防护网、被动防护网、引导防护网、锚杆与基础、柔性网与拉锚构件等，并按相关规范规定设计坡面排水等辅助工程措施。

（4）柔性网防护适用于边坡整体稳定的危岩带或对单体危岩采用主动加固的危岩破碎带，对其危岩落石采用柔性防护网进行防护。

（5）条件复杂边坡应分区、分高程段，有针对性地采用相应的柔性防护网类型，或与其他防护措施配合使用。

（6）边坡柔性防护网系统中构件应便于安装和更换，宜为可独立更换单元。

（7）对于尺寸较小的危岩落石，当主网采用网孔尺寸较大的绞索网、钢丝绳网或环形网时，应增加网孔尺寸较小的格栅网，设计计算时可不考虑其承载作用，或在必要时采用承载能力较高的高强度钢丝网替代格栅网。

6. 格构锚固工程

（1）格构锚固工程设计应根据边坡岩土工程地质条件及变形特征选择锚固格构类型及相关技术参数。

（2）当坡表岩土体易风化、剥落且有浅层崩滑、蠕滑等现象以及需要对陡立坡面进行绿化种植时，宜采用格构锚固进行综合防护。

（3）当边坡不稳定岩土体较厚时，应采用钢筋混凝土格构＋预应力锚索进行防护，锚索应穿过滑带。

（4）当边坡不稳定岩土体厚度不大时，可采用钢筋混凝土格构＋锚杆进行防治。

（5）对岩质边坡，格构梁宜在坡面平整的情况下沿坡表设置；对土质边坡，格构梁宜埋入土层 2/3 梁高，并对表层土体采取加固措施，防止水土流失。

7. 坡面喷锚防护

（1）坡面喷锚防护工程设计应根据边坡的岩土工程性质及边坡地形条件，选择适合的锚杆、挂网、喷混类型及技术参数。

（2）坡面喷锚防护适用于岩质边坡；土质边坡使用时，其土质宜为硬塑及坚硬状的黏性土类。地质环境条件复杂的边坡喷锚应进行工程试验并组织技术论证。

（3）坡面喷锚防护工程设计计算除应考虑锚杆抗拉力、承载力外，还应验算锚固结构体系的整体稳定性。

（4）锚杆的设计应根据边坡岩土体力学特性、边坡岩体结构、现场施工条件等综合确定。

（5）坡面喷锚防护工程施工前应对坡面进行削坡整形，清除坡面不稳定及松散的岩土，整形后的坡面坡比、平整度、密实度应符合相关规范要求。

（6）坡面喷锚防护分为锚杆挂金属网喷射混凝土、挂金属网喷射混凝土及素喷混凝土等类型，素喷混凝土应一次成型，挂网喷混凝土应分上下两层二次成型。

（7）Ⅰ类岩质边坡可采用混凝土喷射支护；Ⅱ类岩质边坡宜采用钢筋混凝土锚喷支

护；Ⅲ、Ⅳ类岩质边坡应采用钢筋网混凝土锚喷支护，且边坡高度不宜大于15m。

（8）浅表变形的不稳定边坡应根据其破坏模式和潜在变形面的岩土物理力学参数，计算确定所需的锚固力和锚固深度。

（9）岩质边坡整体用系统锚杆支护稳定后，对局部不稳定岩土体尚应采用随机锚杆加强支护。

（10）膨胀性岩质边坡和具有严重腐蚀性的边坡不应采用喷锚支护。有深层外倾滑动面、岩体破碎、卸荷强烈或坡体渗水明显的岩质边坡不宜采用喷锚支护。

5.7.2 地形地貌重塑技术

1. 挖方工程

（1）挖方可采取机械结合爆破方法进行。在确保消除地质灾害隐患的基础上，根据挖方区范围和最终标高进行挖方量、填方量平衡计算，综合考虑土方运距最短、运程合理和堆放场地合适、施工顺序得当等因素，做好土方平衡调配，减少重复挖运。在土方平衡调配中，应综合考虑土的可松性系数、压缩率等因素。

（2）挖方工程应防止邻近建（构）筑物、道路、管线等发生位移或变形。必要时采取防护措施，开展沉降和位移监测。

（3）挖方前应对未受破坏和污染的剥离表土予以收集并充分用于土地复垦与绿化种植。挖方产生的土石方应妥善处置和综合利用，不应危害周围环境或产生次生地质灾害。应优先用于回填压脚、路基填筑、排水沟与挡墙及造地工程等。不应随意侵占土地，减少对植被破坏。对永久性弃土堆场，坡脚应修筑拦挡工程和排水系统，边坡应进行植被恢复；临时堆场视地形条件设置必要的临时拦挡设施和排水系统。

（4）挖方应自上而下分层分段依次进行，控制边坡坡度，在表面设置流水坡度。开挖过程中发现特殊类岩土、顺向坡岩土层、构造破碎带等不良地质体，应调整挖方坡度或采取加固措施，防止岩土体失稳。

（5）临时截水沟设置应符合下列规定：
① 临时截水沟至挖方边坡上缘的距离应根据施工区域内的土质确定，不宜小于3m。
② 排水沟底宜低于开挖面300～500mm。
（6）滑坡、崩塌地段挖方应符合下列规定：
① 施工前应熟悉地质灾害勘查资料，了解现场地形地貌及滑坡、崩塌特征等情况。
② 不宜在雨季施工。
③ 设置位移观测点，定时观测滑坡、崩塌体变形与位移。
④ 严禁在滑坡、崩塌体上部弃土或堆放材料。

⑤ 按由上至下的开挖顺序施工，严禁先切除坡脚。

⑥ 爆破施工时应采取控制措施，防止因爆破施工影响边坡稳定。

（7）临时性挖方边坡坡度应根据工程地质和开挖边坡高度要求，结合当地同类土体的稳定坡度确定。

（8）在坡地开挖时，挖方上侧不宜堆土；临时性堆土应视挖方边坡的土质情况、边坡坡度和高度，确定堆放的安全距离，确保边坡稳定。在挖方下侧堆土时，应将土堆表面平整，其高程应低于相邻挖方场地设计标高，保持排水畅通，堆土边坡坡率不宜大于1∶1.5；在河岸处堆土时，不得影响河堤安全和排水，不得阻塞和污染河道。

2. 填方工程

（1）填方工程包括对矿区废弃地低洼区及采坑等进行回填与压实等。

（2）填方前应对场地进行预处理，包括排水疏干、压实处理、地下水引排、表层清理、基底处理等。

（3）填方时应由低到高逐层填筑。采用分层回填时，应在下层填土的压实度检验合格后，才能进行上层施工。

（4）填方基底的处理应符合下列规定：

① 应清除低洼区淤泥和杂物等。

② 坡率陡于1∶5时，应将基底挖成阶梯形，阶宽不小于1m，高度不大于0.5m。

③ 当填方基底为耕植土或松土时，应将基底碾压密实。

④ 积水区填方前应排水疏干、挖除淤泥或抛填块石、砂砾、矿渣等。

（5）填料应符合下列规定：

① 严禁采用污染填料进行回填。应根据回填后的土地用途对回填土进行环境质量检测，土壤环境质量应符合相应的土壤污染风险管控标准要求。

② 不同土类应分别经过击实试验测定填料的最大干密度和最佳含水率，填料含水率与最佳含水率的偏差应控制在 ±2% 范围内。

③ 碎石类土和爆破石碴可用作表层以下的填料。填料为碎石类土（充填物为砂土）时，碾压前宜充分洒水湿透，以提高压实效果；填料为爆破石碴时，应通过碾压试验确定含水率的控制范围。采用分层碾压时，分层厚度应根据压实机具通过试验确定，一般不宜超过500mm，最大粒径不得超过每层厚度的3/4；采用强夯法施工时，填筑厚度和最大粒径应根据夯击能量大小和施工条件通过试验确定。为保证填料的均匀性，粒径一般不宜大于1m，大块填料不应集中，且不宜填在分段接头处或回填体与山坡连接处。

④ 两种透水性不同的填料分层填筑时，上层宜填透水性较小的填料，填方基土表面应做成适当的排水坡度。

⑤ 碎块草皮和有机质含量大于 8% 的土，不应用于有压实要求的回填区域。

⑥ 淤泥和淤泥质土不宜用作填料，在软土或沼泽地区，经过处理含水率符合压实要求后，可用于回填次要部位或无压实要求的区域。

⑦ 填料为黏性土时，回填前应检验其含水率是否在控制范围内，当含水率偏高，可采用翻松晾晒或均匀掺入干土或生石灰等措施；当含水率偏低，可采用预先洒水湿润、增加压实遍数或使用大功能压实机械等措施。

（6）应根据工程特点和施工条件确定填料种类、压实系数、填料含水率控制范围、铺土厚度和压实遍数等参数。

（7）采用机械填方时，应保证边缘部位的压实质量，宜将填方边缘宽填 0.50m。

（8）分段填筑时，每层接缝处应作成坡形，碾迹重叠 0.50～1.00m。上、下层错缝距离不应小于 1m。

（9）填方应预留沉降量，可根据工程性质、填方高度、填料种类、压实系数和地基情况等因素确定，沉降量一般不超过填方高度的 3%。

（10）填方基土表面应做成适当的排水坡度，边坡应采用透水性较小的填料封闭。如上层必须填筑透水性较大的填料时，应将下层透水性较小的土层表面做成适当的排水坡度或设置盲沟。

（11）回填工程应设计确定回填后场地的地面高程和坡度。

3. 场地平整工程

（1）场地平整范围包括交通、采场、废弃地、塌陷地和排土场（固体废弃物土、石、渣堆放场地）以及生产加工、运输、矿山生产生活用地等。工程内容包括场地清理、平整。

（2）场地平整应与土地综合整治相结合，平整后的场地高程宜以现有地面高差平均值为基准进行平整，确定平整后的场地标高及坡度。

（3）平整场地的地表坡度应向排水沟方向做成不小于 2‰ 的缓坡。

5.8　常用的土壤修复与表层土壤构建技术

5.8.1　常用的土壤修复技术

土壤修复技术旨在实现土壤中有毒有害污染物的迁移或转化，消除或减弱污染物毒性，恢复或部分修复土壤的生态服务功能。土壤修复技术根据修复的工程位置的不同可以分为原位技术和异位技术 [2]；根据修复的原理主要分为物理修复、化学修复、生物修复以及联合修复。

（1）物理修复

土壤物理修复技术是利用土壤和污染物的物理性质差异，采用物理或机械的方法将污染物与土壤基质进行分离的方法。

土壤冲洗技术：利用水或含有助溶剂的水溶液把土壤中的污染物转移到土壤液相中去，再把废水进一步回收处理。这种方法适用于处理重金属、易挥发卤代有机物污染土壤[3]，但冲洗液的选择和处理是关键，需确保不会造成二次污染。

客土法：将污染土壤转移，换上未受污染的新土，或者向污染土壤中掺入大量未受污染的土壤，降低污染物的浓度。这种方法简单易行，但工程量较大，成本较高，且受污染土壤处置难[4]，适用于小面积重污染土壤的治理。

热脱附技术：利用热能直接或间接加热土壤，使土壤中的污染物受热挥发或分解，达到去除污染物的目的。这种方法具有污染处理范围大、活动性强、修复后土壤可再利用的特点，适用于处理有机污染物和挥发性重金属，特别是在含氯有机物去除过程中，可以有效减少二噁英生成[5]，但能耗较高，设备昂贵。

土壤蒸汽浸提技术（SVE）：是一种去除土壤中挥发性有机污染物的修复技术。它是在污染土壤内引入清洁空气产生驱动力，利用土壤固相、液相和气相之间的浓度梯度，在气压降低的情况下，将其转化为气态污染物排除土壤外的过程（图 5.8-1）。土壤蒸汽浸提技术利用真空泵产生负压驱使空气流过污染的土壤空隙，而解吸并夹带有机污染组分流向抽取井，并最终于地上进行处理。为增加压力梯度和空气流速，很多情况下在污染土壤中也安装若干空气注射井。该技术适用于高挥发性化学污染土壤的修复，如汽油、苯和四氯乙烯等污染的土壤。

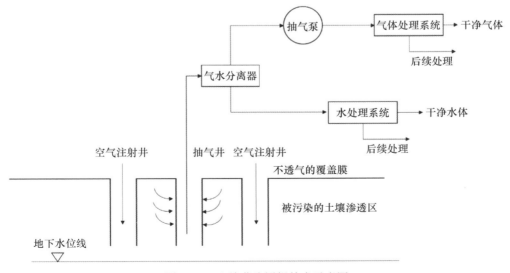

图 5.8-1　土壤蒸汽浸提技术示意图

电动修复技术（Electrokinetic remediation，简称 EK）：在电场的驱动下，土壤重金属离子以电迁移、电渗流和电泳三种方式定向运动，促使重金属向两电极邻近区域富集，最后通过抽离电解质等方式实现重金属的去除（图 5.8-2）[6]。这种方法具有高效、节能、环保等优点，但处理时间较长。

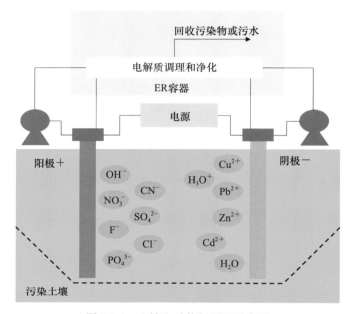

图 5.8-2　土壤电动修复原理示意图

（2）化学修复

土壤化学修复是利用加入到土壤中的化学修复剂与污染物发生一定的化学反应，是污染物被降解和毒性被去除或降低的修复技术。

化学淋洗技术：是指借助能促进土壤环境中污染物溶解或迁移作用的溶剂，通过水力压头推动清洗液，将其注入到被污染土层中，然后把包含有污染物的液体从土层中抽提出来，进行分离及污水处理技术。由于该技术需要用水，所以修复场地要求靠近水源，同时因需要处理废水而增加成本。研发高效、专性的表面增溶剂，提高修复效率，降低设备与污水处理费用，防止二次污染等依然是重要的研究课题[5]。

土壤固定／稳定化技术（Solidification/stabilization）：利用某些具有聚结作用的黏结剂与将污染土壤混合，从而实现污染物在污染介质中固定，使其长期处于稳定状态的修复方法。黏合剂有石灰、沥青、硅酸盐水泥等，水泥应用最为广泛（图 5.8-3）[7]。固定／稳定化技术可以处理多种复杂污染物，形成的固体毒性低，稳定性强。但该技术是通过物理封存或化学方法使其存在形态变得稳定，但土壤中污染物总量并未减少。同时，在现实应用中，修复后的土壤会受到冻融、高温、碳化等自然条件的影响，使稳定性下降，会对环境造成二次污染。因此，对于该技术的选择和效果评估要根据我国地理和气候特征而定[8]。

图 5.8-3 土壤固定 / 稳定化技术

土壤改良技术：使用生物降解剂、复合肥料等土壤改良剂来改善土壤的理化性质，促进植物的生长和修复效果。改良剂能有效地降低污染物的水溶性、扩散性和生物有效性，减轻它们对生态环境的危害[9]。应用较多的改良剂主要包括：石灰性物质、有机物质、离子拮抗剂以及化学沉淀剂等[7]。

氧化 / 还原技术：通过化学药剂对污染物的氧化和还原作用去除污染物，实现土壤的净化。常见的化学氧化剂有 H_2O_2、MnO_4^-、O_3、$S_2O_8^{2-}$、芬顿试剂等[4]。该种修复技术的反应速度快和修复的时间短，同时对污染物的性质和浓度不敏感，对处理有机污染物的效果明显，经过处理之后会产生一些无害的反应物，减少对生态环境的破坏[10]。

（3）生物修复

生物修复是指利用动物、植物以及微生物对土壤中的污染物进行聚集、吸收、转化、降解的过程，进而降低土壤中污染物的含量[11]。该方法不产生二次污染，而且处理费用低[12]，是一种行之有效、适用范围广的修复方法。

动物修复技术：蚯蚓、老鼠等动物可以通过自身生命活动，对土壤中的重金属起到富集作用，并改善土壤质量。但该方法修复时间较长，动物自身吸附能力有限，仅适用于低浓度的重金属污染[11]。

植物修复技术：通过选择适应性强的植物，利用其根系可以对一些土壤中的污染进行控制和恢复，让土壤状态更加稳定。主要利用植物的吸收、代谢等功能来更好的发挥效用，实现对污染物的过滤[13]。植物修复主要途径包括植物萃取、根际过滤、植物挥发和植物固定[11]。该方法成本低、二次污染易于控制，植被形成后具有保护表土、减少侵蚀和水土流失的功效，可大面积应用于矿山的复垦、重金属污染场地的植被与景观修复[11]。

微生物修复技术：利用土壤中的微生物的生长代谢来降解污染物，通过微生物的消化吸收作用，可以将土壤中的有机物转化为水、二氧化碳以及无机盐等无害物质，吸收富集重金属盐，而且土壤中的微生物还可以通过自身的新陈代谢来产生有机酸，达到去除土壤中金属的目的，实现污染土壤的有效净化[14]。该方法高效、成本低、速度快，且效果稳定，是当前常用的绿色环境修复技术之一。但一些污染物不可能被完全降解，可能转化为毒性和移动性较弱或更强的中间产物，因而应特别注意修复过程中的生态风险与安全评价[15]。

（4）联合修复

联合修复技术将两种或多种修复方法协同使用，形成联合的修复体系，对多种污染物共存的复合／混合污染土壤进行综合治理的技术。这种修复技术可以很好的克服传统单向修复技术存在的壁垒，与单项修复技术相比联合修复技术具有更高的修复能力，而且还有可以有效改善传统单项修复技术存在的缺点[14]。常用的联合修复技术有物理-化学联合、物化－生物联合、植物－微生物联合等。

5.8.2　常用的表层土壤构建技术

表层土壤构建是指在部分生态修复场地，针对严重退化、损坏甚至完全丧失的表层土壤进行重建的过程。这一过程旨在修复受损生态系统丧失的表层土壤结构，恢复土壤的生态功能，改善土壤质量，确保植物能够正常生长。

在地质环境修复的基础上，表层土壤构建可以简单分为2个步骤：第一，准备修复土壤。这个步骤通常可以使用原有的剥离土壤或客土，但为了进一步提高土壤稳定性，还可以采用团粒土壤制备等方法工艺在普通土壤中加入有机材料、团粒剂、肥料等成分，生产制备成人工土壤。第二，回填和摊铺修复土壤。将准备好的土壤回填、摊铺到场地表面或者各种边坡、挡土墙、格构梁、种植砖等需要表层土壤的地方。场地坡度较缓时可以采用直接覆土的方法填装，而当坡度较陡时，则需要在固土设施预留的空间中填装，或者采用喷播技术构建表层土壤。当前存在多种喷播技术，如团粒喷播、客土喷播、有机质喷播等。不同场地环境下喷播技术的选择应参考《边坡喷播绿化工程技术标准》（CJJ/T 292—2018），相关选择的参数依据如表5.8-1所示。

常用植被恢复技术施工方法及适用范围表　　　　　　　　　表 5.8-1

技术名称	边坡类型	坡率	喷播基质厚度（mm）	喷播基质离析度*（%）	植被类型
团粒喷播	土质边坡，土石边坡，岩质边坡	≤1：0.5	30～80	5～30	乔灌草型、灌草型、草本型
植被混凝土喷播		≤1：0.5	30～100	5～30	灌草型、草本型

技术名称	边坡类型	坡率	喷播基质厚度（mm）	喷播基质离析度 *（%）	植被类型
有机质喷播	土质边坡，土石边坡，岩质边坡	≤1：1.0	80～150	30～60	乔灌草型、灌草型、草本型
客土喷播		≤1：1.0	50～120	40～60	

注：* 离析度是指土壤基质在水中振荡后产生的粒径小于 20 mm 的散落物质量占原基质总量的百分比。

5.9 常用的水资源管理与水环境修复技术

5.9.1 常用的水资源管理技术

生态修复工程常面临水资源时空分布不均的挑战。在干旱季节或水资源短缺地区，如何有效利用有限的水资源（包括地表水、地下水、降水和淡化海水），确保植物的生长需求，是水资源管理需要解决的问题。此外，在生态修复工程中，水与土之间的平衡关系至关重要。不合理的水资源管理方式可能导致土壤盐碱化、水土流失等问题，破坏水与土之间的平衡。因此，水资源管理需要关注如何科学排水、集水和用水，维护土壤的健康状态。

生态修复工程水资源管理是指在进行生态修复工程时，对水资源进行保护、利用和管理的过程。旨在通过科学的管理手段，确保生态修复工程的用水，同时减少对水资源的过度消耗，保障生态环境的健康和可持续发展。

水资源管理技术包括水源地管理、引水、排水与降雨收集以及土壤蓄水（海绵城市）技术。

水源地管理是指在缺少供水水源的场地进行生态修复前，要通过建设水库（图 5.9-1）、水井、水窖、水塔、人工湖（图 5.9-2）、海水淡化厂等设施为修复工程提供充足的水源，水源地管理还包括对原有水源的扩容和整治工程。引水是指通过管道、沟渠等设施以及水泵等设备将水资源从水源地引到修复工程的场地以供利用。

排水是指通过建设截水沟、排水沟等沟道系统将过多的降水从修复场地中排出，以防止洪涝灾害。雨水收集是将排水技术和储水技术相结合，通过坡面的排水沟道系统和路面以及路边的沟道将雨季多余的地表水引入水源设施中补充水资源，以解决季节性降雨不均匀的问题（图 5.9-3）。

目前，还存在一种采用透水性地面铺装、生态路面与蓄水性土壤相结合的集雨技术，该技术以一类具有强吸水和保水性能的土壤（即海绵城市土壤）提供储水功能（图 5.9-4），使多余的水资源透过地面直接储存在地下土壤中，供植物生长使用（图 5.9-5）。

图 5.9-1　水库

图 5.9-2　人工湖

图 5.9-3　排水沟施工图

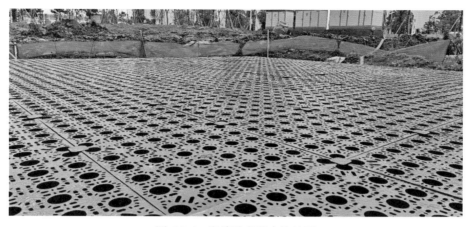

图 5.9-4　海绵城市透水性地面

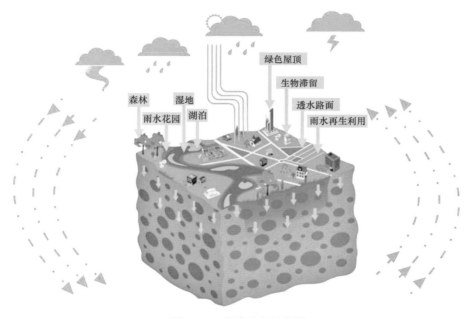

图 5.9-5　海绵城市示意图

在具体生态修复工程的施工建设中，水库工程管理、设计应参照《水库工程管理设计规范》（SL 106—2017），人工湖设计、建设可以参照《生态景观人工湖水体综合治理技术规程》（T/SGIPA 006—2021）。灌溉与排水工程建设应参照《灌溉与排水工程设计标准》（GB 50288—2018），城镇、工业区和居住区永久性室外排水工程设计应参照《城镇室外排水设计标准》（GB 50014—2021）。根据不同区域，雨水集蓄工程设计、施工可分别参照相关标准，城镇雨水调蓄工程应参照《城镇雨水调蓄工程技术规范》（GB 51174—2017），海绵型民用建筑与小区、工业建筑与厂区雨水控制及利用工程设计、施工应参照《建筑与小区雨水控制利用工程技术规范》（GB 50400—2016），半干旱地区、季节性缺水常发地区、海岛和沿海地区雨水集蓄利用工程设计、施工应参照《雨水集蓄利用工程技术规范》（GB 50596—2010）。海绵城市建设国家标准、行业标准尚未出台，仅出台《海绵城市建设评价标准》（GB/T 51345—2018），目前可以参考各地的地方标准，如北京市《海绵城市建设设计标准》（DB11/T 1743—2020）、山东省《海绵城市建设工程施工及验收标准》（DB37/T 5134—2019）、湖北省《海绵城市建设技术规程》（DB42/T 1887—2022）。

5.9.2   常用的水环境修复技术

水环境修复技术是指依靠生态系统工作机理，运用一系列技术方法改善水质、减少水污染和恢复水生生态系统，使水体生态系统实现整体协调、自我维持和自我演替的良性循环[16,17]。目前采用的技术主要有物理修复技术、化学修复技术、生物－生态修复技术。

（1）物理修复技术

水环境物理修复技术是指通过机械除藻、引水稀释、底泥疏浚、底泥覆盖等工程措施，降低河流中污染物浓度[17,18]。这一类方法往往治标不治本，一般作为突发性水体污染的应急措施（图 5.9-6）。

引水稀释是指通过工程调水对污染水体进行稀释，使水体在短时间达到相应的水质标准。在水源允许的情况下，将外部清洁水源其引入被修复的河流，使其水量增加，可以减少水滞留在河内的时间，从而使浮游生物得以顺利生长，当然，还能起到增大复氧量，强化河流的自净能力[19]。

底泥疏浚可以快速去除积累在水体沉积物中的有毒有害物质，而且不增加外来物质，是修复江河湖库内源污染的重要措施[16]。但在疏浚底泥过程中，需要防止底泥泛起，导致有毒有害物质进入水体，并且要注意底泥的合理处置，防止二次污染[20]。

图 5.9-6   郑州七里河河道疏浚施工图

（2）化学修复技术

水环境化学修复技术是指通过化学手段处理被污染水体，达到去除水体中污染物的一种方法。如治理湖泊酸化可投加生石灰，抑制藻类大量繁殖可投加杀藻剂，除磷可投加铁盐，投加絮凝剂促进污染物沉淀，调节 pH 对重金属进行化学固定等 [21, 22]。由于投加化学药剂，花费较大，且容易造成二次污染，目前该方法主要用于酸化湖泊的治理。

（3）生物—生态修复技术

水环境生物—生态修复技术是以水生生态系统及功能的完整性修复为目的，利用生态系统原理，对水环境中存在的结构及功能损失或缺陷展开修复 [23]，促进良性的生态演替，达到恢复受损生态系统生态完整性的一种技术措施，被认为是 21 世纪我国生态环境保护领域最优价值和最具生命力的生物处理技术。其中，ESB 水体修复技术（生态演替式水体修复技术）是一项目前世界上正在兴起的一种水体修复技术。

水环境生物—生态修复技术包括多种技术，如微生物修复技术、人工湿地技术、生态浮岛（浮床）技术、植物操控技术、生态护提技术、生态复氧技术、生态清淤技术、水生动物恢复和重建技术等。

人工湿地是指用人工筑成水池或沟槽，种植生水植物，利用基质、植物、微生物的物理、化学、生物三重协同作用使水体得到净化，是一种集化学、生物等多功能于一体的新型废水处理技术（图 5.9-7）[23]。人工湿地系统是一个半开放、半封闭的生态系统，具有很好的脱氮除磷效果。由于人工湿地建设运营成本低、去污能力强、使用寿命长、工艺简单、组合多样化等优势使其具有较好的经济效益和生态效益。该技术的不足在于，当进水体悬浮性污染物及有机物浓度过高时易产生堵塞和严重厌氧化，而造成植物根系腐烂最终死亡 [21]。

图 5.9-7　人工湿地

生态浮岛（浮床）是指根据生态系统学的原则，利用环境友好型物质，在水中构建一种可以培养并生长水生植物的环境[23]，是一种新型的人造湿地。该技术通过植物网状根系过滤作用去除水体漂浮物，再利用植物及微生物自然特性吸收、降解、分化水中的 COD、氮、磷等（图 5.9-8）[24]。同时，岛上植物可供鸟类休息，下部植物根系形成鱼类和水生昆虫生息环境。

图 5.9-8　生态浮岛（浮床）

生态护岸是指利用植物与天然岸基土壤或者植物与土建工程相结合，对河道坡面进行防护的一种生态型护坡形式（图 5.9-9）。生态护岸具备传统整体硬质化河岸物理防护作用，还保留了河水与天然岸基土壤相互渗透，与植物、微生物的交互作用，提高了河流自净能力及对污染物的截留能力，同时兼顾景观功能和行洪功能[25]。

图 5.9-9　生态护岸

生态复氧技术是通过提高水体溶解氧浓度，促进好氧微生物的活动，从而加速有机物的分解和污染物的降解，使水体尽快恢复正常溶解氧水平[26]。目前，人工曝气复氧技术主要包括机械增氧（图 5.9-10）和生态增氧剂增氧。

图 5.9-10　机械增氧装置和使用现场

5.10　常用的生态修复工程种植技术

生态修复工程的植被恢复主要有造林、绿化和人工草地（牧场）建设等形式。造林是生态修复工程中最广泛的植被恢复形式，主要包括三个方面：其一是在非林地上建造新的林地；其二是对生长较差的低效林或次生林进行更新造林或林相改造；其三是在村庄、建筑、道路和水体周边进行小规模（面积小于 $400m^2$）的植树，即四旁植树。根据国家标准《造林技术规程》（GB/T 15776—2023），常规的造林方法有三种，分别是播种法、植苗法和分殖法。

绿化是城市或乡村等人居环境及工矿区等生产环境中生态修复工程植被恢复的主要形式，包括区域绿化、城市绿化、自然风景区绿化、居民区绿化（包括四旁绿化）、工矿区绿化、乡村绿化和道路绿化等。根据《园林绿化工程施工及验收规范》（CJJ 82—2012），绿化工程中的植物种植根据植物种类可分为：树木栽植、大树移植、草坪及草本植被栽植、花卉栽植、水湿生植物栽植和竹类栽植。

《园林绿化工程施工及验收规范》（CJJ 82—2012）中绿化工程中的植物种植技术以植苗为主，仅在草坪及草本植被栽植中提及了播种，而实际上园林绿化工程中也经常采用播种的方式，尤其是草本花卉的种植。需要注意的是，《造林技术规程》（GB/T 15776—2023）与《园林绿化工程施工及验收规范》（CJJ 82—2012）中关于竹类的种植方式的规定是不同的，《造林技术规程》（GB/T 15776—2023）推荐使用分殖的方式种植竹类，而《园林绿化工程施工及验收规范》（CJJ 82—2012）中竹类的种植方式为植苗，这可能是由于两个标准针对的场地大小和植被恢复目的不同导致的。此外，《城市绿地草坪建植与管理技术规程》（GB/T 19535—2004），提出了城市绿地草坪的建植方法有草坪铺植法、营养体建植法、种子直播法和植生带建植法。

人工草地建设是西北干旱半干旱区域使用较多的生态修复工程植被恢复形式，是为了服务我国的牧业、荒漠化防治和道路干线的保护。根据《人工草地建设技术规程》（NY/T 1342—2007），人工草地建设的植物种植方式，根据种植材料分为种子材料播种和营养体材料种植，种子播种与《造林技术规程》（GB/T 15776—2023）中的播种造林方法类似，而营养体材料种植相当于《造林技术规程》（GB/T 15776—2023）中的植苗和分殖。

5.10.1　播种技术

播种法是以种子为材料进行植被建造的方法，通常在整地以后，直接将种子播撒在土地上，根据播种的范围和形状，常规播种技术又分为穴播、条播、撒播和喷播（图 5.10-1）。当进行大面积国土绿化时，也会采用飞播的形式进行播种。而在裸露边坡进行植被恢复时，尤其是当边坡表层土遭到严重破坏时，需要将播种与表层土壤构建结合起来，因此可以根据表 5.8-1 选择合适的喷播技术。

穴播

条播

撒播

飞播

喷播

图 5.10-1　常用播种技术

常规播种技术涉及的整地条件、种子质量、种植规格以及造林季节等内容，可参考《造林技术规程》（GB/T 15776—2023）。飞播的具体应用条件和技术参数可参考《飞机造林技术规程》（GB/T 15162—2018）。喷播技术选择及搭配的土壤基质要求、金属网的规格可参考《边坡喷播绿化工程技术标准》（CJJ/T 292—2018）。不同喷播技术的施工方法和优缺点见表 5.10-1。

常用喷播技术施工方法说明及优缺点　　　　　　　　　　　　　表 5. 10-1

序号	技术名称	施工方法说明	优点	缺点
1	团粒喷播施工方法	① 通过团粒化反应，使喷播基质具有稳定的结构、一定的强度和孔隙度，并能牢固地附着在边坡上。 ② 将有机质、黏土、稳定剂、肥料、植物种子和适量的水等按一定的顺序和配比添加到专用喷播机中，搅拌后形成泥浆状混合物，在喷射的瞬间与团粒剂发生团粒化反应，形成具有稳定团粒结构的喷播基质，按照设计的厚度分层多次喷射至边坡上，制成耐雨水冲刷且适合植物生长的人工土壤。 ③ 一般不需在基质表面设置无纺布等覆盖物	1. 适用范围广； 2. 喷播基质离析度低，耐雨水冲刷能力强，能有效防止水土流失； 3. 施工速度快； 4. 能形成乔灌草结合的植物群落，生态效果好； 5. 养护成本较低	1. 工艺复杂，技术要求严格，操作要求高； 2. 工程造价较高
2	植被混凝土喷播施工方法	① 使用水泥作为喷播基质的固化剂。 ② 将水泥、有机质、土壤、肥料、pH调节剂、植物种子等按一定的配比添加到混凝土喷射机中，混合均匀后，依靠压缩空气将混合物料送至喷枪处（干式喷播），与适量的水混合后，按照设计的厚度一次或分次喷射到边坡上，制成能耐雨水冲刷的人工土壤。 ③ 喷播后应在基质表面设置无纺布等覆盖物	1. 适用范围广； 2. 喷播基质离析度低，耐雨水冲刷能力强，能有效防止水土流失	1. 施工速度较慢； 2. 植物以草本或灌草为主，生态效果一般； 3. 养护成本较高； 4. 工程造价较高
3	有机质喷播施工方法	① 使用粘合剂作为喷播基质的固化剂，添加较多的有机质以改善基质的性状。 ② 将粘合剂、有机质、土壤、肥料、保水剂、植物种子等按一定的配比添加到喷播机中，混合均匀后，大多采用干式喷播的方式，按照设计的厚度一次或分次喷射到边坡上，制成有机质含量较高的人工土壤。 ③ 喷播后应在基质表面设置无纺布等覆盖物	1. 喷播基质的养分高，性状好； 2. 能形成乔灌草结合的植物群落，生态效果好	1. 不宜应用在坡率超过1：1.0的边坡； 2. 施工速度较慢； 3. 工程造价较高
4	客土喷播施工方法	① 喷播基质的主要材料为通用种植土壤。可添加粘合剂作为喷播基质的固化剂，坡率较小时，也可不添加粘合剂。 ② 将种植土壤、肥料、保水剂、植物种子等按一定的配比添加到客土喷播机中，混合均匀后，大多采用干式喷播的方式，按照设计的厚度一次性喷射到边坡上，制成适合植物生长的人工土壤。 ③ 喷播后应在基质表面设置无纺布等覆盖物	1. 工艺简单，施工便捷； 2. 在缓坡条件下，能形成乔灌草结合的植物群落； 3. 工程造价较低	1. 不宜应用在坡率超过1：1.0的边坡； 2. 喷播基质离析度高，耐雨水冲刷能力弱，不能有效防止水土流失； 3. 施工速度较慢； 4. 养护成本较高
5	液力喷播施工方法	① 喷播基质中一般不添加土壤。 ② 将木质纤维、肥料、草种和水按一定配比添加到液力喷播机中，混合均匀后，一次性喷射到工作面上，制成草种分布均匀的种子层。 ③ 喷播后一般在基质表面设置无纺布等覆盖物	1. 施工速度快； 2. 工程造价低	1. 适用范围窄； 2. 植物选择多为草本植物，生态效果差； 3. 养护成本高

5.10.2   植苗和分殖技术

植苗法是以植物苗木为材料的植被建造方法，苗木根据根的状态可分为裸根苗和容器苗。对苗木质量的控制应参考《主要造林树种苗木质量分级》（GB 6000—1999）。分殖法是以植物的营养器官为材料的植被建造方法，根据选用的营养器官，分为（地上茎干）扦插（图 5.10-2）和（地下茎）分栽。根据栽植时地面开挖的方式和种植的位置，植苗（图 5.10-3）和分殖的方法分为穴植、条植（沟植）、缝植和撒植。《造林技术规程》（GB/T 15776—2023）与《园林绿化工程施工及验收规范》（CJJ 82—2012）分别介绍了造林工程和绿化工程中常用植苗和分殖的技术要求，包括对种植材料的质量控制、管理和运输，对种植基质和种植方法规定以及配套的养护方法。不同植被建造方法的优缺点比较见表 5.10-2。

图 5.10-2　扦插种植

图 5.10-3　植苗种植

不同植被建造方法的优缺点比较　　　　　　　　表 5.10-2

	优点	缺点
植苗法	人工培植幼苗过程中，对苗木进行筛选，有利于提高个体的质量；种植位置明确，便于园林设计和园艺管理；节约种子	人力消耗大，成本高；苗木移植过程，根部易受损伤；栽植后，有缓苗期；苗木准备过程复杂
播种法	植株根系发育完全，幼苗对环境适应力强、可塑性强；便于机械化，工序简单；成本低	种子消耗多；立地条件要求严格；抚育管理要求较高；易遭受鸟兽、杂草的危害
分殖法	较好地保持母本优良性状；生长速度快；施工技术简单，节省时间和成本	适用范围有限，适用于营养器官萌芽能力强，且能产生大量不定根的树种；立地条件要求较严格，要求比较湿润的土壤条件；多代无性繁殖林木容易早衰，寿命短

5.11　常用生态修复植物

5.11.1　寒温带半干旱区域

行政区域：内蒙古自治区东北部、黑龙江省西北部。

乔木树种：樟子松、柞木、落叶松、红皮云杉、白桦、山杨、冷杉、旱柳、紫椴、蒙古栎、榆树、黄檗、水曲柳。

灌木植物：松江柳、东北山梅花、珍珠梅、山刺玫、紫丁香、蓝果忍冬、红瑞木、茶条槭。

草本植物：线叶菊、冰草、冷蒿、草地早熟禾、狗尾草、赖草、沟叶羊草、羊茅、大叶章、乌拉草、大籽蒿。

攀缘植物：蛇葡萄、山葡萄、五味子。

5.11.2　温带湿润、半湿润区域

行政区域：黑龙江省、吉林省大部及辽宁东北部。

乔木树种：红皮云杉、油松、黑松、樟子松、红松、侧柏、圆柏、丹东桧、杜松、兴安落叶松、银中杨、小黑杨、旱柳、核桃楸、白桦、榆树、山皂荚、刺槐、元宝枫、蒙椴、复叶槭、水曲柳、辽东水蜡树、暴马丁香。

灌木植物：忍冬、金银木、东北山梅花、珍珠梅、黄刺玫、榆叶梅、紫丁香、东北连翘、紫穗槐、胡枝子、文冠果、荆条、蚂蚱腿子、沙拐枣、山刺玫、金银忍冬、长白忍冬、蓝果忍冬、黄花忍冬、松江柳、榛、毛榛、红瑞木、茶条槭、山杏。

草本植物：大叶章、乌拉草、高原早熟禾、冷蒿、紫羊茅、大籽蒿、草木樨、黄芪、草地早熟禾、高羊茅、针茅、无芒雀麦、白草、冰草、龙须草、偃麦草、狗尾草、赖草、羊草、马蔺、紫苜蓿、绣球小冠花、沙打旺、白三叶、波斯菊、线叶菊、万寿菊、二月蓝、山野豌豆、异穗薹草。

攀缘植物：地锦、异叶蛇葡萄、山葡萄、常春藤、紫藤、南蛇藤。

5.11.3　北暖温带湿润、半湿润区域

行政区域：北京市、天津市、河北省大部、辽宁省南部、山东省北部、陕西省中南部、山西省南部。

乔木树种：青杆、白杆、雪松、油松、白皮松、华山松、黑松、侧柏、桧柏、蜀

桧、龙柏、水杉、银杏、小青杨、毛白杨、旱柳、馒头柳、核桃、板栗、槲栎、榆树、玉兰、杂种鹅掌楸、杜仲、悬铃木、西府海棠、合欢、刺槐、国槐、臭椿、元宝枫、栾树、柿树、洋白蜡、毛泡桐。

灌木植物：紫穗槐、胡枝子、沙棘、柠条锦鸡儿、小叶锦鸡儿、金银忍冬、马棘、扶芳藤、欧李、连翘、酸枣、荆条、黄刺玫、华北绣线菊、决明、卫矛、沙地柏、白刺花、滨藜、杠柳、铺地柏、山杏、枸杞、丁香、沙柳、毛黄栌、榛、毛榛。

草本植物：高羊茅、无芒雀麦、冰草、弯叶画眉草、狗尾草、白草、龙须草、鸭茅、紫花苜蓿、绣球小冠花、红豆草、二月蓝、异穗薹草、白颖薹草、赖草、黄花苜蓿、沙打旺、草本犀状黄芪、黄香草木犀、白香草木樨、狗牙根、白羊草、早熟禾、黑麦草、三叶草、籽粒苋、老芒麦、披碱草、雀麦、马唐、棘豆、野大豆、剪股颖、百喜草、结缕草。

攀缘植物：葡萄、山葡萄、爬山虎、地锦、凌霄、葛藤、南蛇藤。

5.11.4　南暖温带湿润、半湿润区域

行政区域：山东省南部、河南省中北部、江苏省、安徽省北部、陕西省中部。

乔木树种：侧柏、油松、黑松、樱桃、毛樱桃、杜梨、青檀、盐肤木、刺槐、云杉、雪松、华山松、铅笔柏、桧柏、龙柏、水杉、广玉兰、银杏、加拿大杨、旱柳、垂柳、栓皮栎、小叶朴、玉兰、杂种鹅掌楸、杜仲、悬铃木、合欢、皂荚、国槐、臭椿、苦楝、乌桕、七叶树、栾树、青桐、柿树、白蜡、泡桐、毛泡桐。

灌木植物：紫穗槐、胡枝子、沙棘、锦鸡儿、金银忍冬、扶芳藤、马棘、欧李、连翘、酸枣、荆条、黄刺玫、华北绣线菊、决明、卫矛、沙地柏、白刺花、滨藜、杠柳、铺地柏、山杏、枸杞、丁香、沙柳、毛黄栌、榛、毛榛、花木兰、木槿、紫荆、女贞、紫丁香、山合欢。

草本植物：高羊茅、绣球小冠花、黑麦草、结缕草、早熟禾、紫羊茅、二月蓝、无芒雀麦、冰草、弯叶画眉草、狗尾草、白草、龙须草、鸭茅、紫花苜蓿、红豆草、异穗薹草、白颖薹草、赖草、黄花苜蓿、沙打旺、草本犀状黄芪、黄香草木樨、白香草木樨、狗牙根、白羊草、三叶草、籽粒苋、老芒麦、披碱草、雀麦、马唐、棘豆、野大豆、剪股颖、百喜草、金鸡菊、百脉根。

攀缘植物：爬山虎、凌霄、葛藤、地锦、山葡萄、南蛇藤。

5.11.5　北亚热带湿润、半湿润区域

行政区域：江苏省、上海市、安徽省、湖北省大部，河南省、陕西省、甘肃省南

部，浙江省北部，云南省、贵州省、四川省以及中南省份高海拔山地。

乔木树种：罗汉松、雪松、日本五针松、赤松、马尾松、湿地松、柏木、水杉、金钱松、苦槠、广玉兰、香樟、八角枫、木荷、桂花、银杏、垂柳、枫杨、麻栎、白栎、杂种鹅掌楸、无患子、枫香、法桐、合欢、国槐、重阳木、红枫、鸡爪槭、黄连木、七叶树、全缘叶栾树、青桐。

灌木植物：木豆、多花木蓝、紫穗槐、扶芳藤、胡枝子、马棘、夹竹桃、火棘、车桑子、锦鸡儿、杜鹃、牡荆、欧李、紫薇、女贞、珊瑚树、决明、石楠、枸骨、冬青、黄杨、小蜡、金丝桃、麻叶绣线菊、紫荆、木槿、多花木兰。

草本植物：结缕草、狗牙根、宽叶雀稗、马唐、地毯草、假俭草、野牛草、黑麦草、高羊茅、白三叶、小冠花、香根草、百喜草、大翼豆、弯叶画眉草、知风草、紫花苜蓿、白灰毛豆、百脉根、草木犀、猪屎豆、乌毛蕨。

攀缘植物：爬山虎、凌霄、金合欢、蛇藤、紫藤、常春油麻藤、南蛇藤、野蔷薇、多花蔷薇、地锦。

5.11.6　中亚热带湿润区域

行政区域：江西省、福建省、湖南省、贵州省等大部，云南省、广东省、广西壮族自治区等北部，浙江省南部、四川省东部、重庆市西部。

乔木树种：重阳木、雪松、云南松、马尾松、湿地松、罗汉松、冷杉、柳杉、南岭黄檀、黄山栾、川楝、黑荆、蚊母树、五角枫、香樟、滇杨、藏柏、桤木、枫杨、竹柏、三尖杉、南方红豆杉、香榧、金钱松、水松、落雨杉、池杉、粗榧、广玉兰、木莲、黑壳楠、阴香、杜英、杨桐、木荷、加拿利海枣、棕榈、银杏、垂柳、鹅掌楸、枫香、法桐、乌桕、黄连木、三角枫、红枫、鸡爪槭、全缘叶栾树、无患子、蓝果树。

灌木植物：伞房决明、双荚决明、车桑子、小叶女贞、扶芳藤、荆条、麻叶绣线菊、马桑、火棘、石楠、紫荆、厚皮香、紫穗槐、五色梅、戟叶酸模、木豆、多花木蓝、胡枝子、马棘、夹竹桃、锦鸡儿、杜鹃、牡荆、欧李、紫薇、珊瑚树。

草本植物：结缕草、狗牙根、宽叶雀稗、马唐、地毯草、假俭草、黑麦草、百喜草、香根草、大翼豆、弯叶画眉草、沟叶结缕草、知风草、高羊茅、白三叶、紫苜蓿、白灰毛豆、波斯菊、百脉根、草木犀、猪屎豆、乌毛蕨。

攀缘植物：羽叶金合欢、蛇藤、紫薇、常春油麻藤、南蛇藤、野蔷薇、多花蔷薇、地锦、凌霄。

5.11.7 南亚热带湿润区域

行政区域：福建省南部，广东省大部至广西壮族自治区、云南省中部，台湾地区低海拔地区及其附属海岛。

乔木树种：南洋杉、马尾松、湿地松、云南松、柳杉、罗汉松、竹柏、三尖杉、香榧、水松、落羽杉、池杉、水杉、青冈栎、高山榕、大果榕、小叶榕、银桦、玉兰、阴香、相思、南洋楹、红花羊蹄甲、腊肠树、重阳木、木麻黄、桃花心木、木荷、柠檬桉、幌伞枫、鸡蛋花、假槟榔、棕榈、长叶刺葵、大叶榕、鹅掌楸、枫香、法桐、复羽叶栾树、木棉、香樟、合欢、台湾相思、黑荆、银荆、女贞、杜英、刺桐、凤凰木、金凤花、川楝、滇楸、水黄皮、红千层。

灌木植物：伞房决明、双荚决明、黄槐决明、鸡冠刺桐、黄槐、紫薇、扶芳藤、假茉莉、假连翘、水蜡、车桑子、金丝桃、九里香、小叶女贞、木槿、紫荆、五色梅、木豆、多花木蓝、紫穗槐、胡枝子、马棘、夹竹桃、火棘、锦鸡儿、杜鹃、牡荆、欧李、珊瑚树。

草本植物：结缕草、狗牙根、宽叶雀稗、马唐、地毯草、假俭草、黑麦草、百喜草、香根草、大翼豆、弯叶画眉草、沟叶结缕草、知风草、高羊茅、白三叶、紫苜蓿、白灰毛豆、波斯菊、百脉根、草木犀、猪屎豆、乌毛蕨。

攀缘植物：羽叶金合欢、蛇藤、常春油麻藤、南蛇藤、野蔷薇、多花蔷薇、地锦、凌霄。

5.11.8 热带湿润区域

行政区域：云南省南部，广西壮族自治区、广东省、福建省等沿海地区和海南省，台湾地区南端。

乔木树种：南洋杉、海南五针松、湿地松、鸡毛松、竹柏、陆均松、罗汉松、池杉、落羽杉、白莲叶桐、木菠萝、大果榕、高山榕、银桦、白兰、红花羊蹄甲、铁刀木、秋枫、海南杜英、木麻黄、青梅、海南菜豆树、火焰树、长叶刺葵、槟榔、皇后葵、桄榔、椰子、楹树、盾柱木、腊肠树、假苹婆、榄仁树、玉蕊、凤凰木、刺桐、金凤花、川楝子、台湾相思、大叶相思、水黄皮、海滨木巴戟、重阳木、红千层、栾树、黄槐、女贞、黄槿。

灌木植物：木豆、宝巾、多花木蓝、夹竹桃、紫薇、扶芳藤、构棘、野牡丹、虾子花、桃金娘、朱槿、木芙蓉、悬铃花、山麻杆、红背山麻杆、朱缨花、双荚决明、金樱子、龙船花、露兜树、棕竹、散尾葵、金竹、芸香竹、小叶女贞、鸡冠刺桐、黄槐、假茉莉、假连翘、伞房决明、猪屎豆、白灰毛豆。

草本植物：大叶油草、百喜草、狗牙根、海滨雀稗、沟叶结缕草、弯叶画眉草、阔苞菊、铺地黍、细穗草、羽叶决明、猪屎豆、香根草、假俭草、糖蜜草、类芦、细叶结缕草、白灰毛豆、大翼豆、肾蕨、狗脊、翠云草、艳山姜、山姜、美人蕉、野蕉、柊叶、斑茅、四棱豆、乌毛蕨。

攀缘植物：地锦、葛藤、首冠藤、红叶藤、使君子、红背叶羊蹄甲、龙须藤、山葡萄、蔓九节、络石、凌霄、省藤、藤竹草、合欢。

5.11.9　温带半干旱区域

行政区域：内蒙古自治区中东部，辽宁省、吉林省西部，山西省、宁夏回族自治区、陕西省、河北省等北部，甘肃省中部。

乔木树种：云杉、樟子松、油松、华山松、杜松、侧柏、丹东桧、西安桧、圆柏、落叶松、银杏、银白杨、加拿大杨、小黑杨、馒头柳、旱柳、圆冠榆、白榆、玉兰、山桃、臭椿、火炬树、丝棉木、栾树、柿、白蜡、暴马丁香、山杨、刺槐、白桦、沙枣、杜梨、柽柳、复叶槭、茶条槭。

灌木植物：忍冬、金银木、山梅花、珍珠梅、黄刺玫、榆叶梅、紫丁香、连翘、紫穗槐、胡枝子、扶芳藤、文冠果、荆条、蚂蚱腿子、沙拐枣、山杏、毛樱桃、筐柳、紫穗槐、中国沙棘、白刺、小叶锦鸡儿、黄杨、驼绒藜、花棒、沙冬青、毛黄栌、酸枣、狼牙刺、宁夏枸杞、枸杞、蒙古岩黄耆、沙地柏、沙棘、柠条、金露梅、灌木铁线莲、蒙古扁桃、柄扁桃、蒙古莸。

草本植物：大叶章、乌拉草、高原早熟禾、冷蒿、紫羊茅、大籽蒿、白花草木樨、黄芪、高羊茅、多年生黑麦草、冰草、无芒雀麦、草地早熟禾、燕麦、甘草、披碱草、狗尾草、赖草、羊草、老芒麦、草木犀、红豆草、白三叶、绣球小冠花、鸢尾、马蔺、黄花菜、费菜、波斯菊、大针茅、细裂叶莲蒿、山野豌豆、野苜蓿、沙打旺、二色补血草、白颖薹草。

攀缘植物：异叶蛇葡萄、地锦、山葡萄、葡萄、南蛇藤。

5.11.10　温带干旱区域

行政区域：新疆维吾尔自治区大部，甘肃省西北部、宁夏回族自治区北部、内蒙古自治区西部。

乔木树种：红皮云杉、青海云杉、油松、樟子松、侧柏、千头柏、丹东桧、塔柏、龙柏、圆柏、银杏、新疆杨、胡杨、箭杆杨、白柳、核桃、圆冠榆、白榆、刺槐、国槐、丝棉木、元宝枫、紫椴、柽柳、大叶白蜡、小叶白蜡、暴马丁香、旱柳、沙枣。

灌木植物：枸杞、紫穗槐、沙棘、白刺、柠条锦鸡儿、小叶锦鸡儿、中间锦鸡儿、细枝岩黄耆、梭梭、沙冬青、沙拐枣、截叶铁扫帚、灰枸子、金雀锦鸡儿、黄芪、新疆忍冬、野花椒、筐柳、蒙古岩黄耆、花棒、霸王、欧李、盐穗木、盐爪爪、红柳、驼绒藜、木地肤、多枝柽柳、乌柳、沙木蓼、膜果麻黄、合头草、红砂、砂地柏、蒿叶猪毛菜、骆驼刺、黑沙蒿。

草本植物：沙蒿、高原早熟禾、披碱草、沙生冰草、紫花苜蓿、沙打旺、白花草木樨、无芒雀麦、四翅滨藜、甘草、针茅、芨芨草、须芒草、燕麦、草木犀、紫苜蓿、白三叶、啤酒花、红豆草、花花柴、河西菊、中亚紫苑木、阿尔泰狗娃花、赖草、羊草、沙蓬、西北针茅。

攀缘植物：地锦。

5.11.11　青藏高原区域

行政区域：西藏自治区、青海省，四川省西北部和甘肃省西南部分地区。

乔木树种：鳞皮冷杉、川西云杉、青海云杉、柳杉、杉木、岷江柏木、新疆杨、青杨、旱柳、垂柳、圆冠榆、国槐、臭椿、刺槐、白蜡、黄连木、藏柏、西藏云杉、林芝云杉、冷杉、大果圆柏、白桦、山杨、藏川杨、白榆、糙皮桦、尼泊尔桤木。

灌木植物：沙生槐、杨柴、绵刺、藏锦鸡儿、鬼箭锦鸡儿、柠条锦鸡儿、枸杞、霸王、沙棘、驼绒藜、白刺、沙地柏、金露梅、紫穗槐、乌柳、坡柳、黄芦木、高山柳、高山绣线菊、金银忍冬、金花忍冬、长白忍冬、蓝果忍冬、鲜卑花、全缘栒子、高山矮蒿。

草本植物：藏沙蒿、大籽蒿、青藏蒿、高原早熟禾、碱茅、沙生针茅、老芒麦、紫花针茅、高山蒿草、西藏蒿草、青藏薹草、紫羊茅、冰草、高羊茅、赖草、羊草、无芒雀麦、白草、星星草、草地早熟禾、垂穗披碱草、短芒披碱草、冷地早熟禾、中华羊茅、高原蒿草、披碱草、马先蒿、珠芽蓼、蕨麻、细裂亚菊、火绒草、青藏风毛菊、紫花碎米荠、甘青报春、钝裂银莲花、异燕麦、青海鹅观草、乳白香青、草玉梅、黄花棘豆。

攀缘植物：地锦、南蛇藤。

5.12　参考文献

［1］朱玲，刘一达，王睿，等. 新自然主义种植理念下的草本植物群落空间研究［J］. 风景园林，2020，27（2）：72-76.

［2］王泓泉. 污染场地土壤修复技术对比分析［J］. 资源节约与环保，2019（8）：32-33.

［3］蒋小红，喻文熙，江家华，等. 污染土壤的物理／化学修复［J］. 环境污染与防治，2006，28（3）：210-214.

［4］周思凡，张程真. 我国土壤修复技术工程应用［J］. 广东化工，2022，49（12）：151-153.

［5］骆永明. 污染土壤修复技术研究现状与趋势［J］. 化学进展，2009，21（2）：558-565.

［6］赵鹏，肖保华. 电动修复技术去除土壤重金属污染研究进展［J］. 地球与环境，2022，50（5）：776-786.

［7］杨丽琴，陆泗进，王红旗. 污染土壤的物理化学修复技术研究进展［J］. 环境保护科学，2008，34（5）：4.

［8］王刚. 土壤化学修复技术研究进展［J］. 科技创新与生产力，2022（10）：40-43.

［9］周启星，宋玉芳. 污染土壤修复原理与方法［M］. 北京：科学出版社，2004.

［10］李晖. 关于污染土壤修复技术的研究现状与趋势分析［J］. 皮革制作与环保科技，2023，4（14）：153-155.

［11］王星，郭斌，王欣. 重金属污染土壤修复技术研究进展［J］. 煤炭与化工，2019，42（1）：5.

［12］程研博，周显超，王帅. 土壤修复技术浅析［J］. 黑龙江粮食，2020（10）：58-59.

［13］楚纪锋. 试论污染土壤修复技术研究现状与趋势［J］. 清洗世界，2023，39（10）：92-94.

［14］雷婷. 污染土壤修复技术及发展趋势探索［J］. 清洗世界，2023，39（1）：167-169.

［15］李法云，臧树良，罗义. 污染土壤生物修复技术研究［J］. 生态学杂志，2003，22（1）：35-39.

［16］张维昊，张锡辉，肖邦定，等. 内陆水环境修复技术进展［J］. 上海环境科学，2003，22（11）：811-816.

［17］廖静秋，黄艺. 流域水环境修复技术综述［J］. 环境科技，2013，26（1）：62-65.

［18］王强，支磊磊，窦寅博. 城市河流水环境修复与水质改善技术的对比选择［J］. 清洗世界，2021，37（12）：90-91.

［19］魏智勇. 浅谈流域水环境修复技术［J］. 科学与财富，2017（28）：169-169.

［20］安晓峰. 我国水环境问题及水环境修复措施探讨［J］. 吉林水利，2015（10）：25-27.

［21］李明传. 水环境生态修复国内外研究进展［J］. 中国水利，2007（11）：25-27.

［22］汪雯，黄岁樑，张胜红，等. 海河流域平原河流生态修复模式研究Ⅰ——修复模式［J］. 水利水电技术，2009，40（4）：14-19.

［23］王鹏. 水环境治理中水生态修复工程技术的应用探究［J］. 辽宁自然资源，2023（9）：51-53.

［24］郭创. 有关水环境修复技术的分析及探讨［J］. 环境与发展，2020，32（1）：96-97.

［25］罗国平，张杰，李忠润，等. 生态沟渠综合治理研究综述［J］. 湖南水利水电，2020（6）：56-59.

［26］刘海洪，李先宁，宋海亮. 浅水湖泊防控黑臭水体复氧技术［J］. 东南大学学报（自然科学版），2015（3）：526-530.

第6章 生态修复工程评价

生态修复工程的实施是一个严格的专业且复杂过程，在符合、衔接区域发展及生态规划的前提下，只有针对明确的生态问题，制定可行的治理方案，采用合理的治理技术，才能切实提高生态系统的质量。为了确保上述这些过程在生态修复工程中能够被认真实施和落实，需要对生态修复工程进行评价。

6.1 生态修复工程评价的内容

为了确保生态修复工程的质量和效益，建设单位、施工单位和监管部门需要组织专业队伍或委托有相应资质的机构对生态修复工程进行评价。评价包括生态修复工程过程评价、生态修复工程成效评价以及综合评价。

生态修复工程过程评价主要考虑对生态问题进行分析是否透彻，生态修复工程是否按照科学的程序设计和实施，修复目标是否合理，采用的方法是否可行，以及生态修复工程的施工质量和完工后的管护情况。

生态修复工程成效评价则关注生态修复工程实施后的环境质量和实际效益，对生态系统产生的生态效益进行估算，例如水土保持、净化空气、碳固定以及旅游开发等方面的效益。同时，评价需要考虑生态修复工程带来的经济和社会效益，包括直接和间接经济效益，以及政治、文化等地方社会效益。评价是一个长期的过程，可以通过实时监测、及时调整和改进，持续优化生态修复工程的效果和质量。

6.2 生态修复工程评价的相关标准

我国目前已颁布的生态修复相关评价标准包括《生态保护修复成效评估技术指南（试行）》HJ 1272—2022、《全国生态状况调查评估技术规范——生态系统质量评估》HJ 1172—2021 和《全国生态状况调查评估技术规范——生态系统服务功能评估》HJ 1173—2021[1-3]。这些标准可为生态修复工程成效评价提供指导，但在适用的尺度、具体指标的测定和计算方法等方面，还需要针对具体工程项目进行调整。

对于生态修复工程过程评价，目前还缺乏相关规范性指导文件。对此，本书在后面的6.3节给出了具体的生态修复工程过程评价方法。

6.2.1 《生态保护修复成效评估技术指南（试行）》HJ 1272—2022

HJ 1272—2022选取表6.2-1中10项指标作为生态保护修复成效评估的主要方面。

通过对这10个方面进行打分后可以通过公式（6.2-1）计算出生态保护修复成效指数（ERI），并按照表6.2-2进行评级：

$$ERI = \sum_{i=1}^{n} ERI_i \qquad (6.2-1)$$

式中，ERI——生态保护修复成效指数；

ERI_i——生态保护修复成效第i项指数得分；

I——指标序号；

n——指标数量。

生态保护修复成效评估指标　　　　　　　　　　　表 6.2-1

序号	评估指标	评估指标说明	指标分值
1	重要生态系统面积	评估区内森林、灌丛、草地、湿地、农田（非生态用地转化）、典型海洋生态系统等面积增长情况	10
2	生态连通度	评估区内生态系统整体连通程度提升情况	8
3	自然岸线保有率	评估区内自然岸线保有率提升情况	6
4	植被覆盖度	评估区内有植被覆盖区域的生长季平均植被覆盖度提升情况	10
5	环境质量	评估区内水、气、土等环境质量改善情况	15
6	生物多样性	评估区生物多样性提升情况	10
7	主导生态功能	评估区水源涵养、土壤保持、防风固沙、固碳、海岸防护等主导生态功能提升情况	20
8	人为胁迫	评估区内人为胁迫改善情况	8
9	公众满意度	评估区公众满意度情况	8
10	特色指标	其他具有区域特色的代表性指标	5

生态保护修复成效分级表　　　　　　　　　　　表 6.2-2

指数分值范围	成效分级
$90 \leqslant ERI \leqslant 100$	优秀
$80 \leqslant ERI < 90$	良好
$60 \leqslant ERI < 80$	合格
$ERI < 60$	不合格

HJ 1272—2022 适用于生态保护修复相关政策、规划和工程等生态环境成效评估，其中主要包括客观的生态环境质量指标和反映人们对生态环境的主观感受及影响的指标。不过，对于具体的生态修复工程来说，HJ 1272—2022 作为一种开放性的技术指南文件，部分指标可能并不适用。例如，在 HJ 1272—2022 中的第 8 项指标"人为胁迫"和第 9 项指标"公众满意度"需要公众对工程区域有一定的了解，但有些生态修复工程所处的位置存在交通不便、坡度较陡且甚至人迹罕至的现象，因此使用 HJ 1272—2022 中的问卷调查法就较为困难。此外，HJ 1272—2022 中的指标体系也需要根据具体的生态修复工程进行调整，以更准确地评价其生态效益和社会效益。

6.2.2 《全国生态状况调查评估技术规范——生态系统质量评估》HJ 1172—2021

HJ 1172—2021 是针对以植被为主的陆地自然生态系统质量评估的规范性文件，其中包括了总则、技术流程、指标与方法和生态系统质量分级等要求。该规范适用于全国及省级行政区，旨在对自然生态系统质量进行评估。根据 HJ 1172—2021，生态系统质量被定义为生态系统内植被的优劣程度，反映了整个生态系统的状况。通过测定植被覆盖度、叶面积指数和总初级生产力三个生态指标，对生态系统质量进行打分和评估。

具体来说，植被覆盖度指的是植物（包括叶、茎、枝）在地面的垂直投影面积占统计区总面积的百分比，旨在表征植被水平结构状况，反映一个区域的绿化水平。叶面积指数是指单位土地面积上植物叶片总面积占土地面积的比值，主要表征植被水平结构状况，是一定区域内植被利用光能状况的指标，能够反映植物群体生长状况。总初级生产力是指在单位时间和单位面积上，绿色植物通过光合作用所固定的有机碳总量。这三个指标能够从整体上表征植被的分布状况、生长状况和光合能力，从而实现对植被质量的综合评估。

但是该文件测定的指标所应用的范围为区域较大范围，所采用的方法主要是遥感，难以用于面积范围较小的生态修复项目区评价，因此在用于生态修复项目区生态质量评价时，需要重新选择合适的测定方法。

6.2.3 《全国生态状况调查评估技术规范——生态系统服务功能评估》HJ 1173—2021

HJ 1173—2021 规范性文件介绍了对于水源涵养、土壤保持、防风固沙、生物多样性保护四个主要生态系统服务功能的评估方法。水源涵养的评估是采用水量平衡方程计算水源涵养量，而土壤保持的评估是运用通用土壤流失公式进行计算。防风固沙的评估则采用修正风力侵蚀模型进行计算。生物多样性的评估则选取生境不可替代性指数、物种丰富度以及珍稀濒危物种数量三个指标进行衡量。

　　需要注意的是，该规范文件仅提供了相关指标名称和方法介绍，并未提供打分和评级的体系。因此，可以采用该文件中的指标测定方法作为生态修复区生态系统服务功能的评估方法，但是需要结合该文件中的指标内容设计合理的评价和分级方案。

6.3　生态修复工程过程评价方法

　　评估生态修复工程的过程可以按照表 6.3-1 的内容进行打分，并按照表 6.3-2 进行评级。表 6.3-1 可以根据具体的修复工程情况进行适当的修改和补充。

生态修复工程过程评价打分表　　　　　　　　　　表 6.3-1

序号	评价指标	指标内容及说明	指标分值
1	问题诊断	生态修复工程的立项材料中应包含对修复区生态问题的全面诊断的报告。包括现场调查报告、地质勘察报告及其他的检测分析报告如土壤养分分析、污染物指标分析等。诊断报告应明确修复区的主要生态问题（6 分）和地质稳定状况（4 分），报告缺少部分信息则扣除相应分数，没有诊断报告得 0 分	0～10
2	政策分析	生态修复工程应遵守相关法律、法规，符合地区发展的政策和规划。因此，立项材料中应该对该生态修复项目实施的法律政策进行分析（4 分），并且明确该项目的实施符合当地发展规划或者生态专项规划（4 分）。否则扣除相应的分数	0～8
3	目标设计	生态修复工程的目标设计应包含设计依据，功能与结构设计及景观设计。 设计依据中应提供修复区的自然概况，包括气候、水文、土壤及生物资料（4 分）。 功能设计中应明确对生态维持与协调、社会文化与服务等功能的设计（5 分）。 结构设计中应明确对修复区的地形塑造、植物设计、生态廊道、配套工程等（5 分）。 景观设计应给出修复后的景观效果图，并阐明设计的景观特效和美学价值（4 分）	0～18
4	方案制定	生态修复工程的方案应包含要点： ① 有可行的技术路线（8 分）； ② 有可行的工艺措施（8 分）； ③ 设计文件完整规范（8 分）； ④ 合理详细的成本预算（4 分）	0～28
5	施工过程	生态修复工程实施过程中应按照以下内容打分： 有完善的施工组织设计文件并付诸实施（5 分）； 施工质量达到并符合标准规范和设计文件要求（12 分）； 有合理的工期安排并如期竣工（5 分）； 施工报验资料完备并符合审计要求（5 分）	0～27
6	管理与养护	修复施工后对修复区植物的管护、设备维护以及植物生长状况的监测应按照以下要点打分： 制定有健全合理的管护方案（4 分）； 管护方案能够有效实施（5 分）	0～9

生态修复工程过程评价分级　　　　　　　表 6.3-2

优秀	良好	及格	不及格
≥90	75≤评分＜90	60≤评分＜75	评分＜60

评级优秀的生态修复工程，其设计和实施过程中都采用了科学合理的方法，工程质量非常高。评级良好的生态修复工程，其存在一些小问题，但整体品质较好。对于评级合格的生态修复工程，其设计和实施过程中存在一些问题，但整体质量还算可以，并有改进的空间。评级不合格的生态修复工程，其设计和实施存在较大缺陷，工程质量欠佳，存在一定的风险，需要及时采取措施进行改善和补救。通过对生态修复工程的评价和评级，可以及时发现和解决问题，改进和提高工程质量，并为今后的生态修复工程提供科学合理的设计和实施参考。

6.4　生态修复工程成效评价方法

对于生态修复工程，其成效评价应该制定规范化的评价方法和评价标准。一般可以采用国家或地方标准，如果不存在适宜的标准，可以根据其他已有标准建立一个新的评价方法和标准。在评价过程中，可以建立一个综合性的打分标准，根据打分进行评级。另外，也可以采用环境背景值、区域平均数进行对比评价，或与同行其他工程进行横向比较。生态修复工程的成效评价一般包括两个方面：一是生态修复工程质量评价；二是专项生态功能评价。

6.4.1　生态修复工程成效评价的一般方法

如图 6.4-1 所示，生态修复工程评价一般包含四个步骤：确定评价目的与内容、选择评价指标与方法、审查资料与测定数据、分析数据与打分评价。各步骤具体实施如下：

1. 确定评价目的与内容

一般的生态修复工程评价包括对工程完工后的生态环境质量、工程成本和效益等内容进行评价。此外，还有可能对安全、景观等其他内容进行特别的评价。由于评价要消耗相当的人力和物力，评价内容需要严格根据评价目的来制定，不得超出评价目的的范畴。

2. 选择评价指标与方法

根据评价任务明确评价目的与评估内容之后，应对评价的各项指标进行筛选并构建生态修复工程的评价指标体系。各项指标的计算和测定方法都应严格符合国家、地方以及行业规范中的相关标准的要求，并根据指标的种类采用或设计合理的打分和评价方法。

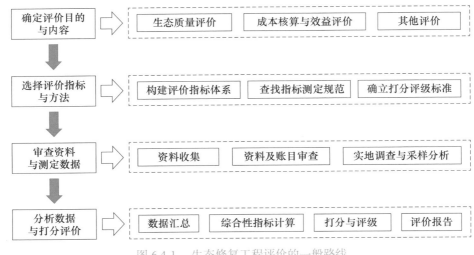

图 6.4-1   生态修复工程评价的一般路线

3. 审查资料与测定数据

评价使用的数据有两个主要来源：一是现有的文件和账目等资料；二是采样测验或调查测量。

现有资料中的数据根据分析方法的要求进行计算或换算。在进行资料和账目审查时，建议先根据评价方法制定一个需要数据的清单，清单中应明确数据的单位、形式以及产生时间等，然后根据清单整理数据。

需要调查的数据，应根据评价方法的需要确定调查方法，包括调查范围、取样方法和检测方法。

4. 分析数据与打分评价

评价的最后一项内容是利用获取到的数据计算出评价指标，进行打分评级。

首先确定数据是否已经足够并且格式和单位符合评价方法的要求。确定数据符合要求之后，按照方法中规定的公式计算各项综合性指标的数据或得分，并根据评级标准进行评级，最后根据评级得出评价结论并给出评价报告。

6.4.2 生态修复工程生态质量评价方法

对于生态修复工程的生态质量评价，可参考 HJ 1172—2021 的评价方法。然而，由于生态修复工程评估的面积尺度变化较大，小到几万平方米的地块，大到市县级的大面积流域尺度，因此难以采用一种固定的方法进行评估。

对于大尺度的生态修复工程，如流域修复、县区级生态修复和矿山整体修复等，可以直接采用 HJ 1172—2021 的方法。但对于小面积尺度的生态修复工程，需要根据 HJ 1172—2021 的评估指标和实施方法进行一定的修改，特别是在指标测定方法和标准值的选择方面。但计算评分和打分过程可以与 HJ 1172—2021 一致。这样，评价质量可以适当提高并更加符合实际情况。

对于小尺度的生态修复工程质量评价，可以选择盖度、叶面积指数和生物量密度作为评价指标。其中盖度是指植物投影面积占总面积的百分比，可以使用盖度框法进行测定，并与 HJ 1172—2021 中对植被覆盖度的定义保持一致。叶面积指数是 HJ 1172—2021 选择的指标，可以采用传统的格点法、方格法和扫描法测定，也可以使用扫描型叶面积仪、CI-202 便携式叶面积仪、LI-3000 台式或便携式叶面积仪、AM-300 手持式叶面积仪等仪器进行测定。生物量密度可以作为 HJ 1172—2021 中总初级生产力的替代指标，可采用样方收获法直接测定。在选择标准值时，由于 HJ 1172—2021 评估范围广且评估单元众多，生态修复工程可以采用评估区域内不同植被类型中的最大值和最小值作为评估的参考标准，然后依靠参考值对所有数值进行标准化计算。具体的计算公式如公式（6.4-1）和公式（6.4-2）所示：

$$RVI_{i,j,k} = \frac{F_{i,j,k}}{F\max_{i,j,k}} \tag{6.4-1}$$

式中，$RVI_{i,j,k}$——第 i 年第 j 分区第 k 类植被生态系统参数（盖度或植被覆盖度、叶面积指数、总初级生产力或生物量密度）的相对密度；

$F_{i,j,k}$——第 i 年第 j 分区第 k 类植被生态系统参数值；

$F\max_{i,j,k}$——第 i 年第 j 分区第 k 类植被生态系统参数最大值。

$$x' = \frac{x - \min(x)}{\max(x) - \min(x)} \tag{6.4-2}$$

式中，x'——归一化处理后指数；

x——原指数（在评估中具体是指 RVI）。

由于生态修复工程的主要目标是修复植被，因此可以选择周边生态良好的自然植被区或者修复效果较好的人工修复植被区作为参考区域，从中测定最大参考值，同时以修复前的数值或者裸地数值作为最小参考值。此外，参考数据也可以从国家公开的生态数据资料或者数据公开网站中获得。获得参考数据后，可以按照 HJ 1172—2021 的公式计算生态系统质量，并进行分级。生态系统质量（EQI）的计算公式如下：

$$EQI = \frac{x'_{LAI} + x'_{FVC} + x'_{GPP}}{3} \times 100 \tag{6.4-3}$$

式中，EQI——生态系统质量；

x'_{LAI}——标准化之后的叶面积指数；

x'_{FVC}——标准化之后的植被覆盖度；

x'_{GPP}——标准化之后的总初级生产力。

生态系统质量（EQI）的分级标准参考 HJ 1172—2021，具体如表 6.4-1 所示。

生态系统质量（EQI）的分级标准   表 6.4-1

级别	优	良	中	低	差
生态系统质量	EQI ≥ 75	55 ≤ EQI < 75	35 ≤ EQI < 55	20 ≤ EQI < 35	EQI < 20

根据上述内容，制定生态修复工程质量评价流程图（图 6.4-2）如下：

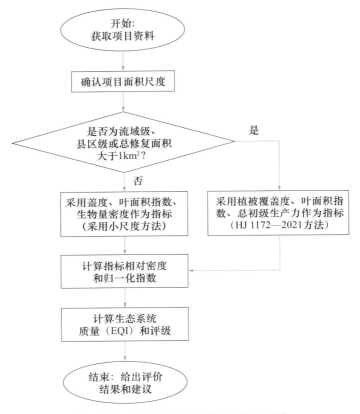

图 6.4-2   生态修复工程质量评价流程图

6.4.3   生态修复工程生态功能评价方法

一个完整的生态环境系统具有多样化生态功能，评价所有的生态功能耗费巨大且没有必要。因此，应该进行针对性的专项评价，对生态修复工程的生态功能进行评估。在本书中，主要将生态修复工程的生态功能分为三类，一类功能：提升区域整体生态格局，二类功能：改善修复区内生态环境质量，三类功能：保护具体的群落、种群和生境。此外，常见的生态修复工程功能评价还包括土壤肥力评价、环境污染评价和景观评价等。需要特别强调的是，生态修复工程的碳汇功能对于全球温室气体管理的贡献非常重要，在我国提出"双碳"目标的时代背景下具有独特的重要意义。因此，在本书第 7 章中，将单独介绍和讨论如何对生态修复工程的碳汇进行估算和评价。

为评价上述的一类功能，即生态修复工程对区域整体生态格局的提升作用，我们引入三个重要的评价指标：重要生态面积增长率、生态连通度提升率和生态岸线保有率的提升率。其中，前两个指标可以直接根据 HJ 1272—2022 的方法进行计算。生态岸线保有率是在自然岸线保有率的基础上提出的新指标，可评估修复范围内保有的自然岸线与人工生态治理岸线总长度占全部岸线长度的比率。人工生态治理岸线具体指的是以生态湿地、生态拦截沟、绿篱隔离带、生物滞留带等湿地＋植被复合模式为修复手段的岸线。评价结果可根据公式（6.4-4）计算得到，表 6.4-2 和表 6.4-3 则可用于打分和评级。

$$x_r = \frac{x-x'}{x'} \times 100\% \quad\quad （6.4-4）$$

式中，x_r——x 指标的提升率或增长率；

　　　x——生态修复工程实施后 x 指标的数值；

　　　x'——生态修复工程实施前 x 指标的数值。

对区域整体生态格局的提升作用评分表　　　　　　　　　　　表 6.4-2

增长率或提升率	重要生态面积得分	生态连通度得分	生态岸线保持得分
＞0.5%	5	4	3
0～0.5%	4	3	2
−0.05%～0	3	2	1
＜−0.05%	0	0	0

区域整体生态格局的提升作用评价分级表　　　　　　　　　　表 6.4-3

总得分	评价等级	评级含义
＞10	优	生态修复项目对区域整体生态格局的各个方面都有明显提升作用
8～9	良	生态修复项目对区域整体生态格局的部分方面有提升作用
6～7	中	生态修复项目对区域整体生态格局的提升作用不大或有利有弊
＜6	差	生态修复项目对区域整体生态格局的提升具有负面作用

为了评价二类功能，即生态修复工程对修复区内生态环境质量的改善作用，建议选取多个评价指标，包括水源涵养量提升率、土壤保持量提升率、防风固沙量提升率以及物种丰富度提升率。其中，水源涵养量、土壤保持量和防风固沙量的测算可以采用 HJ 1173—2021 方法，并针对不同类型进行分析。物种丰富度的评价则需采取人工直接

识别的方法。为保证评价结果准确性，所有指标的提升率均按公式（6.4-4）计算，并针对评分表和分级表，分别建议采用表 6.4-4 和表 6.4-5，评估生态修复工程对修复区内生态环境质量的改善作用。（尽管以上评价指标和评估表格可以作为参考，但评价过程应全面综合各项指标结果，同时结合场地实际情况进行分析和评估。）

对修复区内生态环境质量的改善作用评分表   表 6.4-4

提升率	水源涵养得分	土壤保持得分	防风固沙得分	物种丰富得分
＞5%	10	10	10	10
0～5%	8	8	8	5
−0.5%～0	6	6	6	0
＜−0.5%	0	0	0	0

对修复区内生态环境质量的改善作用评价分级表   表 6.4-5

总得分	评价等级	评级含义
≥30	优	生态修复项目对修复区内生态环境质量的各个方面都有明显提升作用
20～29	良	生态修复项目对修复区内生态环境质量的部分方面有提升作用
10～19	中	生态修复项目对修复区内生态环境质量的作用不大或有利有弊
＜10	差	生态修复项目对修复区内生态环境质量具有负面作用

为了评价三类功能，即生态修复工程对具体群落或种群及生境的保护作用，建议选取多个评价指标，包括指示物种数量、指示物种的个体数量或生物量以及生境不可代替性指数的提升率。例如，评价珍稀濒危动物及其生境的保护作用时，可以考虑珍稀濒危动物物种数量、个体数以及生境不可代替性指数的提升率等指标。其中，珍稀濒危物种数量和指示物种个体数可以采用直接调查测量的方法进行统计；而生境不可代替性指数的测量则可以依据 HJ 1272—2022 的方法进行。为确保评价结果的准确性，所有指标的提升率均按公式（6.4-4）计算，并建议采用评分表和分级表，分别在表 6.4-6 和表 6.4-7 中体现具体群落或种群生境的保护作用。尽管以上评价指标和评估表格可以作为参考，但评价过程应全面综合各项指标结果，同时结合场地实际情况进行分析和评估。

对具体群落或种群及生境的保护作用评分表   表 6.4-6

提升率	指示物种数量得分	指示物种的个体数量或生物得分	生境不可代替性指数得分
＞0.5%	5	5	5
0～0.5%	4	4	4
−0.05%～0	3	3	3
＜−0.05%	0	0	0

对具体群落或种群及生境的保护作用分级表　　　表 6.4-7

总得分	评价等级	评级含义
＞13	优	生态修复项目对具体群落或种群及生境的各个方面都有明显保护作用
11～13	良	生态修复项目对具体群落或种群及生境的部分方面有保护作用
9～11	中	生态修复项目对具体群落或种群及生境的保护作用不大或有利有弊
＜9	差	生态修复项目对具体群落或种群及生境的保护具有负面作用

6.5　生态修复工程综合评价

　　生态修复工程综合评价旨在对生态修复工程的整体进行评级，主要综合考量其修复过程与修复效果。典型的生态综合评价方案 HJ 1272—2022，则涵盖了较大区域内全部的生态治理措施，包括政策和工程。而针对生态修复工程的综合评价方案制定，建议在过程评价和修复质量评价的基础上，根据具体情况加入部分生态功能的评价内容。具体而言，我们推荐使用包含三级指标的综合评价方案，即以生态修复工程过程评价、修复质量评价以及修复区内生态环境质量的改善作用评价为基础。这一指标体系包括一级指标对评价内容的分类，二级指标对评价指标某类内容的细化分层以及三级指标具体的评价指标（表 6.5-1）。根据各指标的打分情况，可按照表 6.5-2 进行评级。评级优秀的工程项目可以作为模范工程进行推广和示范，评级良好的项目可以正常验收和维持，评级合格的项目需要对部分细节问题进行预防和调整，评级不合格的项目建议立即采取整改措施。

生态修复工程综合评价的指标体系　　　表 6.5-1

一级指标	二级指标	三级指标	评价方法	赋分
过程评价	准备层	问题诊断	参考章节 6.3 和表 6.3-1	0～10
		政策分析		0～8
	设计层	目标设计		0～18
		方案制定		0～28
	实施层	施工过程		0～27
		管理养护		0～9
成效评价	环境质量层（陆地系统）	盖度或植被覆盖度	参考章节 6.4.2 和图 6.4-2	0～100
		叶面积指数		
		生物量密度或总初级生产力		

续表

一级指标	二级指标	三级指标	评价方法	赋分
成效评价	生态功能层（陆地系统）	水源涵养	参考章节 6.4.3 和 HJ 1173—2021	10
		土壤保持		10
		防风固沙		10
		物种丰富	直接调查测量	10

生态修复工程综合评价分级表   表 6.5-2

级别	优秀	良好	合格	不合格
得分范围	总分≥200	180≤总分<200	150≤总分<180	总分<150

6.6 参考文献

［1］生态环境部. 生态保护修复成效评估技术指南（试行）：HJ 1272—2022 [S/OL]. 2022-12-24. https://www.mee.gov.cn/ywgz/fgbz/bz/bzwb/stzl/202301/W020230104365615108026.pdf.

［2］生态环境部. 全国生态状况调查评估技术规范——生态系统质量评估：HJ 1172—2021 [S/OL]. 2021-05-12. https://www.mee.gov.cn/ywgz/fgbz/bz/bzwb/stzl/202106/W020210910456717871866.pdf.

［3］生态环境部. 全国生态状况调查评估技术规范——生态系统服务功能评估：HJ 1173—2021 [S/OL]. 2021-05-12. https://www.mee.gov.cn/ywgz/fgbz/bz/bzwb/stzl/202106/W020210910457959297347.pdf.

第 7 章 生态修复工程的碳汇估算

固碳是指通过各种措施将大气中的二氧化碳固定到其他空间中，以减缓全球气候变暖。在这些措施中，森林生态系统是最大的陆地碳库，具有巨大的固碳潜力，而造林是目前主要的固碳手段之一，具有较低的成本优势[1]。在生态修复工程中，造林是广泛采用的技术之一，能够产生大量的林业碳汇。因此，对生态修复工程的碳汇估算是评价其在碳汇方面贡献生态价值的必要手段。此外，作为许多开发建设项目的生态补偿项目之一，生态修复工程对碳汇价值的估算也是衡量其生态补偿价值的重要内容之一[2]。

7.1 碳汇估算方法综述

目前，陆地碳汇估算主要分为固碳能力估算和碳储量估算两种方法[3]。固碳能力估算通常是以净光合速率、净初级生产力和净生态系统生产力等指标为依据，来反映植物或生态系统在特定时间段内的固碳能力状态。但是，由于环境因素的影响，这些指标不能反映生态系统在长时期内实际固碳量。相比之下，碳储量则是指当前植物或生态系统中固存的碳素总量或特定碳组分的数量，可以反映生态系统在特定历史时期内固定的碳素数量，但无法衡量当前生态系统的固碳速率。

固碳能力的测定主要有同化量法、模型法、微气象法等方法。其中，同化量法适用于对具体植株进行测量，而模型法和微气象法则可用于公园、城市、区域甚至更大尺度的估算。

碳储量的测定方法包括直接测量法、系数法、模型法和遥感反演法等。直接测量法通过采样、称量和测定碳量等方法获得准确可靠的结果，但具有破坏性；系数法则是通过测量植物的形态参数，再进行经验公式和经验系数的计算来估算碳储量，但精度受经验公式的影响；而模型法和遥感反演法更适用于城市和更大尺度的估算，对小尺度的估算则误差较大。

7.2   生态修复工程的碳汇特点

生态修复工程中的碳汇主要分为植被恢复碳汇和环境修复碳汇两种类型。植被恢复碳汇是由于植被重建、改造、保护、管理所新增的植物碳汇，而环境修复碳汇则主要来自土壤修复。在人为干预下，生态修复工程中的植物通常具有较好的生长条件，因此碳储量增长迅速。此外，采用土壤重构技术所形成的人工土壤中的碳汇也可视为修复新增碳汇。生态修复工程的覆盖面积从数平方米到几十、几百 km² 不等，包括了样方至公园尺度、流域尺度范围。因此，对生态修复工程植被群落碳汇进行抽样清查并建立数据库，再运用经验系数和经验公式进行碳汇估算，是一种非常合适的方法。同时，在生态修复工程中，由于同种植物的不同个体在形态和碳含量等方面具有高度均匀性，估算结果比较可靠（图 7.2-1）。

图 7.2-1   生长均匀的修复植物（河南宝泉抽水蓄能电站混凝土边坡恢复后）

7.3   生态修复工程的碳汇估算方法

7.3.1   植物碳汇估算技术路线

生态修复工程碳汇的估算可以采用以下技术路线（图 7.3-1）：首先通过抽样调查建立植物与土壤基础特征值与碳汇各项参数的数据库，然后提取经验系数并拟合经验公式。接下来针对不同种植物、不同生长参数、不同立地条件下的植物样品和土壤样品进行差异性验证，将具有相同特征或符合同一曲线的植物或土壤归为同一类别。最终形成不同类别植物和土壤碳汇估算的经验模型或算法。这些模型只需要提供植物和土壤的基础参数，如株高、胸径、厚度、容重等，不需要进行破坏性试验测量生物量、碳含量等变量。因此，该方法节省了大量检测和调查资源，具有高度便捷性。

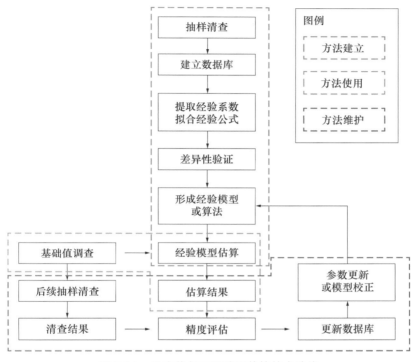

图 7.3-1 生态修复工程碳汇估算技术路线

通过部分抽样清查形成的经验模型，其算法和精度还有待提高。因此，需要通过后续的抽样清查对当前模型进行精度评估和校正，以确保模型估算结果的可靠性。

7.3.2 抽样清查方法

为建立一个尽可能全面覆盖多种情况的数据库，抽样清查应采用涵盖不同立地条件、植物种类和生长状况的样品。此外，为避免数据偶然性，抽样数量也应达到一定规模。鉴于上述原则，建议使用以下方法进行植物采样：

1. 样地的选择及调查

为了建立全面的生态修复数据库，首先需要对区域进行立地类型划分，并在每一立地类型下选择 3 个 10×10m 的调查样地。对于每个样地，需要进行基本立地指标的调查和测定。为了获得全面的数据，首先需要拍摄一张样地的整体照片，然后使用手持

GPS、罗盘或带有定位软件的手机测量海拔、经纬度、坡向和坡度等信息。同时，采样摄像或观察法调查样地中的覆盖度。

若在样地中存在胸径大于 5cm 的乔木，则需要对每棵乔木进行每木检尺，测定株高、胸径和冠幅，并记录乔木的物种名称和生长数量。

2. 样方的布设及调查

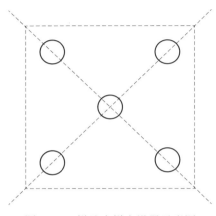

图 7.3-2   样地内样方设置示意图

每个样地中采用对角线法确定 5 个样方（图 7.3-2），样方大小按照气候和植被特征选择：

（1）在湿润和半湿润气候下：

7 年以下的修复样地，设置 0.5m×0.5m 大小的调查样方。

7 年以上以木本植物为主的修复样地，设置 2m×2m 大小的调查样方。

7 年以上以草本植物为主的修复样地，设置 1m×1m 大小的调查样方。

（2）在干旱、半干旱及高山高原气候下：

7 年以下的修复样地，设置 0.5m×0.5m 大小的调查样方。

7 年以上的修复样地，设置 1m×1m 大小的调查样方。

在样方中调查所有植物（木本、草本、藤本）的物种名称和生长数量。每个样方，使用薄环刀采集原状土壤样品后装入塑料袋密封，用于测定容重和水分。同时，采集 500g 左右土壤于自封袋中，用于碳含量的测定。

3. 样方中植物调查、采样及测定方法

当 1 个样方中的某种植物数量多于 5 株时，应随机采集并调查其中的 2~3 株；然后测量采集植物的株高、地径。

当 1 个样方中的某种植物数量少于 5 株时，应测量记录每一株的株高和地径，并按照株高中位数采集其中的 1 株。

每一株采集的植物都要先称量鲜重，然后分成地上部分和地下部分，分别称取地上鲜重和地下鲜重。并在烘干后称取地上干重和地下干重。

当植物的鲜重大于 500g 时，在称取鲜重后，可分别将地上部分和地下部分样品剪成片段，从中抽取部分片段烘干测定含水量，再利用含水量和鲜重计算干重。

4. 植物与土壤指标的测定方法

土壤容重采用薄环刀测定，土壤与植物的有机碳含量采用重铬酸钾容量法（外加热法）。

7.3.3　经验参数的确定与经验公式的拟合

1. 经验参数的确定

对于各种植物的碳含量和土壤厚度等数值，通常存在一个大致的分布范围。在使用某种限定条件对这类数值进行挑选后，所挑选的数据分布可能更加均匀，离散性较小。此时，可以使用这组数据的均值作为该项指标在该特定条件下的经验参数。因此，经验参数需要对所有的个体按照一定条件进行分组，分组之后要求每组内部数据具有相对均匀性，并且需要有一定的共同特定作为依据。

如对植物碳含量的分组，可以依据其物种、属、科、立地条件、植物形态（木本、草本），甚至将个体分为地上和地下部分后进行分组。对修复样地土壤厚度的分组，可以根据地形、坡度、修复时间及修复方法等要素进行分组，例如采用喷播修复的土壤通常为 7cm 左右厚度等。

各组数据的均匀性可以使用变异系数（CV）来衡量，一般当变异系数小于 15% 时可以认为数据是相对均匀的。

2. 经验公式的拟合

对于植物生物量和土壤碳含量等数值，通常存在较大的离散性，受到植物形态参数和环境变量等因素的影响而表现出一定的变化规律。然而，当根据一些限定条件对数据进行筛选后，这些筛选出的数据往往会表现出更加清晰的回归关系。因此，可以先对数据进行分组和筛选，然后对各组数据进行回归分析和曲线拟合，得出每组数据的拟合方程作为估算的经验公式。例如，针对植物生物量可以建立与地径、株高等参数的回归方程，土壤有机碳含量可以建立与喷播时间、坡度等因素的回归方程。

回归方程的精度通常使用拟合优度的确定系数（R^2）来衡量，一般当确定系数 R^2 大于 0.80 时可以认为精度尚可。

3. 经验参数与经验公式的选择

在某些情况下，经验参数和经验公式都可用于估算，甚至存在多种经验公式可供选择。选择使用经验参数还是经验公式，完全取决于估算需要达到的精度和便捷性要求。如果需要提高估算精度，则应选择 R^2 值最高的经验公式。如果需要提高估算方法的可操作性和便捷性，则可选择经验参数或变量较少的经验公式。

一个经验公式通常可以代表不同变量梯度下的多个经验参数。因此，当变量梯度明显且数量有限时，可以采用参数表来代替经验公式。反之，当经验参数存在的梯度较多时，建议使用经验公式来代替经验参数表。

7.3.4 经验模型的建立

1. 碳汇组成结构的逻辑公式

按照碳汇组成结构，确认碳汇估算的总体公式为：

$$C_t = C_p + C_s$$

式中，C_t——总体碳储量（kgC）；

C_p——植物碳储量估算值（kgC）；

C_s——土壤碳储量估算值（kgC）。

植物碳储量估算值（C_p）是各植物组碳储量估算值的总和，公式为：

$$C_p = \sum_{i=1}^{n} C_{pi} = \sum_{i=1}^{n} Bio_{pi} \times Car_{pi} / 1000$$

式中，C_{pi}——第 i 植物分组的碳储量；

Bio_{pi}——第 i 植物分组的生物量估算值（kg）；

Car_{pi}——第 i 植物分组的碳含量经验值（g/kg）。

Bio_{pi} 由〈植物生物量估算〉得出，Car_{pi} 由抽样清查数据拟合得出。

土壤碳储量估算值（C_s）是各土壤组碳储量估算值的总和，公式为：

$$C_s = \sum_{k=1}^{n} C_{sk} = \sum_{k=1}^{n} w_{sk} \times Car_{sk} / 1000$$

式中，C_{sk}——第 k 土壤分组的碳储量（kg）；

w_{sk}——第 k 土壤分组的重量估算值（kg）；

Car_{sk}——第 k 土壤分组的碳含量经验值（g/kg）。

w_{sk} 由〈土壤重量估算〉得出，Car_{sk} 由抽样清查数据拟合得出。

2. 植物生物量估算的逻辑公式

$$Bio_{pi} = PlotBio_{pi} \frac{S}{S_p}$$

式中，Bio_{pi}——第 i 植物分组的生物量估算值（kg）；

$PlotBio_{pi}$——第 i 植物分组在调查样地中的生物量估算值（kg）；

S——估算区域总面积；

S_p——调查样地面积。

$$PlotBio_{pi} = \sum\nolimits_{n=1}^{j} Bio_{i-j} = \sum\nolimits_{n=1}^{j} f_i(X1_{i-j},\ X2_{i-j},\ X3_{i-j}\cdots)$$

式中，　　　　$PlotBio_{pi}$——第 i 植物分组在调查样地中的生物量估算值（kg）；

　　　　　　　　Bio_{i-j}——调查样地里的第 i 植物分组中第 j 株植物的生物量估算值；

$f_i(X1_{i-j},\ X2_{i-j},\ X3_{i-j}\cdots)$——第 i 植物组的生物量估算经验公式，由抽样清查数据拟合

　　　　　　　　　　得出；

　　$X1_{i-j},\ X2_{i-j},\ X3_{i-j}\cdots$——第 i 组植物中，第 j 种植物的特征值。特征值是指根据生

　　　　　　　　　　物量拟合公式，从胸径、树高等植物形态、参数中筛选出

　　　　　　　　　　的一个或多个指标。

3.　土壤重量估算的逻辑公式

$$w_{sk} = n_k \times \frac{S}{N} \times BD_k \times T_k$$

式中，w_{sk}——第 k 土壤分组的重量估算值（kg）；

　　　n_k——第 k 土壤分组在调查样地中的样方数；

　　　S——估算区域总面积；

　　　N——调查样地中总的样方数；

　　　BD_k——第 i 土壤分组的经验容重；

　　　T_k——第 k 土壤分组的经验厚度。

4.　最终的碳汇估算模型总体公式

$$C_t = \left[\sum\nolimits_{i=1}^{n} \sum\nolimits_{j=1}^{n} f_i(X1_{i-j},\ X2_{i-j},\ X3_{i-j}\cdots) \times \frac{S}{S_p} \times Car_{pi} + \right.$$

$$\left. \sum\nolimits_{k=1}^{n} n_k \times \frac{S}{N} \times BD_k \times T_k \times Car_{sk} \right] \Big/ 1000$$

式中，　　　　　　C_t——估算区植被和土壤的碳汇总量；

$f_i(X1_{i-j},\ X2_{i-j},\ X3_{i-j}\cdots)$——第 i 植物组的生物量估算经验公式；

　　　$X1,\ X2,\ X3$——植物调查的常规特征值，如胸径、株高等；

　　　　　S——估算区域总面积；

　　　　　S_p——调查样地面积；

　　　　　n_k——第 k 土壤分组在调查样地中的样方数；

　　　　　N——调查样地中总的样方数；

BD_k——第 k 土壤分组的经验容重；

T_k——第 k 土壤分组的经验厚度；

Car_{pi}——第 i 植物分组的碳含量经验值（g/kg）；

Car_{sk}——第 k 土壤分组的碳含量经验值（g/kg）。

7.4　参考文献

［1］曹先磊. 碳交易视角下人工造林固碳效应价值评价研究［D］. 北京：北京林业大学，2018.

［2］薛菁. 碳中和目标下多元化林业生态补偿有效性分析——以造林补贴与林业碳汇为例［J］. 中南林业科技大学学报（社会科学版），2023，17（1）：9-18.

［3］王振坤，董心悦，邵明，姚朋. 国内外城乡绿色空间碳汇研究进展与展望［J］. 风景园林，2023，30（2）：115-122.

第三部分 应用案例

第8章 案例一 勘察与诊断
——辽宁省海城市金旺采矿场项目

8.1 项目背景

8.1.1 项目简介

金旺采矿场生态修复治理区位于辽宁省海城市东南（148°），直线距离25km，地理坐标：东经122° 52′ 33.56″，北纬40° 43′ 31.64″，行政区划隶属析木镇缸窑岭村，南侧紧邻G16丹锡高速，地理区位较敏感（图8.1-1、图8.1-2）。

金旺采矿场开采矿种为建筑用大理石，从21世纪初期开始大规模开采，开采方式为露天开采。由于受施工方法、工艺水平、对环保的重视程度等多种因素影响，在开采过程中不但增加了形成次生地质灾害的风险，还导致了地形地貌景观破坏、水土流失等一系列地质环境问题，对山体及其生态环境的破坏极为严重。

图8.1-1 项目区位图

图 8.1-2 项目与丹锡高速位置示意图

8.1.2 自然环境概况

该地区位于暖温带季风气候区，四季分明，热量、水分和光照条件较为优越，年平均气温 10.4℃，降雨量 721.3mm，平均日照时数 2624.5h，5 月份最多，多年平均为 268.4h，12 月份日照时数最短为 172.7h（图 8.1-3）。

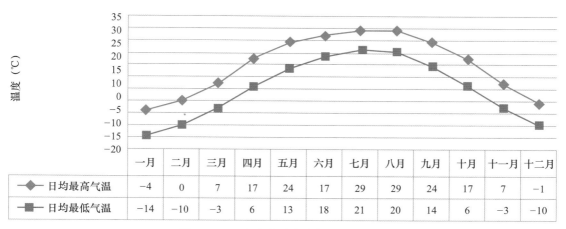

	一月	二月	三月	四月	五月	六月	七月	八月	九月	十月	十一月	十二月
◆ 日均最高气温	-4	0	7	17	24	17	29	29	24	17	7	-1
■ 日均最低气温	-14	-10	-3	6	13	18	21	20	14	6	-3	-10

图 8.1-3 辽宁省海城市全年温度曲线图

矿区为低山地貌类型，标高 336.5～107m，最大高差 229.5m。区内植被覆盖率较低，局部区域岩石裸露。

项目区属于华北植物区系，植被类型主要为松柏槐栎林及次生灌丛。本区森林多为 1949 年后营造的人工林和封育的萌生幼龄林，森林郁闭度一般在 0.4～0.5，近似疏林。灌丛中以榛和胡枝子灌丛为主，但喜暖性的酸枣、荆条灌丛、白羊草、黄背草也存在，群落覆盖度在 30%～50%。

8.2 勘察与调查

8.2.1 区域地质环境背景调查

1. 地层岩

根据现场调查，治理区内除南部有新生界第四系全新统坡积-洪积层（Q_4）外，大面积分布为下元古界辽河群大石桥岩组三岩段上部和盖县岩组地层。

2. 地质构造

治理区大地构造位置位于中朝准地台、胶辽台隆、营口-宽甸台拱西部、盖县-草河口复向斜北翼。

（1）褶皱构造

表现为复向斜构造：为盖县-草河口复向斜，西起双庙屯，东至祝家堡子，贯穿全区，向斜轴总体走向40°～85°，核部为盖县组，南翼出露大石桥组，北翼出露大石桥组、高家峪组、里尔峪组、浪子山组地层。复向斜的北翼地层走向为85°～95°，倾向南东，倾角一般为50°～70°，局部倒转倾向北西，倾角65°～80°；复向斜的南翼地层走向45°～85°，倾向北西，倾角20°～70°。该复向斜的西端为近北东向的前英洛山向斜。

（2）断裂构造

区内断裂构造较发育，主要可分为两组。一组为北东东的走向断裂，以青山怀镁矿至牌楼走向逆断层和赵堡至北道逆断层为代表。青山怀镁矿至牌楼逆断层走向北东东，倾向北西西，倾角40°～60°，断层延长25km，破碎带宽40～60m。赵堡至北道逆断层走向北东东，倾向南东东，倾角50°～60°，断层延长22km，破碎带宽50m左右。另一组为北北东-北北西向横断层，长0.05～3.0km，水平断距在0.05～1.2km之间。该组断裂切割北东东向断裂，呈等距平行分布。

（3）新构造运动特征

本区新构造运动具明显的继承性与新生性。基本特点是断块升降活动，主要受NE、NNE向构造体系控制，构造断裂亦以此方向为主，NW、NWW向断裂规模较小。本区最大沉降中心为渤海，第四系厚度接近500m，局部沉降中心有冀中坳陷、黄骅坳陷、下辽河东部坳陷等，总体看来是凹陷中有隆起，隆起上也有凹陷，第四系厚度变化较大。相对隆起的地区第四系厚度一般为100～300m，局部下更新统缺失，反映平原内部差异性升降活动明显，新构造活动活跃。第四纪以来胶辽山地隆起区以间歇性上升为主，广泛分布4～5级夷平面，相对高差达150～200m。

3. 地震

本区属华北地震区，是我国地震强烈活动地区之一，我国东部地区四次强烈地震，有一次发生在海城，其余三次也都发生在其周边地区。根据区域大地构造、新构造、地球物理场和地震活动等特征，郯－庐地震带、辽东地震带、辽西地震带，全区 90% 的 6～6.9 级强震和全部≥ 7 级的大震都发生在这几条强震带上。

根据环渤海地区地壳稳定性分区简图，可知海城地区属于次不稳定区。

以构造稳定性评价为主兼顾其他因素评价的原则，较系统地分析研究，得出以下结论：

（1）辽宁省海城地区有 2 条大断裂，活动性不是特别强，地震震级高，烈度高，因此整体稳定性较差。

（2）根据对区域地震时（间）空（间）强（度）的研究，进一步剖析了本区域范围内地震带现代构造活动、地震活动特征以及地震活动对本区域的影响，并得出本区地震未来活动水平的基本估计，认为：由于海城附近有两个强地震带（郯－庐断裂带和辽东－胶东活动构造带），这两个地震带最大震级都在 6 级以上，都会影响本地区；同时，北东向断裂带和北西向断裂带的交汇部位，其今后发震的可能性较大。根据《中国地震动参数区划图》GB 18306—2015 及《建筑抗震设计标准（2024 年版）》GB/T 50011—2010，矿区地震动峰值加速度为 0.15g，地震动反应谱特征周期值为 0.25s，地震基本烈度为Ⅶ度，设计地震分组为第一组。

4. 矿床地质特征

治理区内矿石类型为含石英白云石大理岩（$Pt_1lhd_3^{3-2}$），近东西向长度 254～465m，宽 208～344m。地层倒转，层理产状：306°～360°/29°～49°。

含石英白云大理岩，呈灰－浅灰色，微细粒变晶结构，中厚层状构造。条纹－条带状构造，组成矿物（%）：白云石＞95、少量石英，微量黄铁矿等。矿石化学成分主要为 MgO、CaO，少量－微量 SiO_2、Na_2O、K_2O、Al_2O_3 等。

8.2.2　环境结构破坏原因及现状调查

1. 人类工程活动类型及特征

工作区内人为工程经济活动主要有：①采矿；②修路；③修建房屋。

区内建筑石材资源丰富，从 21 世纪初期，开始大规模开采，最近几年因青山工程关闭。采矿活动改变地质环境条件，造成了森林植被和自然景观破坏，水土流失，环境污染，诱发自然灾害等，严重影响重要基础设施及其他资源的保护等，也直接威胁和破坏人居环境，加速生态环境的恶化，影响矿区及其周边居民环境质量的改善与提高。区内乡村公路和居民修建房屋，由于缺乏规范的技术指导，在修建过程不合理的削坡产生了大量人工边坡，且多数未采取有效工程支护措施，使斜坡稳定性遭到破坏。

以上各项人类工程建设活动，对原有的地质环境条件形成不同程度的改变，局部引发了新的地质灾害隐患，不利于矿山环境的恢复。

2. 项目区环境现状

本次治理工程主要针对金旺采矿场开采作业面，边坡形态整体呈"圈椅状"。在勘测过程中使用全站仪、RTK、无人机勘测技术手段对该项目进行详细的野外勘察测绘及现场调查。获取了准确的地形数据，通过内业数据处理，得到治理区的准确面积、坡度等基础信息。

通过勘察得知，治理边坡坡向139°，坡面宽935m，坡高35～90m，最大坡高100m，现状面积75185m²；两侧边坡陡峭，坡度65°～75°；中间坡度较缓，坡度约50°（图8.2-1）。

图8.2-1 项目治理前状况

矿山开采活动依据原始地形开挖，破坏原冲沟地貌，开采至山脊线处停产闭矿，现状条件下治理边坡仅在东北部存在小面积的汇水，汇水面积约0.01km²（图8.2-2）。

根据现场调查及询问，治理边坡近几年较稳定，治理区域内主要为零星小崩小滑，未发生过规模大的滑坡、崩塌等地质灾害。沿坡顶线部分区域发育有张拉裂缝，尤其在中间区域，面积约6500m²，主要成因为前期采矿爆破所致（图8.2-3、图8.2-4）。

图8.2-2 项目汇水区域治理前状况

图 8.2-3 裂缝发育区域情况

（a）

（b）

图 8.2-4 裂缝情况

8.2.3 工程地质条件分析

根据岩相建造、岩体结构、强度和岩性进行工程地质岩组划分，将治理区划分为两个岩组。

1. 第四系松散岩组包括残坡积粉质黏土、人工堆填碎块石土。结构松散，分选性差，力学性质较差；

2. 坚硬～较坚硬层状碳酸盐类岩组区内基岩为大石桥三组 Pt_1 白云大理岩、菱镁岩、石英白云大理岩。硬度较大，强度较高，力学性质相对较好。

8.3 生态环境问题诊断与分析

根据野外地质调查结果、《海城市金旺采矿场生态修复治理工程实施方案》（以下简称"实施方案"）相关分析数据，目前治理区主要的矿山地质环境问题为存在地质灾害隐患、地形地貌景观破坏严重、水土流失等问题。因治理区开采矿种主要为建筑石材，废水废液产量小，因此对地下含水层及水土环境污染较轻。

8.3.1　地质灾害隐患——存在不稳定斜坡

治理边坡中部发育一处不稳定斜坡，形成原因是前期采矿爆破施工后遗留。

1.　形态特征

不稳定斜坡位于开采边坡中部，长约 93m，宽约 250m，前后高差约 73m，推测最大厚度约 10m，总体积约 7 万 m^3（图 8.3-1、图 8.3-2）。

图 8.3-1　不稳定斜坡治理前

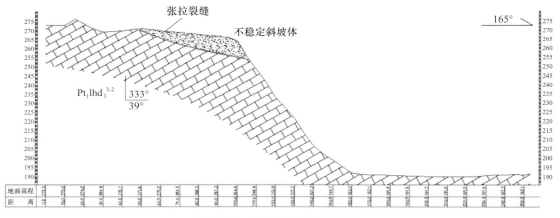

图 8.3-2　不稳定斜坡典型剖面

2.　物质组成

不稳定斜坡物质组成主要为碎块石，散体结构，松散～稍密，粒径一般 2cm～15cm，最大达 20cm，含量约 85%～90%。斜坡区下部基岩为大石桥岩组三岩段上部（$Pt_1lhd_3^3$）中－厚层白云大理岩（图 8.3-3）。

3.　斜坡变形特征

斜坡变形以表层块石零星小崩小滑，主要表现在坡底堆积体上。

在不稳定斜坡坡顶张拉裂缝极其发育，裂缝延展方向与坡顶线基本平行，经调查，裂缝区主延展方向 67°，间隔 2～3m，最大缝宽 0.8m，最大可见深度 1.2m（图 8.3-4）。

图 8.3-3 不稳定斜坡细节情况

图 8.3-4 坡脚堆积体情况

4. 不稳定斜坡稳定性分析

计算模型与方法

根据不稳定斜坡坡体结构，采用两种计算模式：

① 模式一（不稳定斜坡体内部圆弧滑动）

不稳定斜坡体由结构松散的块石构成且厚度较大，可能沿着堆渣内部发生滑动，稳定性计算采用圆弧滑动法，计算公式采用简布法公式，计算软件采用理正岩土 6.5PB4。

选取 10-10' 剖面为稳定性计算剖面（图 8.3-5）。计算参数的选取主要依据海城市菱镁矿山生态修复治理工程二期勘察报告岩土体室内试验资料，并结合相关规范以及邻近场地类似工程的经验数据（表 8.3-1）。不稳定斜坡的稳定性计算成果表见表 8.3-2。

② 模式二（界面折线滑动）

不稳定斜坡最大厚度 10m，下伏岩层为白云大理岩，推断不稳定斜坡可能会沿着岩性分界面发生滑动，稳定性计算采用传递系数法，计算软件采用理正岩土 6.5PB4。

同样，选取 10-10'剖面为稳定性计算剖面（图 8.3-5）。计算参数的选取主要依据海城市菱镁矿山生态修复治理工程二期勘察报告岩土体室内试验资料，并结合相关规范以及邻近场地类似工程的经验数据（表 8.3-1）。不稳定斜坡的稳定性计算成果表见表 8.3-2。

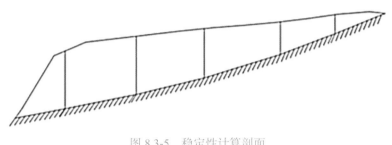

图 8.3-5   稳定性计算剖面

弃渣斜坡稳定性计算参数   表 8.3-1

重度（γ）kN/m¹		黏聚力（kPa）		内摩擦角 φ（°）	
天然	饱和	天然	饱和	天然	饱和
20.5	21.5	—	0	37	35

不稳定斜坡的稳定性计算成果表   表 8.3-2

工况	稳定系数	稳定性	备注
模式一	0.421	不稳定	滑面浅，表层溜滑
模式二	1.187	较稳定	

5. 不稳定斜坡危害性分析

稳定性计算结果显示，不稳定斜坡体整体处于较稳定状态，存在沿着岩性分界面发生整体失稳滑动的可能性。模式一的计算表明，各剖面线上滑面深度不足 2m，说明治理区现状边坡坡体表面会发生溜滑。上述评价结果与斜坡现状调查的变形特征基本吻合，从总体看，发生浅层滑动可能性较大，并存在整体滑动的可能性，须采取措施对不稳定斜坡进行防治。

6. 边坡稳定性现状评价

治理区开采边坡斜坡结构以反向坡为主，除中间不稳定斜坡外其余区域边坡整体稳定性良好。出露地层主要为辽河群大石桥岩组三岩段上部二层（$Pt_1lhd_3^{3-2}$）中层～厚层白云大理岩，层面产状 333°∠39°。节理裂隙较发育，主要有两组节理裂隙：节理①产状 251°∠76°，节理密度 2 条/m，可见迹长 1.0m 以上，呈闭合～微张状态，无充填，结构面平直，表面平整；节理②产状 29°∠66°，节理密度 3 条/m，可见迹长 3.1m，无充填，结构面平直，表面粗糙。

由于边坡形态整体呈"圈椅状"，为更全方位地对边坡稳定性进行评价，本次分别选择边坡左侧、右侧进行赤平投影分析。边坡左侧坡向 89°，坡度 70°（图 8.3-6）；边坡右侧坡向 234°，坡度 70°（图 8.3-7）。

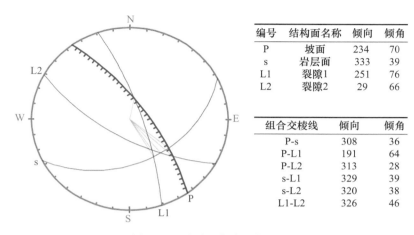

编号	结构面名称	倾向	倾角
P	坡面	234	70
s	岩层面	333	39
L1	裂隙1	251	76
L2	裂隙2	29	66

组合交棱线	倾向	倾角
P-s	308	36
P-L1	191	64
P-L2	313	28
s-L1	329	39
s-L2	320	38
L1-L2	326	46

图 8.3-6　边坡左侧赤平投影图

据边坡左侧赤平投影分析，该部分边坡为反斜向坡，层面 s 倾向利于坡面稳定，产状面属稳定结构面；节理 L1、节理 L2 与坡面 P 均呈大角度斜交状态，因此节理 L1、节理 L2 对边坡的稳定性不起控制性作用；两组节理交点位于坡面投影弧面对侧，组合交线倾向与坡面倾向近似相反，其组合面有利于坡面稳定。现状条件下，边坡左侧稳定。

据边坡右侧赤平投影分析，该边坡为反斜向坡，层面 s 倾向利于坡面稳定，产状面属稳定结构面；节理 L1 倾向相对于坡面为顺倾，由于结构面切割，岩体易发生碎落、坠落，不利于边坡稳定性；节理 L2 与坡面 P 均呈大角度斜交状态，因此节理 L2 对边坡的稳定性不起控制性作用；两组节理交点位于坡面投影弧面对侧，组合交线倾向与坡面倾向近似相反，其组合面有利于坡面稳定。现状条件下，边坡右侧整体稳定。

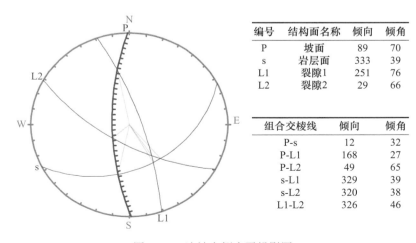

编号	结构面名称	倾向	倾角
P	坡面	89	70
s	岩层面	333	39
L1	裂隙1	251	76
L2	裂隙2	29	66

组合交棱线	倾向	倾角
P-s	12	32
P-L1	168	27
P-L2	49	65
s-L1	329	39
s-L2	320	38
L1-L2	326	46

图 8.3-7　边坡右侧赤平投影图

8.3.2　存在地形地貌景观破坏问题

矿山开采依据原始地形开挖，破坏原冲沟地貌，现已开采至山脊线处停产闭矿。由于采矿区常年露天开采以及定向爆破活动对山体进行了破坏性改造，实地调查发现开采面岩体裸露，开采山体范围内土壤结构被破坏，形成次生裸地、疏林地等。

8.3.3　存在严重的水土流失问题

由于治理区边坡及作业平面裸露，无植被覆盖，蓄水保土能力极差，雨水冲刷痕迹明显，部分区段已形成冲沟，治理区水土流失现象严重。

8.4　生态修复效果

通过详细的勘察与诊断，采取必要的措施进行地质灾害处理，使待修复区域达到安全、稳定的状态后，采取适当的生态修复措施，进行生态修复。

8.4.1　修复前（图 8.4-1）

图 8.4-1　项目修复前情况

8.4.2 修复中（图8.4-2）

图 8.4-2 项目修复中现场

8.4.3 修复后2年（图8.4-3）

（a）

（b）

图 8.4-3 项目修复后 2 年效果

（c）

（d）

图 8.4-3　项目修复后 2 年效果（续）

第9章 案例二 高山高原气候区修复
——西藏自治区雅江中游宽谷段沿岸风积沙地治理项目

9.1 项目背景

9.1.1 项目简介

西藏自治区雅江中游宽谷段沿岸生态修复治理区行政区划隶属于西藏自治区山南市西北部的贡嘎县，地理坐标：北纬 29° 00′ ～29° 30′、东经 90° 30′ ～91° 15′ 之间，东邻扎囊县，西南与浪卡子县接壤，北面与拉萨市的曲水县、堆龙德庆区相连。试验区域内交通便利，有 318 国道、349 国道及雅叶高速分布于研究区域的南北侧，泽贡高速和拉萨机场高速分布于研究区域的东侧，拉萨贡嘎机场位于研究区域的东南侧（图 9.1-1）。

图 9.1-1 项目区位图

贡嘎县雅江宽河谷区域存在大量的沙漠化土地约 2.2 万亩,是风沙危害的重要沙源,对草场、农田及农群众的正常生产生活带来了极大影响,更危及到航空交通安全。该区是西藏全区最集中和严重的沙化地区之一,同时是拉萨市的窗口门户区,也是居民居住与活动的密集区域与重点区域。土地沙化和扬沙影响拉萨城市窗口形象,降低了当地少数民族农牧民的生活环境与生活质量,还加剧了耕地收缩、草地退化与产量下降。同时由于植被稀少,土壤质量较差,造成该区域水土流失严重,制约着当地农牧业发展。

本次治理工程主要采用了团粒喷播技术和优粒土壤制备技术,对立地类型为风积沙地、沙层厚度为 2m 以上的沙地土壤进行植被恢复和生态修复,项目地总共分 3 期,总面积约 75000m²。

9.1.2   区域特征

1. 气象水文

贡嘎县属高原温带半干旱季风气候区。气候四季不分明,无霜期短,年均 142 天左右。年平均气温 8.6℃,极端最高气温 30.2℃,极端最低气温 −17.0℃,气温年较差小,日较差大。年降水量少,年平均降水量 391.8mm 集中在 6 月至 9 月。日照时间长,年平均日照时数为 3171h,在山南市属于最高值,日照百分率达 73%。

项目区南侧紧邻雅鲁藏布江,河流主要表现出侧蚀作用,河谷整体开阔平缓,呈"U"形谷。该区域两岸斜坡坡度较缓,一般是 15°〜35°。河床平均宽度约为 4km。雅鲁藏布江的水源补给为冰川融化和大气降雨,上游以冰川融化为主要补给源,中下游主要依赖降水,雅鲁藏布江中游径流量年内分布不均匀,丰水期主要位于 6〜8 月,占年径流总量的 76.48%,枯水期位于 11 月至翌年 5 月,占年径流总量的 23.52%。在冬季枯水期,河道多分叉,形成典型的高原辫状河流,大量河流沉积沙露出水面,形成江心洲与河漫滩。

2. 地形地貌

在地壳强烈抬升作用下,项目区海拔较高,平均高度在 3600m,整体地势呈现出北高南低,西高东低的趋势。受地表径流及冰川等外动力作用影响,项目区侵蚀下切作用强烈,河谷、冲沟等地貌极为发育,地形起伏大,属典型的高原高山河谷地貌,是青藏高原受侵蚀、剥蚀作用较为强烈的地区。

3. 植被与土壤

（1）植被类型

项目区独特的高寒半干旱生态环境决定了该地区的植被具有耐寒、耐旱及植株矮小、丛状生长的特性,属藏南山地灌丛草原带,灌木主要有砂生槐、狼牙棘、野丁香等，草本植物主要有藏沙蒿、固沙草、针茅等。

（2）土壤类型

土壤类型比较单一，主要以风积沙质土壤为主，风积沙地上的地表高温辐射大、温度高、极度干旱，经现场调查，其地表以下 15～20cm 无水分存在，保水保肥性差，土壤微生物种类少丰度低，难以满足植物的生长和发育。

项目区立地类型均为风积沙地，沙层 2m 以上，风沙化土地土壤 pH 值 8.07，呈弱碱性。土壤粒度组成表现为砂粒含量（53.83%～95.93%）最大，黏粒和粉粒含量很小。

9.2　生态环境问题诊断与分析

根据调查研究显示，目前治理区主要存在高海拔河谷裸露山体、宽谷段形成江心洲和河漫滩、风积沙地水力和风力混合侵蚀、植被退化及水土流失等问题。

9.2.1　区域沙漠化问题分析

土壤的形成过程首先是地壳母岩风化形成土壤母质，土壤母质在最初的低等微生物的作用之下土壤的肥力不断累积发展，经过成土作用发育成土壤，逐渐适宜于高等生物生长。高海拔河谷两侧山体广大山坡基岩和风化物上，一般极少或无植被生长。在机械风化、寒冻风化、盐分风化和冻融作用下，基岩和砂砾面不断破碎，形成大量的含砂风化物。形成的风化物，在当地特有的气候、环境条件下难以发育为成熟土壤，不利于植物着生，相反，风化物随着径流大量流入雅江水体。该区域河谷地形的主要特点是宽谷与峡谷相间，一般宽度在 5km 左右，大支流汇合处宽度达 10km 以上，宽谷段河道平缓，在枯水季节，水位下降明显，边滩和江心洲大面积出露，成为最主要的沙源地。对"一江两河"流域中 22 个地表沙样的轻重矿物含量的分析表明，风积沙与雅江河流中沙的轻重矿物组分基本一致，重矿物含量平均值为 21.73% 和 31.88%，主要重矿物的百分含量虽略有差异，但都属于同一量级。这些证据表明，风积沙和河流沙具有同源性，前者主要从后者分选出来的，雅江江心洲、河漫滩是该流域风沙地貌形成的主要沙源地。

雅鲁藏布江河谷呈东西向分布，与高空西风急流走向一致，加之峡谷山 – 谷风效应，是西藏风速分布仅次于藏北至阿里一线的又一个高值区，为风沙天气的形成提供了动力条件。在强劲的西风急流和河谷风作用下，江心洲、河漫滩表层的干燥松散砂物质扬起后形成沙暴灾害，在受河谷岸坡阻挡和地面摩擦减弱后，扬起的砂物质沉积于谷底和岸坡形成风积沙。风积沙地形成过程可概括为：裸露坡面砂物质随径流入江—水力输砂—砂物质出露水面—大风扬沙—砂物质沉积五个过程（图 9.2-1）。

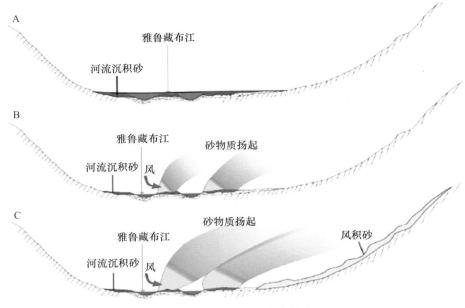

图 9.2-1　风积沙地形成图示

9.2.2　区域侵蚀状况分析

1. 风积沙地的混合侵蚀

贡嘎县存在的土壤侵蚀主要以水力侵蚀为主，占本区侵蚀总面积的 41.55%。风力侵蚀占比以贡嘎县最高，为 14.78%。由此可见研究区域存在的侵蚀类型为水力侵蚀、风力侵蚀两相复合侵蚀，风蚀、水蚀相互交替（图 9.2-2、图 9.2-3）。

图 9.2-2　雅江的江心洲起风沙时的情景

图 9.2-3　同一场景无风沙和有风沙时对比

2. 水力侵蚀

项目区位于雅鲁藏布江半干旱高原河谷水蚀区，水力侵蚀最突出的是鳞片状侵蚀和冲沟侵蚀，鳞片状侵蚀是草地的主要侵蚀类型，冲沟侵蚀在雅鲁藏布江两岸广泛分布。细沟侵蚀是由面蚀转变为沟蚀的特殊阶段，面蚀标志着土壤侵蚀的产生，而沟蚀是侵蚀过程中主要的产沙源。沟蚀一旦产生，地表土壤遭受破坏，坡面薄层水流不断聚集成细沟集中流，沟道随之加深加宽，严重加剧表土和养分流失。

河谷区特有的气候特征和地质特性也是冲沟地貌形成与演变的重要因素。项目区内崩塌、滑坡灾害及泥石流的爆发主要发生于 5～9 月，其中泥石流在 7～8 月发生频率最高，达 75.63%；6 月次之，占 10.4%；9 月和 5 月分别占 7.31% 和 4.85%，反映了项目区内崩塌、滑坡及泥石流灾害的时空分布特征与降雨是基本一致的。研究区整体上河谷北岸岸坡缓而长，南岸陡而短（图 9.2-4），区内山高坡陡，地表植被发育较差，在短历时强降雨作用下，降雨形成的地表径流会在短时间内汇流成强劲径流，对下游岩土体具有较强的冲刷作用。风积沙地一旦遇强降雨，冲沟从坡地或台地边缘的凹岸逐渐发育而成，初期沟道一旦形成，会迅速扩展和演变，经过长时间的侵蚀作用，逐渐成为大型冲沟。

3. 风力侵蚀

受地形地貌和海拔高度的影响，雅江流域风沙天气的空间分布差异较大（表 9.2-1），雅江流域多年平均年风沙日数在 14.9～54.9d，大风天数最多的为浪子卡，其次为江孜、拉孜和贡嘎，年平均风沙日数为 31.8～44.8d。

根据雅江流域风蚀气候因子指数月份变化（图 9.2-5）可以看出，风蚀气候因子指数 1～3 月逐渐增加，且在 3 月达到最大值，为 3.2。3～8 月逐渐下降，其中 3～7 月下降趋势明显，7～8 月略有下降，且在 8 月达到最小值，为 -0.5。8～10 月又逐渐增加，

10～12 月稍有下降，下降趋势不显著。雅江流域风蚀气候因子指数在 3 月达到最大值。根据（图 9.2-5 右）可以看出雅江流域风蚀气候因子指数具有明显的季节变化，风蚀气候因子指数春季最大为 8.5，冬季次之为 5.2，秋季很小为 1.8，夏季则为 -0.8。

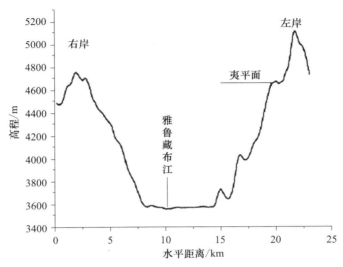

图 9.2-4　雅江贡嘎县河段剖面（南岸－北岸）

雅江流域年风沙日数（单位：d）　　　　　　　　表 9.2-1

	拉孜	日喀则	南木林	江孜	拉萨	尼木	墨竹工卡	泽当	贡嘎	浪卡子	加查	沿江一线
大风	24.9	21.1	13.3	26.4	12.8	12.5	22.1	25.8	24.3	54.0	15.9	23.0
扬沙	16.3	9.1	4.3	4.2	6.5	1.2	0.6	7.6	16.5	0.8	0.5	6.1
沙尘暴	8.8	3.0	1.7	1.1	1.0	0.2	0.0	4.6	2.2	0.0	0.0	2.0
浮尘	0.3	0.0	0.1	0.1	1.2	1.0	0.4	1.6	1.8	0.1	0.2	0.6
合计	50.3	33.2	19.4	31.8	21.5	14.9	23.1	39.6	44.8	54.9	16.6	31.7

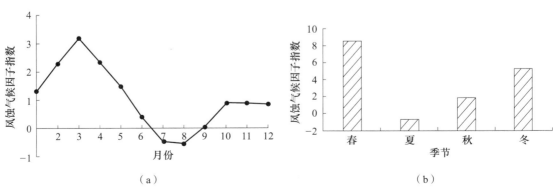

（a）　　　　　　　　　　　　　　　　（b）

图 9.2-5　1961—2015 年雅江流域风蚀气候因子指数月份和季节变化

9.2.3 区域植被退化问题分析

在生长季及四季，雅鲁藏布江流域均以低植被和中低植被覆盖区域为主，占总面积的 70% 左右，主要分布在上游及中游地区，土地覆被类型主要为永久性冰川积雪、草地和草甸，冬春季以低植被覆盖区域为主，夏秋季及生长季则中低植被覆盖区域相对较多。项目区内表层植被稀疏且较为单一，植被覆盖率一般小于 20%。项目区独特的高寒半干旱生态环境决定了该地区的植被具有耐寒、耐旱及植株矮小、丛状生长的特性，属藏南山地灌丛草原带，灌木主要有砂生槐、狼牙棘、野丁香等，草本植物主要有藏沙蒿、固沙草、针茅等。根据近些年调查显示，植被的变化趋势表现出明显的地带性。植被生长状况呈明显改善趋势的有祁连山山谷地带，呈较明显增长趋势的地区主要集中在高原东北部的祁连山、昆仑山西北部和东部以及喜马拉雅山等低海拔向中海拔过渡的地带。海拔较高的藏北高原和北部柴达木盆地外围、高原东北部边缘、昆仑山中段的大部分植被也有轻微改善。青藏高原东南部植被普遍呈退化状态，其中雅鲁藏布江大峡谷、川藏河流谷地周围的植被状况为严重或较严重退化，藏南谷地、柴达木盆地中部普遍为轻微退化。

9.3 生态修复目标与方案

9.3.1 目标

1. 解决风沙流动、水土流失问题。

从风积沙地的成因机理出发，针对沙源裸露、风力扬沙、降雨输沙、河道沉沙四个主要关键环节入手，系统、有效解决风沙流动和水土流失问题。最终建立起植物防沙固沙的长效机制。通过利用植被恢复、建立湿地等关键技术，有效控制区域内的沙源，治理土地沙化，减少风沙输送量，改善区域及周边环境的空气质量和小气候，有效预防水土流失。

2. 构建植被环境，改善区域景观。

该沙地治理和植被恢复项目采用人工土壤改善沙地土壤条件，短时间重建风积沙地的生态植被，形成结构稳定、物种多样的植物群落。改善区域内景观，从根本上解决风积沙地环境恶劣的问题，形成良好的生态、生活环境。

3. 建立全新治理模式，发挥示范作用。

该项目的实施将建立起雅江沿岸风积沙地综合治理和生态产业模式，为高海拔干旱河谷风积沙地的长效治理提供一套成熟、可推广、可复制的技术集成，建立起一个生态、经济、社会功能齐全的生态示范区，从而吸引社会更多的资源和力量投入沙地治理和生态环境保护的工作中去。

9.3.2　主要任务

1. 系统调查项目所在地（贡嘎县）的自然条件和社会经济状况，查明区域内森林植被、土壤沙化情况以及其他生态问题；

2. 制定"实施方案"。根据生态问题，研发科学有效一整套策略与措施。针对本项目区的实际情况并结合植物的生态习性及种子特点，筛选出适合高原沙地治理的植物种类和土壤基质进行植被恢复和生态系统恢复；

3. 落实"实施方案"，注重修复后环境的可持续发展。针对项目区域的立地条件，因地制宜地研发科学合理的技术、工艺、设施和方法，保证项目区治理能高质量完成。

9.3.3　技术路线

本工作的技术路线是：

（1）构建人工表土层，实现即时固沙

利用团粒喷播技术在风积沙地表面制备人工土壤层（优粒土壤），利用优粒土壤的良好结构稳定性，抑制沙粒移动，并为植被系统的建立提供合适的良好土壤条件。

（2）构建人工种子库，快速建立风沙迹地的植被环境，并实现水土保持

运用植物筛选－基质配比－团粒喷播－养护管理－监测系统等关键技术体系，最终形成植被建立快、植物种类丰富、群落结构稳定的植被系统；实现长期有效的防风固沙和水土保持效果；空气质量、小气候得到明显改善。

（3）建立江心洲和河漫滩的湿地系统

利用研发的新型技术，在江心洲、河漫滩建立湿地系统，避免旱季雅江水位下降时，江心洲和河漫滩的沙源裸露，消除产生风沙迹地的沙源。

（4）建立河岸区域的湿地系统，对入江的水流进行"净化"

在雅江岸边适合的地方设立堤坝，以便在堤坝的外侧形成湿地或低矮的洼地，入江的水流在这个地方进行沉沙和净化，就可以避免大部分的沙粒物质进入雅江并在河道中沉降为日后扬沙的沙源。

注：以上技术路线中的（3）与（4）因水利部门的手续问题，在本项目中还未实施。

9.3.4　主要治理措施

1.　对风积沙地进行固沙和水土流失防控

首先，针对项目地的风沙大、降雨量少、高蒸发量和水土流失严重的特点研制出一种能够即时固沙的人工土壤。该人工土壤能够在沙化土壤表面形成一层高强度的覆盖层，能够有效地抵抗风蚀和雨蚀，防止风沙迁移和水土流失；其次，其还具有良好的保水和保肥功能，可以保障植物快速生长。恢复后的前期阶段，依靠这种覆盖在沙化土地表面的人工土壤进行固沙和水土保持，后期阶段，待植物生物量增加并形成稳定的植被系统后，依靠植被系统实现长期、有效的固沙和水土保持功能。

2.　对风积沙地和裸露山体进行快速的植被建植

针对项目区域旱季风沙多、昼夜温差大、冬季夜间低温、反复冻融和夏季降雨集中的气候条件，首先，研制特殊性能的人工土壤基质——优粒土壤，为植被系统的建立构建良好的土壤条件。这种人工土壤抗冲刷、抗冻融性能高，具有一定的保温作用，能保障植物完成生长周期，提高越冬率，为植物生长提供长久有效的支撑；其次，在人工土壤中构建配置合理的种子库。植物配置以乡土树种为主，追求形成乔、灌、草结合的群落结构、注重植物多样性。

3.　宽谷段江心洲、河漫滩采取人工湿地方式进行治理

针对性开展雅江裸露河床与河岸湿地模式治理的研究。首先，通过在这些区域构建人工湿地，营建植被，可以增大旱季水域面积，大大减少江心洲和河漫滩在旱季的裸露面积，这就极大地消除了大部分的沙源地，是真正从源头治沙的措施。其次，要抓好植物环节，筛选适宜水陆两栖生长及不同水淹深度植物的种类。最后，研发一种适用于江心洲和河漫滩的耐水蚀和周期性水动力的土壤基质，为河床、河岸固沙和植物生长提供良好的技术保障和支撑。

河岸区域的人工湿地还包括沉沙与过滤区，丰水期起到泥沙沉降的作用，并在水位回落后保持人工湿地区域有较高的含水量，为植物生长和农田建设提供有利条件。

4.　修复后必要的管护与监测系统

设计研发一套修复施工后的管护与监测系统。包括自动喷灌系统，综合考虑地温和水温的差异、浸润深度和复杂地形条件下产生地表径流的问题，以合理控制喷灌时间、强度和频率，实现水资源利用最大化，降低植被恢复成本，有效地促进植被生长发育，提高植被早期抗逆性和自我调节能力。还有必要的监测措施，如远程气象站、各种监测仪器、测试手段等，通过相关数据的采集，以评价项目地的固沙效果和环境质量的变化情况。

9.3.5　修复工程实施过程

根据当地情况，选择沙子、土、木屑和钙基膨润土作为基质主要原料。通过专用机械将人工基质的各种配料混合均匀，在喷射过程中不同成分之间充分发生团粒化反应，最终在地表形成孔性良好的团粒化表土层。喷播分多次进行，在最后的喷播阶段，将目标植物的种子在人工土壤中加入，使形成的人工表土层中含有丰富多样的种子，以此重新构建土壤种子库（图 9.3-1）。

（a）　　　　　　　　　　　　　　　（b）

（c）

图 9.3-1　喷播过程

9.4　生态修复效果

9.4.1　植被恢复效果

在喷播结束后，经过两个月的养护管理，团粒喷播区域即取得较好的直观效果，草本植物已经成坪，木本植物均匀分布，试验区域植物盖度到达 90% 以上。第一年生长期结束后部分木本植物的高度到达 10cm 以上。大部分植物均可安全越冬，植物在第二生长年表现出良好的生长态势，生物量大，植物种类丰富，实现了植被恢复区域的全覆盖（图 9.4-1～图 9.4-3）。

图 9.4-1 项目三期治理结束后 1 年效果（局部）

图 9.4-2 项目一期治理结束后 2 年效果

图 9.4-3 项目三期治理结束后 2 年效果

9.4.2　防风固沙效果

本研究首先在项目区和风积沙地设置两台BSNE集沙仪，以风沙输送量为指标，进行风积沙地植物固沙效果的研究。集沙仪设置5个梯度，分别为20cm、50cm、100cm、150cm和200cm，对比在不同高度上，建立起的植被系统对风沙的削减效果。

收集风积沙地和项目区集沙仪各高程集沙盒的样品，风干之后称量沙尘样品的重量，样品收集过程见图9.4-4。风积沙地和项目区不同高度集沙盒集沙量值分别见图9.4-5和图9.4-6。

（a）　　　　　　　　　　　　　　　（b）

图 9.4-4　风积沙地沙尘样品采集

图 9.4-5　风积沙地不同高度集沙盒集沙量

图 9.4-6　项目区不同高度集沙盒集沙量

从图9.4-5中可以看出，20～200cm的风积沙地的集沙量值呈逐步降低的趋势，图9.4-6显示团粒喷播区域内的集沙量值则区别不大，且相同高度的集沙量均小于风积沙地的集沙量，50cm处开始呈现明显的差别，喷播区域20cm处的集沙量显著低于风积沙地的集沙量。结果表明,植被对团粒喷播区域的风沙起到了较大的阻截作用。

表 9.4-1 中是 2018 年 5 月 19 日～6 月 19 日(施工后一年)沙尘天气过程不同高度沙尘水平通量,给出了沙尘水平通量的百分比随高度的分布。风积沙地的沙尘水平通量可以看出,约 81.13% 的沙尘在地表 50cm 高度以内传输;约 88.96% 的沙尘在地表 100cm 高度以内传输。同等高度团粒喷播区域内的沙尘通风量明显减少,其中 50cm 以下的风沙削减比例达 73.3%,这说明植被系统的存在极大地削减了地表 50cm 以内的风沙输送量。

不同采样高度样品重量及比例　　　　　　　　　　表 9.4-1

采样高度（cm）	风积沙地		喷播项目区		风沙削减指标	
	样品干重（g）	百分比（%）	样品干重（g）	百分比（%）	削减量（g）	削减比例（%）
20	573	65.94	37	26.62	536	61.68
50	132	15.19	31	22.30	101	11.62
100	68	7.83	25	17.99	43	4.95
150	52	5.98	24	17.26	28	3.22
200	44	5.06	22	15.83	22	2.53
累计	869	100	139	100	730	84.00

表 9.4-2 列出了 2018—2023 年风沙季数据对比结果,相对于 2018 年采集的数据,随着生物量的增加,风沙削减总量及各梯度的风沙削减在 2019 年有明显的提升,之后随着植被系统逐渐趋于稳定,植被盖度和平均高度增加放缓,风沙削减量逐年有小幅度的提升,具体数值见下表:

风沙削减效果随时间变化表　　　　　　　　　　表 9.4-2

采样高度（cm）	风沙削减量比例（%）					
	2018	2019	2020	2021	2022	2023
20	61.68	97.36	97.06	97.06	70.12	70.47
50	11.62	90.69	90.88	92.29	20.06	12.51
100	4.95	66.96	73.6	77.14	3.59	4.99
150	3.22	78.5	77.31	74.37	1.74	3.55
200	2.53	69.56	68.76	67.86	1.15	1.68
累计	84	92.92	92.97	93.32	96.67	93.19

2022 年,在人工植树区同样设置了集沙仪,表 9.4-3 对比了 2023 年项目区、人工植树区和风积沙地三个区域沙尘样品及削减比例。

2023 年不同区域集沙量对比　　　　　　　　　　　表 9.4-3

采样高度（cm）	风积沙地	人工植树区		项目区域	
	样品干重（g）	样品干重（g）	削减比例（%）	样品干重（g）	削减比例（%）
20	147	21.1	60.35	0	70.47
50	29.8	7.2	10.83	3.7	12.51
100	14.3	6.8	2.25	3.9	4.99
150	11.2	4.5	3.21	3.8	3.55
200	6.3	7.3	−0.48	2.8	1.68
累计	208.6	46.9	76.17	14.2	93.19

9.4.3　水土保持效果

为研究项目区域植被系统的水土保持效果，分别在沙地缓坡（坡度＜30°）、项目区缓坡和人工植树区缓坡；以及沙地陡坡（坡度≥30°）、项目区陡坡和人工植树区陡坡共设置 6 个 35m² 的径流小区，雨季每 15 天采集一次这 6 个径流小区的泥沙量，监测水蚀导致的地表沙土流失量，分析植被恢复对水土的保持作用（图 9.4-7）。

（a）项目区缓坡径流小区

（b）人工栽植区缓坡径流小区

（c）风积沙地缓坡径流小区

（d）项目区陡坡径流小区

图 9.4-7　项目不同区域的径流小区

（e）人工植树区陡坡径流小区　　　　　　　（f）风积沙地陡坡径流小区

图 9.4-7　项目不同区域的径流小区（续）

2020 年 9 月 1 日—9 月 11 日集中降雨后，对团粒喷播项目区、风积沙地和人工植树区域的径流泥沙量进行对比分析。调查发现团粒喷播治理区内，未出现任何水土流失现象。在治理区域周边的风积沙地和人工植树区域内，存在多处明显的冲蚀沟，冲蚀沟最大宽度在 50cm 以上，深度达 30cm，覆盖区域大，水土流失状况严重。

由图 9.4-8 可以看出，项目区和人工植树区的泥沙量均小于沙地，证明植被系统可以有效地防治水土流失。另外，无论是陡坡还是缓坡区域，项目区收集的径流泥沙量均小于人工植树区，证明项目区在减少径流泥沙量、防治水土流失方面的效果要优于人工植树区（图 9.4-9、图 9.4-10）。

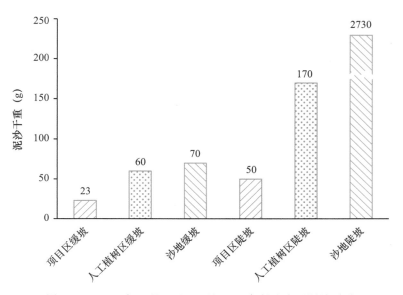

图 9.4-8　2020 年 9 月 1 日—9 月 11 日各径流小区泥沙干重

图 9.4-9　项目区和风积沙地水蚀状况对比

图 9.4-10　风积沙地冲蚀沟

9.4.4　生物多样性变化

1. 植物主要科属变化

2017 年在风积沙地进行团粒喷播，植物种类包括灌木（砂生槐、柠条、沙棘、花棒）和草本（沙蒿、紫花苜蓿、高原早熟禾）共 7 种植物（图 9.4-11）。

沙棘　　　　　　　　　砂生槐　　　　　　　　　互叶醉鱼草

沙蒿　　　　　　　　　蔷薇　　　　　　　　　　紫花苜蓿

黄花草木犀　　　　　　蜀葵　　　　　　　　　　波斯菊

图 9.4-11　项目区部分植物种类

地毯草　　　　　　　　　香青兰　　　　　　　　　牛膝菊

白草　　　　　　　　　　黄耆　　　　　　　　　　曼陀罗

大籽蒿　　　　　　　　　菊叶香藜　　　　　　　　油菜

图 9.4-11　项目区部分植物种类（续）

藜麦　　　　　　　　　　　大狗尾草　　　　　　　　　　　早熟禾

图 9.4-11　项目区部分植物种类（续）

2018—2022 年植被恢复期间，共有 25 种原生植物出现，分别属于 13 科 22 属，其中禾本科的植物最多，共有 5 种，占所有侵入物种的 23.08%，其次为菊科，豆科和藜科，分别有 4、3 和 2 种。不同植被恢复年限植物群落物种组成（表 9.4-4）。禾本科植物在群落演替过程中占据较大的优势，从 2018 年的 1 种，增加到 2022 年的 5 种，表明其在沙地植被恢复和演替中具有非常重要的作用。随着植被群落的不断恢复，植物种类逐渐丰富，植被逐渐向杂草类草原植被类型发展，使植被群落结构及整个生态系统逐渐趋于稳定。

在植被恢复后的 2～3 年（2019—2020 年），喷播的物种沙棘可能因为在竞争中处于不利地位，或未能适应极端气候而未能存活，而在沙地生境得到改善后，从 2021 年起，沙棘再次出现。

2018—2022 年植物种类调查总表　　　　　　　表 9.4-4

植物名称	2018 年 8 月		2019 年 8 月		2020 年 8 月		2021 年 8 月		2022 年 6 月	
	数量	平均高度 cm	数量	平均高度 cm	数量	平均高度 cm	数量	平均高度 cm	数量	平均高度 cm
沙棘	11	15					6	34.5	3	51.1
柠条	22	8.6	8	14.5	8	17.7	10	16.8	6	24.1
花棒	11	12.5	4	22.1	4	23.5	1	17.5	1	65
砂生槐	17	7.8	13	8.8	13	10	13	9.2	13	13.2
沙蒿	30	42.8	14	44.5	14	47.9	20	54.5	10	58.1
紫花苜蓿	44	40.2	7	50.7	6	53.6	64	43.3	74	30.9

续表

植物名称	2018 年 8 月		2019 年 8 月		2020 年 8 月		2021 年 8 月		2022 年 6 月	
	数量	平均高度 cm	数量	平均高度 cm	数量	平均高度 cm	数量	平均高度 cm	数量	平均高度 cm
早熟禾	40	48	16	38.7	15	43	94	62.8	83	28.1
白草	2	76.4	7	95.7	10	106.5	132	126.6	167	45.6
菊叶香藜	1	15.4	42	28.1	73	22.5	239	37	86	10.7
毛瓣棘豆	3	33.6	5	20	4	24.5			1	7.5
互叶醉鱼草			1	87.6	1	105.7	3	52.8	4	85.7
油菜			15	60.4	33	49.1	73	67.3	24	33.9
藜麦			1	39	34	5.9	52	65.9	1	3.7
波斯菊			6	56.2	6	16.5	129	49.2	71	13.7
蒺藜			5	1	21	2.8	50	2.5	35	3.4
固沙草			3	67	5	95.8	24	106		
大籽蒿			8	8.3	11	49.1	114	20.4	71	26.3
黄耆					40	5.4				
牛膝菊					6	26.5	5	18.7		
荞麦					7	5.2	4	26.5	2	7.5
草木樨							17	103.7	10	53.8
蔷薇							1	35.8	1	42.8
地毯草							254	15.7	71	26.3
大狗尾草							94	30.2	2	11.8
披碱草							8	42.9	59	65.2
蒲公英							3	54.6		
蜀葵							5	10.8	7	54.7
香青兰							2	71		
曼陀罗									5	7.4
猪毛菜									1	12.4
	181		155		311		1417		808	

注：2022 年因疫情影响无法于生长旺盛期（8 月份）进行植物统计，数据为 6 月份统计结果。

2. 沙地植物物种组成和优势度

随着按照植物的生活型（表 9.4-5），一二年生草本有菊叶香藜、油菜、藜麦、波斯菊、蒺藜、大籽蒿、牛膝菊、荞麦、草木樨、蜀葵、狗尾草、香青兰、大狗尾草、猪毛菜 14 种，多年生草本有白草、毛瓣棘豆、固沙草、黄耆、地毯草、披碱草、蒲公英 7 种，灌木或半灌木有互叶醉鱼草、蔷薇、曼陀罗 3 种。

不同时间原生植物群落物种组成　　　　　　　　表 9.4-5

年份	科总数	属总数	禾本科/种	菊科/种	豆科/种	藜科/种	玄参科/种	十字花科/种	蒺藜科/种	蓼科/种	蔷薇科/种	锦葵科/种	苋科/种	唇形科/种	茄科/种
2018	3	3	1		1	1									
2019	7	9	2	2	1	2	1	1	1						
2020	8	12	2	3	2	2	1	1	1						
2021	11	18	5	4	1	2	1	1	1	1	1	1	1		
2022	12	17	5	2	2	2	1	1	1	1	1	1	1		1

经过样方调查，项目区首先有禾本科的多年生旱生植物——白草，藜科的一年生草本植物——菊叶香藜和豆科的多年生草本——毛瓣棘豆，3 种对干旱环境有很强的适应能力的沙生植物侵入。并且，白草常常作为沙地植物群落的建群种，本身具有大量的横走根茎，极易在沙地中繁生；菊叶香藜主要靠种子繁殖，繁殖体容易迁移，生理生态特征又非常适应当地气候环境，在侵入后的 2～3 年内，具有充足的生长空间、养分、水分和光照等资源，数量大量增加。由于这两种植物对沙地严酷的生态环境有较强的适应能力和繁殖特性，因此在所有植物群落中占有了绝对优势地位。伴随着植被发育和群落演替的进程，物种丰富度逐渐增加，白草在群落演替过程中重要值明显增强。此外，植被恢复两年后（2019 年），开始出现木本植物醉鱼草，说明沙地环境在逐步改善。植被恢复 5 年后（2022 年），群落中的出现的物种已多达 30 种，优势原生乡土植物主要有白草、菊叶香藜、大籽蒿、猪毛菜，原生乡土木本植物醉鱼草树已有 13 株、蔷薇类植物开始定植；植被恢复目标植物中表现较好的沙棘、砂生槐和紫花苜蓿数量开始减少，目标植物整体有被原生乡土植物取代的趋势。

3. 植物群落的多样性分析

由于沙地土壤条件的进一步改善，使得适应性较强的物种在不断侵入，如大籽蒿、菊叶香藜等，群落内种内和种间竞争逐步激烈，导致白草、蒺藜、大狗尾草和地毯草优势度大幅下降，但植物多样性却大大提高。对各年份试验区植物群落进行多样性分析，结果如表 9.4-6 所示。Simpson 指数呈现增高——降低——增高的趋势，但始终高于植被恢复后第一年（2018 年）的多样性。2022 年，Simpson 指数最高，相比于 2018 年增长了 6%。总之，随着演替的进行，植物群落多样性在不断增加（图 9.4-12）。

4. 区域野生动物丰富度分析

在沙化地区进行人工植被恢复－植草，不仅为沙地植被的自然恢复提供基础，很大程度上还为野生动物的活动、取食、栖息等创造了生存条件，有利于增加动物的多样性。

2018—2022 年各样方植物多样性　　　　　　　表 9.4-6

年份	物种数	Simpson 指数			
		样方 1	样方 2	样方 3	平均值
2018	10	0.811	0.806	0.847	0.821
2019	16	0.753	0.887	0.879	0.840
2020	19	0.865	0.837	0.791	0.831
2021	27	0.873	0.888	0.851	0.871
2022	25	0.852	0.898	0.893	0.881

波斯菊、黄花草木犀、油菜群落

砂生槐群落

沙棘群落

白草、大籽蒿、香青兰群落

图 9.4-12　项目区不同植物群落

　　利用红外相机法进行野外调查期间，项目区出现的动物种类以鸟类、哺乳类、爬行类动物和节肢动物为主，项目区之外区域的动物主要为鸟类。也就是说，经过生态修复，区域内生态环境逐渐被修复，监测到的野生动物种类明显上升，高等动物的多样性水平与植物多样性水平表现出一定的正相关关系（图 9.4-13）。

　　2021 年 10 月至 2023 年 7 月，在项目区布设了 4 台红外相机，相邻相机间距离至少 100m，对区域内的野生动物进行了三次为期 2 个月的监测，监测期间所有相机均处于连续正常工作状态。调查共拍摄有效照片 528 张，野生动物主要为哺乳动物类和鸟类，其中哺乳动物类 476 张，鸟类 52 张；拍摄记录动物 171 次，其中哺乳动物类 153 次，鸟类18次。经形态学鉴定，共记录到可辨识动物8种，其中哺乳动物3目5科5属15种，鸟类3目3科3属3种。兽类中被记录次数最多的为赤麂，鸟类中被记录次数最多的为小杜鹃（表9.4-7）。

蝶类

蜜蜂

赤麂

沙狐

雀鹰

图 9.4-13　项目区部分动物种类

红外相机观测到的动物分类　　　　　　　　　　　表 9.4-7

目	科	属	物种	拉丁学名	数量等级
偶蹄目	鹿科	麂属	赤麂	*Muntiacus murtjak*	＋＋＋
食肉目	犬科	狐属	沙狐	*Vulpes corsac*	＋
食肉目	猫科	猫属	豹猫	*Prionailurus bengalensis*	＋＋
兔形目	兔科	兔属	草兔	*Lepus capensis*	＋＋
兔形目	鼠兔科	鼠兔属	高原鼠兔	*Ochotona curzoniae*	＋＋
鹃形目	杜鹃科	杜鹃属	小杜鹃	*Cuculus poliocephalus*	＋＋
鹰形目	鹰科	鹰属	雀鹰	*Accipitey nisus*	＋＋
雀形目	雀科	麻雀属	树麻雀	*Passey montanus*	＋

第 10 章　案例三　温带大陆气候区修复
——内蒙古自治区包头钢铁集团尾矿库生态修复项目

10.1　项目背景

10.1.1　项目简介

本项目尾矿库位于包头市包钢集团厂区西南部，处于东经 109° 41′ 415″、北纬 40° 38′ 139″，是包钢集团存放冶炼尾矿渣粉的地方。库坝呈矩形，为四面围坝而成的平地型尾矿库，南北长 3.5km，东西宽约 3.2km，坝体总长 11.5km，总占地面积近 20km²。尾矿库于 1955 年开始建设，投入使用至今已存放了大量的尾矿物质，现存约 1.7 亿吨尾矿渣粉。尾矿及矿渣中储存有稀土（钍）、铌、铁、萤石等矿产资源，其中稀土资源有 930 万吨，堪称世界上规模最大的"稀土湖"。尾矿库南距包兰铁路 250～400m，北部为九原区工业园区，邻近 110 国道，东与包钢热电厂的第一灰渣场毗邻（图 10.1-1）。

（a）　　　　　　　　　　　　　　　　　　（b）

图 10.1-1　包钢集团尾矿库影像图

坝体采用尾矿粉筑坝，南部坝体和东部坝体南段大部分外坡面为尾矿粉覆盖，矿粉暴露面积约 88hm²，尾矿坝体外坡未采取抑尘措施，迫切需要进行恢复和改善。几十年来，尾矿坝不断被钢厂尾渣粉末与少量当地砂土逐层堆积压实修筑，植物自然生长条件恶劣，坝体生长植物稀少（图 10.1-2）。

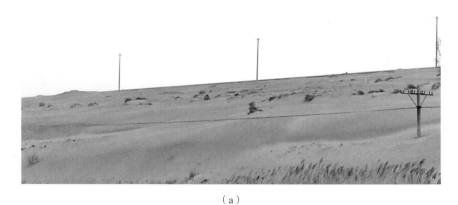

（a）

（b）

图 10.1-2 项目尾矿库坝体（治理前，上图为南坡，下图为东坡）

尾矿坝下风位地区外源稀土矿粉积累严重，已经严重影响了当地的生态环境，治理项目主要对尾矿库的外侧坝体进行植被恢复。2011 年在该尾矿坝坝体进行了植被恢复试验，并在北侧、东侧及南侧部分区域进行了植被恢复，项目区域的生态修复总面积约为 400000m^2。

10.1.2 自然环境概况

包头属于典型的温带大陆性季风气候，低湿干燥，春旱多风，夏短炎热，冬长寒冷，日照长，蒸发量大，蒸发量为 1938～2342mm；降水量少，多集中在 7 到 9 月份，年降雨量在 150～308mm 之间；年平均气温 7.2℃，夏季平均气温 23℃；7 月份最热，平均气温 29.4℃；1 月份最冷，平均气温 −11.8℃；年无霜期平均为 126 天。

该地区自然植被以抗旱、耐寒、耐瘠薄树种为主。如柠条、沙棘、沙枣、榆树、杨树等（图 10.1-3）。

（a）　　　　　　　　　　（b）　　　　　　　　　　（c）

图 10.1-3　项目所在地主要乡土植物

10.2　生态环境问题诊断与分析

10.2.1　尾矿坝植被覆盖率低

尾矿坝采用矿粉筑坝，尾矿粉暴露面积高达 88 万 m²，南部坝体和东部坝体南段大部分外坡面为尾矿粉覆盖，西部坝体和北部坝体外坡面土壤条件相对较好。在扬尘天气下，大量矿粉的冲刷会对自然植被的组织器官造成损害。坝体的水分和养分条件较差，原生条件恶劣，不利于植物生长。包钢集团在 2010 年之前的几年时间里，多次对尾矿坝的坝体进行常规绿化种植，均告失败。

10.2.2　风沙天气较多

包钢地处温带大陆性季风气候，春旱多风，降雨量少，蒸发量大，一年四季风沙天气常见，尤其在春夏季节，强劲的风沙对幼小植物的叶片会造成致命伤害，只能选择防风固沙的部分乡土植物。

10.3　生态修复目标与方案

10.3.1　生态修复目标

在保障原坝体安全及稳固矿砂的前提下，追求营造自然的、物种丰富的、持久的绿色生态环境，恢复其应有生态功能，改善环境污染现状，提升环境质量。

1. 治理后的边坡具有极佳的水土保持能力

由于本工程区域的地表目前已经大面积沙化，在自然条件下，无法含蓄水分、保持水土，本设计实施后制成的具有团粒结构的"人造土壤"（优粒土壤）具有极佳的水、土、肥保持能力，能有效抵抗风力侵蚀，迅速实现固沙。

2. 治理后能快速形成理想的木本植物群落

适合的植物配置是建制理想植物群落的重要保证。本尾矿库区域以恢复与建设具有自然生态功能的植被环境作为工作目标。考虑包头地区的气候特点和土壤特性，在植物配置方面遵循以下几个原则：

（1）植物应具有抗旱、抗病虫害、耐盐碱、耐瘠薄、易管理等特点。

（2）适合当地气候条件的根系发达的乡土树种。

（3）使用几种豆科类植物，因豆科植物的根部有根瘤菌，根瘤菌可固定空气中的氮气，在供给宿主植物营养的同时，肥沃土地。

（4）通过抗逆锻炼能更好地适应恶劣的立地条件。

3. 抑制和阻挡矿粉的移动和飘散

这是本项目设计的两个重要目的：一是快速建植植被；二是植被除了具有生态功能和美化环境的作用外，更重要的是具有抑制、阻挡有毒有害矿粉的移动与飘散，真正完成此区域的环境污染治理。

10.3.2　生态修复方案

2011 年在该尾矿坝坝体进行了植被恢复试验，并在北侧、东侧及南侧部分区域进行了植被恢复，项目区域的生态修复总面积约为 400000m²。

1. 团粒喷播生态修复设计方案

（1）该区域中，坝体坡度基本不超过 30°，因此坡面平整工作较为容易，除必要的地势平整之外，还需对坡面上的杂草、杂物进行清理。

（2）铺设喷灌养护设施，用于后期养护作业。具体喷灌系统的设计方案则需根据深水井的位置及水量的供应情况另行设计。

（3）运用团粒喷播技术进行喷播绿化，使得坡面植被恢复与周边环境和谐统一。

（4）具体的植物配置为：选用兴安胡枝子、紫穗槐、沙棘、柠条锦鸡儿、小叶锦鸡儿、白刺、花棒、梭梭。

施工顺序为：①坡面整理；②养护管道铺设；③团粒喷播；④后期养护（图 10.3-1～图 10.3-3）。

图 10.3-1 修复分区示意图

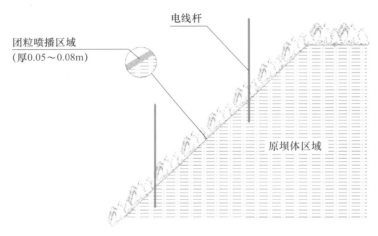

图 10.3-2 B 区生态修复剖面图

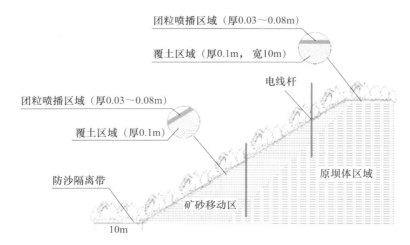

图 10.3-3 C 区南段生态修复剖面图

2. 养护管理

喷播结束后，由于该地区气候较为恶劣，因此后期养护工作便成为保证苗木正常生长的关键因素。根据 2011 试验情况及植被恢复工程的植被生长情况，总结出以下要求（图 10.3-4）：

（1）在高温季节，切忌中午炎热时间段浇水养护，以 10：00 以前及 15：00 之后进行养护为宜，具体时间视温度情况而定。

（2）注意观察苗木生长情况，对于病虫害及杂草的危害做到早发现、早处理。

（3）喷播施工后的发芽和幼苗期极为关键，植物此时非常脆弱，在项目区这种极其恶劣条件下，合理严格的养护措施至关重要。

（4）酷热天气，地表温度高，防止灼伤苗木幼根。

（5）自来水或者井水温度低，会影响植物生长，建议挖蓄水池，待水温和环境温度差不多时再使用。

（6）苗木发芽后的第一个月，尤其脆弱，需密切注意苗木生长情况。

（7）养护用水的指标必须在控制范围内：pH ＝ 6.5～8.0；电导率 ≤ 1000μS/cm；含盐量 ≤ 1500mg/L；氯离子 ≤ 250mg/L。

| （a） | （b） |

图 10.3-4　养护管理

10.4　生态修复效果

在喷播结束后，经过 100 天左右的养护管理，团粒喷播生态修复区域木本植物均匀分布，苗木生长状况良好。经过 6 年生长后，植物生长茂盛、种类丰富、生物量大，已经实现了生态修复区域植物盖度 100% 完全覆盖。生态修复区植被群落的建立不仅改良了土壤理化性质，改变了生物多样性的变化，而且起到了防风固沙、保持水土以及固定二氧化碳的作用。

10.4.1   修复后 100 天（图 10.4-1）

（a）   （b）

图 10.4-1   项目修复后 100 天效果

10.4.2   修复后 1 年（图 10.4-2）

图 10.4-2   项目修复后 1 年效果

图 10.4-2　项目修复后 1 年效果（续）

10.4.3　修复后 2 年（图 10.4-3）

图 10.4-3　项目修复后 2 年效果

10.4.4　修复后 4 年（图 10.4-4）

图 10.4-4　项目修复后 4 年效果

10.4.5　修复后 6 年（图 10.4-5）

（a）

（b）

（c）

图 10.4-5　项目修复后 6 年效果

第11章 案例四 温带季风区修复
——山东省烟台市长岛县海岛生态修复项目

11.1 项目背景

11.1.1 项目简介

项目区位于山东省烟台市长岛县，由 32 个岛屿和 66 个明礁以及 8700km² 海域面积组成，其中有居民岛屿 10 个。长岛位于胶东、辽东半岛之间，在黄渤海交汇处，地处环渤海经济圈的连接带，东临韩国、日本。本项目分布于长岛县的南长岛和北长岛（图 11.1-1）。

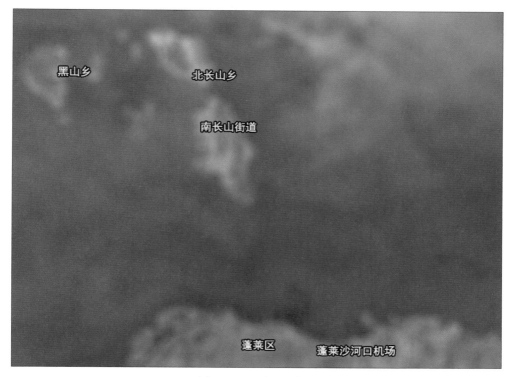

图 11.1-1 项目区位图

项目主要分布在长岛县重要交通道路沿线、景区内和城市周边等视觉重点区域，其中包括 17 处破损山体，共计面积约 20hm²，大多为工程建设开挖造成的，最大坡高超过 100m，项目沿线总长度超过 5.5km，生态区存在明显的生态受损和景观破坏（图 11.1-2）。

（a）　　　　　　　　　　　　（b）

（c）

图 11.1-2　项目修复前状况

11.1.2　自然环境概况

项目区属暖温带季风区气候，因受冷暖空气交替的影响，加上海水的调温作用，春季风大回暖晚，夏季雨多且气候凉，秋季干燥且降温慢，冬季风频且寒潮多。多年平均气温 11.9℃，1 月份最冷，月平均气温 −1.6℃，8 月份气温最高，月均 24.5℃。多年平均降水量为 502mm，多集中在夏秋季，占全年的 81%。最大风速 40m/s，风向多西北或东北向。本岛群的地下水分为松散沉积物空隙潜水和基岩裂隙潜水。地下水的主要来源是自然降水，由于岛屿山势坡度较大，雨后地表径流迅速入海，加之海岛地质构造多系破碎性的石英岩，蓄水能力差，所以，总体属于贫水区。

全岛森林覆盖率为 54%，共有树木 85 种，浅海植物 79 种，浅海动物 91 种，海洋鱼类 72 种。全县植被主要分布于较大岛屿上。山丘岭地上部木本多为赤松和黑松、刺槐、杨树、柳树、泡桐，中部木本多为紫穗槐，草本多为羊胡草、茅草、蒿子和山菊花，沿海一带有碱蓬等。

长岛县丘陵占岛陆总面积的 90%，地形起伏较大，山峰陡峭，山体坡度一般在 10°～30°，滨海低洼地占总面积的 10%，地形平坦，海拔一般低于 10m。项目区地貌类型为剥蚀丘陵，处在陆地与渤海的交接地带，地形起伏不大，总体态势为西高东低，海岸山体大致呈南北向，山体自然坡度 35° 左右，半月湾治理区沿海慢道一带海拔高 60～155m，高差 95m。

11.2　生态环境问题诊断与分析

经勘察、调查和诊断，发现该海岛区域地形复杂多变，高差变化剧烈，山体破损面积大，植被覆盖率低。海岸线道路绿化效果差，旅游设施缺失，整体景观较差，严重影响旅游观感体验。破损山体临空面岩石风化剧烈，节理发育，坡度陡峭，滑坡等地灾问题严重，影响道路安全。大量裸露的渣土堆，土质松散，极易产生水土流失，扬尘问题严重。主要生态问题为破损山体及支护坡面的裸露和原有植被覆盖率低、景观效果差。

11.2.1　破损山体及支护坡面裸露，地灾隐患大，水土流失和扬尘问题严重

部分治理区边坡为岩石质和土石混合边坡，部分边坡底部堆填大量渣土，地质灾害隐患问题突出。现场堆砌大量渣石，渣石堆需要进行稳定性评价（图 11.2-1）。

图 11.2-1　半月湾区域治理前状况

11.2.2 原有植被覆盖率低、景观效果差

部分边坡植被覆盖度低，原已在坡底和坡顶栽植了攀爬植物，但植被长势弱，景观效果差（图11.2-2）。

图 11.2-2 林海服务区治理前状况

11.3 生态修复目标与方案

11.3.1 生态修复目标

1. 原则性目标

安全性原则——确保边坡的稳定安全，消除安全隐患；

自然性原则——以自然植物群落景观为主，多种植物相搭配，选择适应当地气候和土壤地质条件的乡土树种，营造丰富的植物群落；

高标准原则——进行科学细致的设计、严格施工管理，创造高品质工程；

经济性原则——依据项目现状，结合自然条件坚持因地制宜，选择最佳技术方法，力争技术先进、经济合理。

2. 整体性目标

修复自然环境——修复破损山体，恢复自然植被，维持生态平衡；

丰富海岛景观——加强植物景观营造，丰富景区景点，提升景观品质；

提升旅游体验——完善旅游设施及小品，体现人性化服务标准主要任务。

11.3.2 生态修复方案

1. 地灾治理与地形地貌修复方案

安全是所有工程项目的前提条件，在本项目中尤为重要，由于特殊的地质条件、无限制开挖等情况，待治理项目中大部分存在安全隐患，其中以信号山、孙家漫道、九丈

崖、月牙湾、北城－嵩山服务区等边坡最为突出。

本设计根据不同的工况条件给出不同的治理措施建议，包含的治理措施有削坡卸载、柔性防护网支护、框架梁支护、挡土墙支护、锚杆加固等。

（1）削坡卸载

削坡卸载：对于坡度较陡且不稳定的部分边坡根据实际情况采用机械结合人工的方式进行削坡处理，消除坡面上存在的不稳定岩体，消除安全隐患，建议坡率控制在 1∶0.75（53°）以下（具体削坡角度以勘察报告和地灾设计为准）。

边坡修整：部分边坡虽然没有滑坡风险，但是为了保证植被有更好的立地条件，适当进行削坡整形，坡率控制在 1∶0.5（63°）以下。

（2）柔性防护网支护

在临近道路，存在落石风险的边坡建议安装柔性防护网对坡面进行防护，选择主动柔性网类型选择 GPS1 或 GTC-65A 型，安全等级按一级考虑。后期进行的山体植被恢复能够完全遮盖防护网（图 11.3-1）。

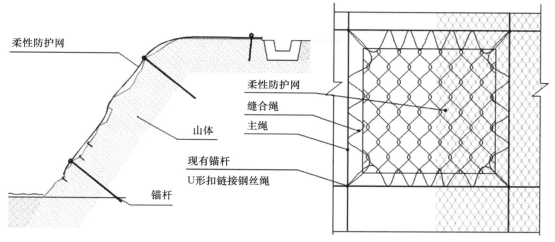

图 11.3-1　柔性网支护示意图

（3）挡土墙支护

挡土墙支护是指在坡底设置挡土墙并在其内侧回填土堆坡压脚从而保证山体稳定。挡墙结构建议浆砌块石结构，类型选择重力直立或俯斜式，挡墙安全等级为三级或二级。稳定坡体的同时为后期的植被建设提供更好立地条件（图 11.3-2）。

（4）锚杆框架梁支护

锚杆框架梁支护是指通过长锚杆结合混凝土框架梁将破碎土石永久固定于山体上，并为后期山体植被恢复提供稳定基础。建植后的植被能将框架梁进行遮盖（图 11.3-3）。

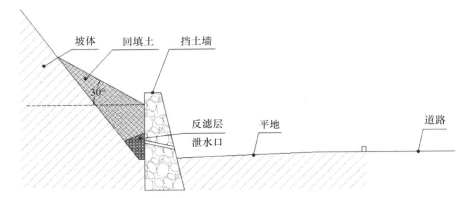

图 11.3-2　挡土墙支护示意图

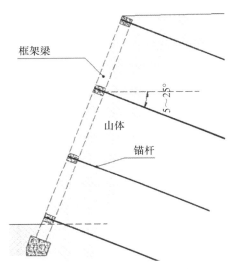

图 11.3-3　锚杆框架梁支护示意图

（5）锚杆加固

部分边坡具有良好山石景观的边坡，不存在较大安全隐患的区域以保留原有风貌为主，全面清理危石浮石后，不能清理的浮石进行锚杆加固，并利用塑石工艺进行美化，达到自然和谐的效果。对于项目区域内存在的人工砌体建议同样采取人工塑石的方案进行美化处理。

（6）山体安全整治工程量统计（表 11.3-1）

山体安全整治工程量统计表　　　　　　　　　　　　表 11.3-1

序号	边坡名称	削坡减载（m³）	边坡修整（m³）	柔性网（m²）	挡土墙（延米）	框架梁（m²）	锚杆加固（处）
1	长山尾	0	0	0			
2	林海服务区	0	500	0			

续表

序号	边坡名称	削坡减载（m³）	边坡修整（m³）	柔性网（m²）	挡土墙（延米）	框架梁（m²）	锚杆加固（处）
3	老虎山服务区	0	0	0			
4	黄山峰风机路	0	0	0			
5	信号山	2000	0	0			
6	大黄山孙家新区	0	0	0			
7	垃圾周转站	0	200	0			
8	孙家漫道	200	0	0			
9	仙境苑服务区	0	4000	0			
10	老鱼寨	0	0	0			
11	风机路瞭望台	0	0	0			
12	望夫礁停车场	0	300	0			
13	北城－嵩前服务区	3000	0	1500	500	10	
14	北城东山南坡	0	0	0			
15	店子村—花沟村	0	0	0			
16	半月湾	0	500	0	400	6000	30
17	九丈崖服务区	1200	0	1000	300	10	
合计		6400	5500	2500	1200	6010	30

2. 雨水收集及利用方案

（1）雨水截留系统——截排水沟

通过截水沟、排水沟的修建，形成一套完整的雨水收集系统，实现边坡汇水合理引流，层层净化汇集到蓄水池。截排水沟可以依坡顶地势，在坡顶修筑坡顶截水沟，截流顶部汇水，避免汇水对坡面的冲刷，减少地表水进入坡体可有效降低地质灾害发生风险和频率。通过截排水沟收集雨水汇入渗流池，雨季储水，旱季供水，调节长岛季节降水不均衡的情况，一定程度上缓解岛上淡水资源匮乏的问题。坡顶排水沟可选择美观性低，以降低造价。坡底排水沟临近道路选择美观性好的排水沟。

（2）雨水净化系统

净化系统包含渗流池、沉沙池、过滤池等设施，渗流池池底铺设团粒基质并种植水生植物，可以有效降低水流速度，促使雨水杂质沉淀，部分雨水可通过团粒基质下渗至地下，多余水流入沉沙池和过滤池进一步净化后进入地下蓄水池，用于绿化灌溉、扬尘洒水等。适宜设雨水净化系统的有五处项目：老虎山服务区、孙家漫道、北城－嵩前服务区、半月湾、九丈崖（图 11.3-4）。

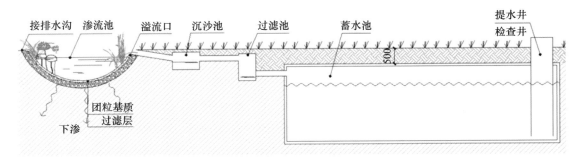

图 11.3-4　雨水净化、储存系统

（3）雨水利用

长岛淡水资源匮乏，大规模的边坡植被恢复在项目初期需要大量淡水才能保证植物正常生长，有限的淡水和大量的用水需求形成强烈矛盾，一方面做好雨水收集工作，另一方面节水灌溉是本次设计计划解决的一个重要难题。计划安装智能喷灌系统，通过土壤湿度传感器、重要控制器、电磁阀等设施实现科学化浇灌，计划选择的灌溉方式有以下三种：喷灌、微喷、滴灌。

（4）雨水收集及利用工程量统计（表 11.3-2）

雨水收集及利用工程量统计　　　　表 11.3-2

序号	边坡名称	截水沟（m²）	净化、储水系统（m²）	喷灌（m²）	微喷（m²）	滴灌（延米）
1	长山尾	104	0	900	0	0
2	林海服务区	173	0	5300	0	347
3	老虎山服务区	366	1	0	12045	0
4	黄山峰风机路	0	0	904	0	0
5	信号山	0	0	2630	0	90
6	大黄山孙家新区	—	—	—	—	—
7	垃圾周转站	208	2184	0	0	0
8	孙家漫道	232	1	4450	0	0
9	仙境苑服务区	120	0	1719	0	0
10	老鱼寨	0	0	5408	0	0
11	风机路瞭望台	0	0	0	210	0
12	望夫礁停车场	134	0	0	2801	46
13	北城嵩前服务区	1872	1	20889	43924	0
14	北城东山南坡	0	0	1461	0	0
15	店子村—花沟村	0	0	720	0	0

续表

序号	边坡名称	截水沟（m²）	净化、储水系统（m²）	喷灌（m²）	微喷（m²）	滴灌（延米）
16	半月湾	425	1	53402	28601	272
17	九丈崖服务区	735	1	22465	0	0
合计		4369	2189	120248	87581	755

3. 植被恢复方案

山体植被恢复以团粒喷播技术为核心，结合栽植常绿植物或攀爬植物等边坡植被恢复方法，根据边坡的坡度情况和景观需求选择最合适的方法进行山体植被恢复。主要有以下几种修复方式：

（1）团粒喷播植被恢复技术

采用特殊工艺和设备制备具有特殊性能的土壤基质——优粒土壤，其中加入了植物的种子，并添加许多必要的其他材料，通过先进的湿式喷播技术，制成最适于植物生长的"人工土壤"。这种"人工土壤"具有特殊的土壤结构，能有效抵抗雨水冲刷，防止水土流失。同时，这种土壤既有保水性，又有透水性、透气性，非常适于植物生长。

非重要区域边坡且坡度不超过 60° 的裸露边坡，进行团粒喷播绿化，喷播植物以落叶植物为主，常绿植物为辅，落叶植物选择生长快速、抗逆性强、根系发达的植物为主，例如紫穗槐、刺槐、胡枝子等，能够快速实现边坡的植被恢复，解决扬尘及水土流失问题。

（2）团粒喷播＋人工栽植

治理区中存在一些临近重要道路及重要区位的缓坡，对于景观要求较高，设计采用团粒喷播结合坡面栽植常绿植物的方式对其进行绿化，达到彩化、美化的目的，实现四季常绿。栽植植物选择抗海风能力较强的黑松、侧柏、金森女贞等植物。

（3）边坡景观孤植

部分边坡局部存在平台，可在类似位置做小型种植池栽植黑松等植物，营造自然山野景观（图 11.3-5）。

（4）栽植攀爬植物

对于进行了锚喷支护的陡峭边坡通过在上下栽植攀爬植物进行绿化，例如五叶地锦、美国凌霄、中华常春藤（半常绿）、扶芳藤（半常绿）等。有条件的，在坡底和平台等位置砌筑种植池进行种植，为植物生长提供有利条件，尽快实现良好绿化效果。

（a）

（b）

图 11.3-5　平台栽植黑松意向图

（5）修复植物选择

用于喷播的落叶植物：刺槐、臭椿、火炬树、胡枝子、盐肤木、紫穗槐，常绿植物：黑松、油松、侧柏、女贞。坡面栽植植物选择以常绿植物为主：黑松、尖叶杜鹃、金森女贞、大叶黄杨、龟甲冬青。攀爬植物有爬山虎、扶芳藤、胶东卫矛。挺立植物有北海道黄杨、珊瑚树。

（6）山体植被恢复工程量统计（表 11.3-3）

山体植被恢复工程量统计　　　　　　　　　　表 11.3-3

序号	边坡名称	团粒喷播（m²）	喷播后栽植（m²）	种植池绿化（延米）	黑松（株）
1	长山尾	900	0	0	
2	林海服务区	5300	0	347	
3	老虎山服务区	0	12045	0	
4	黄山峰风机路	904	0	0	
5	信号山	2630	0	90	
6	大黄山孙家新区	—	—	—	
7	垃圾周转站	2184	0	0	
8	孙家漫道	4450	0	0	
9	仙境苑服务区	1719	0	0	
10	老鱼寨	5408	0	0	
11	风机路瞭望台	0	210	0	
12	望夫礁停车场	0	2801	46	

续表

序号	边坡名称	团粒喷播（m²）	喷播后栽植（m²）	种植池绿化（延米）	黑松（株）
13	北城嵩前服务区	20889	43924	0	20
14	北城东山南坡	1461	0	0	
15	店子村—花沟村	720	0	0	
16	半月湾	53402	28601	272	50
17	九丈崖服务区	22465	0	0	
合计		122432	87581	755	70

11.4　生态修复效果

11.4.1　半月湾修复前后对比（图 11.4-1、图 11.4-2）

（a）　　　　　　　　　　　　　　　　　　（b）

图 11.4-1　半月湾修复前状况

（a）　　　　　　　　　　　　　　　　　　（b）

图 11.4-2　半月湾修复后 4 年效果

（c）

（d）

图 11.4-2　半月湾修复后 4 年效果（续）

11.4.2　九丈崖修复前后对比（图 11.4-3、图 11.4-4）

（a）

（b）

图 11.4-3　九丈崖修复前状况

（a）

（b）

（c）

图 11.4-4　九丈崖修复后 4 年效果

11.4.3　北城修复前后对比（图11.4-5、图11.4-6）

（a）　　　　　　　　　　　（b）

图11.4-5　北城修复前状况

（a）

（b）

图11.4-6　北城修复后4年效果

11.4.4 赵王服务区修复前后对比（图11.4-7、图11.4-8）

图 11.4-7 赵王服务区修复前状况

（a）

（b）

图 11.4-8 赵王服务区修复后4年效果

第12章 案例五 亚热带季风气候区修复

——云南省大理州海东起风公园边坡生态修复工程

12.1 项目背景

12.1.1 项目简介

起风公园位于大理市东部的海东新城中心片区，毗邻下和北山片区中南部，上和村与下和村接合部。起风公园西至东三路，北至海月街，南至蔚文街，西至沐月街，东至双月路（隧道下穿）。西侧紧邻洱海，内有大丽铁路从中穿过。公园总面积171905m²，山体南北长577m，东西长470m，最高海拔2048m，最低海拔1968m，相对高差约80m，多坡地，间有少量台地、陡崖，部分区域土壤易受到侵蚀（图12.1-1～图12.1-2）。

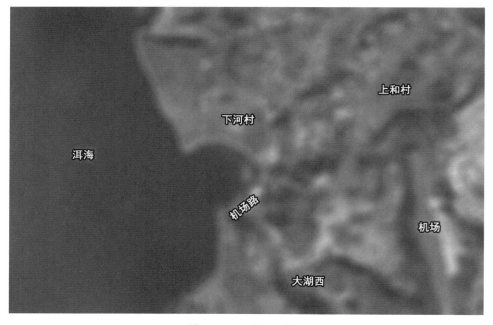

图 12.1-1 项目区位图

图 12.1-2　项目修复前状况

由于受到开挖边坡、农耕、过度放牧、风化等的影响，导致起凤公园南北坡山体地段植被覆盖率低，林地生态效益差，部分地方存在明显的生态和环境隐患。根据 1 : 500 地形测量成果资料、项目现状及业主方现场踏勘指界，确定治理区南北坡总的坡面面积为 41500m² （图 12.1-3 ）。

图 12.1-3　项目分区图

生态修复边坡分为南北两部分，整体坡度 36° ～58° ，节理裂隙发育，强风化，遇水宜崩塌。坡间已修建观光道路及截排水沟，平台区域已覆土栽植苗木且布设养护管道。

　　边坡局部覆盖柔性防护网。前期柔性防护网的设置对局部坡体的稳固起到至关重要的作用，给潜在崩塌滑落体提供了一定的稳定加固作用，部分限制崩塌的发生，又允许落石在系统与坡面构成的相对封闭空间内有一定限制地顺坡滚落，从而使落石在控制条件下，顺坡安全向下滚落，直至坡脚或坡上平台而不危及安全防护。其对崩塌落石发生区域集中、频率较高或坡面施工作业难度较大的高陡边坡是一种非常有效而经济的方法。目前，边坡平缓区域覆土栽植部分苗木，但种植密度较稀疏，景观效果不理想，且极易发生水土流失现象（图 12.1-4、图 12.1-5）。

图 12.1-4　南部边坡修复前状况

图 12.1-5　南部边坡上部水土流失严重

　　北部边坡面积约 12500m²，高度约 48m，坡底线长约 190m，坡度 45° 左右，存在多级平台，并栽植苗木；坡面水土流失情况严重（图 12.1-6、图 12.1-7）。

图 12.1-6　北部边坡水土流失严重

图 12.1-7　北部边坡上水土流失严重

起凤公园作为海东新城的"城市绿心",通过本项目的实施,有助于改善海东的生态环境,使其成为一个具有良好景观环境的山地生态新城。作为一个专供市民休闲娱乐的公共开放空间,在满足市民游览、娱乐、活动功能的需求的同时,也是向外展示当地文化的窗口,能够提升城市魅力,带动旅游产业发展。

12.1.2　自然环境概况

大理市地处低纬高原,在低纬度、高海拔地理条件综合影响下,形成年温差小,四季不明显的气候特点,"四时之气,常如初春,寒止于凉,暑止于温"。全州由于地形地貌复杂,海拔高差悬殊,气候的垂直差异显著。气温随海拔高度增高而降低,雨量随海拔增高而增多。河谷热,坝区暖,山区凉,高山寒,立体气候明显。平均气温 15.4℃,年降水量 565mm,无霜期 305 天,属亚热带半干旱气候,具有山地高原温凉气候特点,冬无严寒,夏无酷暑。

海东地处横断山脉南端,哀牢山北麓,属洱海东岸山地峡谷洪积区。境内主要为喀斯特地貌，以及与之相间的谷地坝区和海岸地貌。

山头和山麓一带主要是石灰土、红壤土、白砂土、棕壤土、黄棕壤土；峡谷和海湾平坝地区，则分布着淹育型、潴育型、潜育型等水稻土。

区域地质构造复杂，大地构造特征以洱海深大断裂为界，依地质力学观点，东部属南北向（经向）构造带，西部属北西向构造带（青藏滇歹字形构造体系），按传统地质构造观点，分属于扬子准地台和藏滇地槽褶皱系。治理区位于上述两个构造体系交接部的洱海断裂东侧（扬子准地台构造体系西缘）。受西部洱海深（大）断裂影响，主要构造线呈北西向展伸，区内褶皱较复杂，断裂极为复杂，区内褶皱多被破坏。治理区地处于向阳大背斜核部的西缘。

治理区范围内无断层通过。治理区上部为厚度不大的第四系覆盖层，基底为古生代奥陶下统向阳组（O_1x^2）粉砂质泥岩组成。

起凤公园区域山体地段无地下水存在，可不考虑其影响。山体地段为地下水补给、径流区，地下水主要由大气降水补给。由于场地地层为黏性土和粉砂质泥岩，属弱～微透水地层，雨季时，大气降水大部分以地表径流沿坡面向山下排泄，少部分入渗上部地层中形成暂时性潜水或上层滞水，但入渗深度有限，该暂时性潜水或上层滞水会很快沿坡面向山下排泄掉。因此，山体地段地下水赋水性微弱。

山脚公园主、次入口地段见地下水，水位 1.50～3.50m，相当于标高 1965.89～1968.81m，主要由大气降水及地表水入渗补给。

区域地貌属中低山地貌形态，未发现滑坡、断层等不良地质作用，场地稳定。

根据钻探揭露，场地地层主要由第四系人工堆积（Qml）、四系湖积（Q_1）、四系残积（Qel）、奥陶系下统向阳组（O_1x^2）泥岩等地层组成。场地地基土空间分布变化较大，土质不均匀，属不均匀地基。各岩土层其主要物理力学指标建议值见表 12.1-1。

各岩、土层的主要物理力学指标建议值   表 12.1-1

土层名称	天然重力密度 γ（kN/m³）	直剪快剪		浸水快剪		压缩模量 $Es_{1～2}$（MPa）	承载力基本容许值 f_{a0}（kPa）	静压预制管桩	
		黏聚力 c（kPa）	内摩擦角 φ（°）	黏聚力 c（kPa）	内摩擦角 φ（°）			极限侧阻力标准值 q_{sik}（kPa）	极限端阻力标准值 q_{pk}（kPa）
填土①	16.0	—	—	—	—	—	—	30	—
淤泥②	12.0	—	—	20	3	2.0	60	20	—
粉质黏土③	18.0	50	11	—	—	6.0	170	55	—
粉砂质泥岩④	22.0	—	—	—	—	—	280	85	3200

12.2 生态环境问题诊断与分析

12.2.1 地质灾害问题

野外调查发现，治理区存在土石滑塌地质灾害隐患（图 12.2-1），地质灾害隐患主要表现为边坡岩石松动，部分坡面存在浮土，水土流失严重。在暴雨季节或有外力作用下，可能引起滑坡、水土流失等灾害的发生。

图 12.2-1 存在崩塌地质灾害隐患

12.2.2 生态问题

治理区位置特殊，位于洱海东侧，距离洱海直线距离约 770 米。由于山体裸露，几乎无植被覆盖，有严重的水土流失问题，不仅会产生扬尘问题，还会对洱海的生态环境造成严重污染。

12.2.3 边坡现状及稳定性评价

治理区坡体整体坡度较缓和，存在多级平台，岩石节理裂隙较发育。根据现场踏勘，仅南部边坡存在一处凹陷，该区域坡度较陡，存在危石、松石，坡面有崩塌物及崩塌隐患。除此区域外，边坡总体评价稳定。治理区存在一定量的覆土栽植部分，这些坡面的栽植区域由于在栽植时扰动了边坡表层土壤，大多发生了严重的水土流失现象。

12.3 生态修复目标与方案

12.3.1 生态修复目标

通过人工土壤层构建和生物防护的手段在坡面上营造植物生长发育的基础，并在其上重建人工植被，使原先裸露的坡面得以重建植被，提高坡面的植被覆盖率，受损的生态环境得以恢复。同时借助植被的保护和根系加固作用防止水土流失，促进边坡稳定。随着植物群落的自然演替和人工的适当辅助，逐渐创造景观化的山体风貌。

12.3.2 生态修复方案

针对治理区域生态环境受损情况，结合地形地质等条件进行勘察，根据边坡倾斜角度将受损坡面划分成不同的区块，通过机械开挖、爆破削坡、修建截排水沟等措施消除地质灾害隐患，确保边坡的稳定和安全，同时为植被恢复创造良好立地条件。针对治理边坡坡面的具体情况，因地制宜，充分利用已有地形地质条件，选择修复效果突出的多种植物相搭配进行坡面团粒喷播建植植被，营造以自然植物群落景观为主的丰富植物群落，在恢复山体生态功能的同时也能构建良好的景观环境。

1. 生态修复治理工程设计

根据位置、地形地质条件和措施的不同，将治理区划分为北区、南区和陡坡区三个不同的区块（表12.3-1）。

治理范围要素表　　　　　　　　　　　　　　　表 12.3-1

治理区块	面积	治理范围	主要治理措施
北区	坡面面积：12500m²	治理区北部边坡	坡面整理、团粒喷播
南区	坡面面积：26000m²	治理区南部边坡	坡面整理、团粒喷播
陡坡区	坡面面积：3000m²	治理区南部边坡西侧	坡面整理、锚喷支护施工、团粒喷播

2. 北区设计

该区位于治理区北部边坡，工程治理内容主要包括：成品保护、坡面整理、团粒喷播、后期管护等。

（1）成品保护

该区域部分平台区域栽植苗木，坡面安装养护管道，坡底处进行绿化种植。因此，在工程进行前需要采取适当的措施对苗木进行保护。

（2）坡面整理

拆除并整理部分柔性防护网及镀锌网，清运网内堆积的渣石，整理后重新铺设固定；清理坡面的浮土、浮石和杂草；适当修整坡面形态，避免出现较大的凹凸起伏，为后续团粒喷播提供良好的作业条件。

（3）团粒喷播

根据坡面特征，坡面部分采用团粒喷播的方式进行植被恢复，而平台区域可不敷设金属网，直接进行团粒喷播施工。

（4）喷播植物

常绿植物：车桑子、伞房决明、多花木兰、银合欢、小叶女贞。

落叶植物：美丽胡枝子。

草本植物：黑麦草、结缕草。

3. 南区设计

该区位于治理区南部边坡，主要包括：成品保护、坡面整理、团粒喷播等，工程治理内容与北区相同。在喷播植物选择方面，因为坡向不同，光照条件不同，植物选择稍有差异。

常绿植物：车桑子、伞房决明、多花木兰、银合欢、小叶女贞、金合欢、女贞。

落叶植物：美丽胡枝子。

草本植物：黑麦草、结缕草。

4. 陡坡区设计

（1）坡面整理

拆除该区柔性防护网及镀锌网，清运网内堆积的渣石；清理坡面的浮土、浮石和杂草；适当修整坡面形态，避免出现较大的凹凸起伏。

（2）锚喷支护施工

该区域坡度较陡，岩质风化严重，易出现崩塌风险，且坡顶已修建观光道路，不具备削坡条件。因此，采用锚喷支护的方式，保证坡体安全和稳定，并预留种植孔，为后续团粒喷播创造施工条件。

（3）安装柔性防护网

将该区坡面整理时拆除的柔性防护网重新铺设安装。

（4）团粒喷播

在锚喷支护完成后，进行团粒喷播建植植被。

（5）喷播植物

常绿植物：车桑子、伞房决明、多花木兰、银合欢、小叶女贞、金合欢、女贞。

落叶植物：美丽胡枝子。

草本植物：黑麦草、结缕草。

5. 截排水措施

该治理区的坡顶、平台和道路内侧均已修建截排水沟，满足设计要求。

6. 养护管理

施工结束后，为使植物种子顺利发芽，度过苗期，快速复绿，养护管理是必不可少的。种子萌发、幼苗生长期间应保证充分的水分供应，不得出现缺水导致的幼苗回芽或枯死现象。可利用原有的喷灌系统进行浇水养护。病虫害防治应采用对环境无污染的物理防治、生物防治、环保型农药防治等措施。

12.4 生态修复效果

12.4.1 修复前（图12.4-1）

图 12.4-1 项目修复前效果

12.4.2　修复后 1 年（图 12.4-2）

图 12.4-2　项目修复后 1 年效果（2017 年）

12.4.3　修复后 3 年（图 12.4-3）

图 12.4-3　项目修复后 3 年效果（2019 年）

图 12.4-3 项目修复后 3 年效果（2019 年）（续）

第13章 案例六 热带季风气候区修复
—— 广东省珠海市三角岛生态修复项目

13.1 项目背景

13.1.1 项目简介

三角岛位于珠江入海口的冲积大陆架上，属广东省珠海市香洲区，在香洲东南部20km珠江口外，东西分别与香港和澳门两个特别行政区隔海相望。

三角岛北部受采石活动破坏严重，原有山体基本被铲平，植被遭破坏，形成荒废的裸露采石场、残留的陡峭基岩平台和两个水塘，区域内还残留有大量沙石堆。岛东部也因采石活动受到影响，原山体中间开辟了道路，东南海湾后方堆积有大量沙堆。岛西南部受历史采石活动和升压站开发建设影响，有大片裸露区域，地面沙石堆积。大量采石遗留的碎石堆积在海岛沿岸，掩盖了原有的海岸类型，使得海岛北部、西部和南部岸线均为人工垒石岸，岸线上采石形成的碎石和沙土堆积，局部有小段沙滩露出。整岛岸线除东部为现状较好的自然岸线外，其余岸线都存在稳定性差、水土流失严重等问题。

13.1.2 自然环境概况

项目区属热带季风气候，年降雨量1849mm，岸线总长度约4.9km，投影面积约0.87km^2，自然形态表面积约0.96km^2。岛体呈东西走向，长约1.6km，宽约1km，最窄处宽约200m。岛的西北部因采石基本夷为平地，南部和东部为低丘陵，最高点位于岛南侧中部，海拔93m。

岩石结构主要为花岗岩结构，表层为黄沙土壤，有部分露岩，生长低草和灌木丛。地势西部高且宽大，东部低缓狭窄，呈东西走向。主峰三角山在岛的西部中间，可瞰视全岛。北部沿岸为危崖岸，其余为岩岸和垒石岸滩，坡度多为24°～27°，主要港湾是三角湾和北边湾，岛南近岸有干出礁和明礁。西为青洲水道，东为赤滩门水道，南为三角门水道。

整岛植被覆盖较低，约 2/3 岛体裸露，基本无植被覆盖。三角岛中部西南—东北走向的边坡上种植有人工桉树林带，桉树林面积约 6 万 m²，10 多年林龄的桉树林长势很弱，林相不佳。

三角岛的成土母质为花岗岩，部分区域岩石裸露。土壤表层为黄沙土壤，土层浅薄，养分贫瘠，土壤酸碱度跨度大，既有盐碱土，也有强酸性土壤和中性土。水土流失严重，水肥保持能力差，不利于植物生长。

13.2　生态环境问题诊断与分析

通过对三角岛进行实地探查及无人机拍摄，发现该区域主要存在以下 7 处问题，三角岛生态受损位置分布图如图 13.2-1 所示。

① 高陡台地边坡
② 渣土堆积边坡
③ 废石堆砌边坡
④ 水土流失边坡
⑤ 主峰北侧道路边坡
⑥ 豁口道路边坡
⑦ 滑塌边坡

图 13.2-1　三角岛生态受损位置分布图

13.2.1　高陡台地风化裸露边坡

该边坡为采石作业形成，高陡台地边坡现状如图 13.2-2 所示。共 3 级。平台宽度 3～8m，单级最大坡高超 16m，坡度超 70°。缺少土壤层和植被层。该区域岩石风化，节理较发育，具有崩塌风险，存在安全隐患。

13.2.2　不稳定的渣土堆积边坡

该边坡为基层开挖堆砌形成的土石混合坡，渣土堆积边坡现状如图 13.2-3 所示。坡高约 11m，坡度较缓。该区域土石裸露呈黄色，与周围绿色植被不协调；缺少植被层，且土壤中没有自然土壤应有的种子库；边坡的裸露不仅造成了严重的水土流失，增加了坡体的不稳定性，对坡体顶部和底部的拟建建筑形成威胁。在整体生态功能上，该区域的植被缺失，还破坏了生态廊道的连续性，不利于岛陆环境中物种的扩散、迁移和交换，对生物多样性造成一定的负面影响。

（a）　　　　　　　　　　（b）　　　　　　　　　　（c）

图 13.2-2　高陡台地边坡现状

图 13.2-3　渣土堆积边坡现状

13.2.3　裸露的废石堆砌边坡

该边坡为废石堆砌而成，废石堆积边坡现状如图 13.2-4 所示。坡度约 40°，高度约 32m。由于边坡自然堆放时间较长（接近 30 年），整体稳定性较好，但边坡的裸露严重破坏了山体南侧的整体生态环境和景观效果。地质问题较轻，景观上与周围不协调，结构上缺少土壤和植被。

13.2.4　水土流失边坡

该处边坡位于岛陆南坡中部坡顶，为雨水冲刷形成的滑坡区，水土流失边坡现状如图 13.2-5 所示。表面水土流失严重，局部冲沟较深，存在土壤和植被缺失。

（a）   （b）

图 13.2-4　废石堆积边坡现状

（a）   （b）   （c）

图 13.2-5　水土流失边坡现状

13.2.5　道路建设受损边坡

该边坡为道路建设形成，主峰北侧道路边坡现状如图 13.2-6 所示。边坡表面水土流失严重，局部冲沟较深。该区域缺少植被层和土壤层；还存在不稳定的危岩体。

（a）   （b）

图 13.2-6　主峰北侧道路边坡现状

13.2.6　裸露道路豁口

该破损山体为修建道路形成，豁口道路边坡现状如图 13.2-7 所示，坡高 15m，坡度约 40°～65°。边坡质地主要为半风化性土夹石软岩，边坡整体稳定性较好，有多处冲蚀沟。现有豁口不但破坏了自然地貌景观，而且豁口处没有生长植被，进一步影响了岛陆环境的生态廊道和景观的连接作用。

（a）　　　　　　　　　　　　　　　　　（b）

图 13.2-7　豁口道路边坡现状

13.2.7　滑塌边坡

边坡现状如图 13.2-8 所示，由于受到雨水径流的冲刷，水土流失严重，导致部分垮塌，还存有危石和浮石。该区域的景观性极差，且有发生地质灾害的风险。

（a）　　　　　　　　　　　　　　　　　（b）

图 13.2-8　滑塌边坡现状

13.2.8　其他生态问题

三角岛山体植被多为灌草丛，整体覆盖度较高，局部为人工栽植桉树林。冠层结构属于"单层封闭型"，这种类型的植被冠层是由一种或几种优势物种构成的，但各物种的高度基本相同，在垂直方向上结构单一。坡中部桉树生长状况较差，多数树冠折断，景观效果极差。

此外，根据《三角岛建设实施方案》推算三角岛旅游容量平均为 3000 人／日，人均综合用水指标取 $0.2m^3/d$，年需水量约为 21.9 万 m^3。原设计东西湖容量为 23 万 m^3，难以满足岛上游客生活用水、建筑用水以及绿化灌溉用水等用水需求。因此，需要对岛上的淡水蓄水、收集和处理系统进行改造和重新设计。

13.3　生态修复目标与方案

13.3.1　生态修复目标

三角岛山体的整体修复目标为：通过生态修复，使遭到破坏的三角岛自然环境逐步恢复原有的功能与结构，构建近自然的森林与绿地景观，实现能自我维持正向演替和平衡稳定的生物群落，实现可持续发展，为后续的旅游开发提供友好的环境支撑。

具体修复要求为：实现地面基本由植被全覆盖（盖度＞90%）；主要植被呈绿色，特定景观部位呈现花镜效果；消除潜在地质灾害风险；淡水湖泊蓄水量要满足生态修复和旅游开发的使用，水质要符合绿化灌溉用水的要求。

各部位修复目标如下所述：

1. 高陡台地的修复目标

基本目标为：消除安全隐患，满足复绿和景观需求，重建生态斑块环境。对于高陡台地风化裸露边坡，根据地形特点和开发需求，设计了"花海背景墙"景观方案（图 13.3-1）。主要结构为：使用绿色植物作为背景框架，中央建立以花卉植物为主的景观植被。

2. 海岛南坡的修复目标

海岛南坡包括（1）渣土堆积边坡、（2）废石堆砌边坡、（3）水土流失边坡和（4）滑塌边坡共 4 处需要修复，基本修复目标为：重建稳定表土，生长绿色边坡植被，保水固土稳定边坡，打通生态廊道，打造自然生态的山体环境（图 13.3-2）。

3. 道路边坡及豁口的景观设计

道路边坡及豁口是指位于山体北坡的道路边坡及东侧的道路豁口。基本修复目标为：建立近自然植被覆盖的稳定边坡，营造与自然景观融为一体的生态林地（图 13.3-3）。

图 13.3-1　高陡台地的修复景观设计效果图

（a）

（b）　　　　　　　　　（c）　　　　　　　　　（d）

图 13.3-2　海岛南坡的修复设计效果图

（a）道路边坡　　　　　　　　　　　（b）道路豁口

图 13.3-3　道路边坡及豁口的修复设计效果图

4. 淡水湖泊及水循环系统设计

基本修复目标：淡水储量丰沛，水质健康，能够满足生态修复和旅游开发的需求；具有污水处理和雨水收集功能，能够解决岛上所有建筑的用水和排水问题。

13.3.2　生态修复方案

1. 三角岛受损山体边坡修复方案

（1）高陡台地边坡修复技术方案

针对图 13.2-2 的高陡台地边坡，为减少对现状环境的破坏，将在现状坡度的情况下进行修复。由于坡度较陡，建议采用立体绿化的方式进行，主要项目内容如下：

①边坡稳定性评价、边坡清理、必要的加固支护等。

②有组织排水与给水：截水沟、排水渠、沉砂池、养护管路系统等。

③结构支撑系统：钢结构、锚杆或混凝土基础等。

④容器单元：混凝土构件，牢固安置在钢结构骨架上，盛放土壤基质。

⑤植物单元：不同品种的三角梅和其他目标植物，选择或培育至合适规格，栽植到容器单元中。

（2）渣土堆积边坡修复技术方案

针对图 13.2-3 的渣土堆积边坡，应在做好坡顶截水、竖向排水等截排水设施后，清除坡面浮石，恢复山体的自然形态，然后采用"团粒喷播"方式直接进行生态修复。

修复流程：设置坡顶、坡底截排水→边坡清理→敷设金属网→团粒喷播。

（3）废石堆积边坡修复技术方案

针对图 13.2-4 的废石堆积边坡，应在做好坡顶截水、竖向排水等截排水设施后，清除坡面大块岩石和不稳定的石块，然后采用"团粒喷播"方式直接进行生态修复。

修复流程：设置坡顶、坡底截排水→边坡清理→坡底挡墙→敷设金属网→团粒喷播→苗木栽植。

（4）水土流失边坡修复技术方案

针对图 13.2-5 的水土流失边坡，应在做好坡顶截水、竖向排水等截排水设施后，清理边坡石块、杂草，并对坡面冲沟进行平整，然后采用"团粒喷播"方式直接进行生态修复。

修复流程：设置必要截排水设施→边坡清理→敷设金属网→团粒喷播→乔木栽植。

（5）道路建设受损边坡修复技术方案

针对图 13.2-6 的道路建设受损边坡，建议按照以下流程进行修复：

①设置截水沟：山体汇水分析，做好坡顶截水、竖向排水等截排水工作。

②边坡清理：清理边坡石块、杂草，并对坡面冲沟进行平整。

③ 团粒喷播：采用"团粒喷播"方式进行修复。利用"优粒土壤"优秀的抗冲蚀性解决水土流失问题，同时快速恢复植被。

（6）裸露道路豁口修复技术方案

针对图 13.2-7 的裸露道路豁口，可以对现状边坡清理后，进行喷播植被恢复。

（7）滑塌边坡修复方案

针对图 13.2-8 的滑塌边坡，首先作稳定性评价，根据评价情况加固边坡，之后进行生态修复。

修复流程：稳定性评价→边坡加固（若边坡稳定则不需要）→设置坡顶、坡底截排水→边坡清理→敷设金属网→团粒喷播→坡底挡墙。

2. 三角岛淡水湖泊及水循环系统修复方案

（1）淡水湖扩大

结合年降雨量以及淡水用水需求，建议扩大湖泊，增加湖水容量，扩大范围（图 13.3-4）。蓄水量以年降雨量的 30% 计算，可达 48.3 万 m^3（三角岛岛陆投影 0.8729km^2，年降雨量 1.849m，降水 161 万 m^3）。

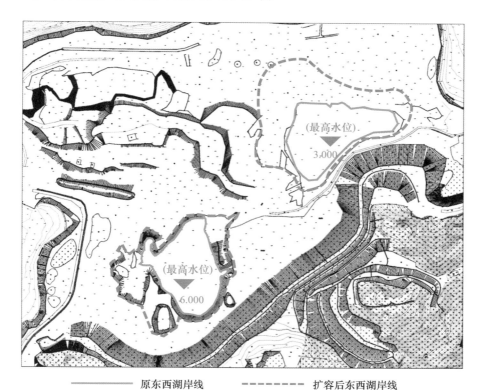

———— 原东西湖岸线　------- 扩容后东西湖岸线

图 13.3-4　三角岛扩容湖泊岸线方案图

扩容方案：西湖设计最高水位标高为 6.000m，该水位下西湖容积约为 23 万 m^3，能够满足岛上的饮用水需求。东湖面积增加至约 4 万 m²，设计最高水位标高为 3.000m，该水位下东湖容积约为 28 万 m³。三角岛湖泊扩容规划参数见表 13.3-1。

三角岛湖泊扩容规划参数		表 13.3-1
	西湖	东湖
扩容后容量	约 233961m³	约 277687m³
扩容后投影面积	约 31259m²	约 39818m²
设计最高水位	+6.000m	+3.000m
湖底最低高程	−7.00m	−7.00m
扩容挖方量	81219m³	204199m³

（2）湖底处理

对东西湖湖底进行清淤处理。西湖属于饮用水源保护地，因此西湖湖底进行防渗处理，防止东湖及外部汇水渗入西湖污染水源。

（3）环湖防护林带

西湖属于岛内的饮用水水源地，设计在西湖周边建立环湖生态防护林带，在旅游活动空间与西湖水体间预留缓冲带，确保饮用水安全。东湖属于景观水体，游客活动密集区域，设计应选择本地树种建立环湖景观林带和旅游设施，以提升东湖的可观赏性和体验性，结合上水栈道营造良好的景观效果（图 13.3-5）。

图 13.3-5　生态防护林剖面意向图

（4）湖泊岸线

基于扩容后东西湖驳岸实际情况，采用绿植消落带和直砌式消落带的形式进行景观简化设计（图 13.3-6）。

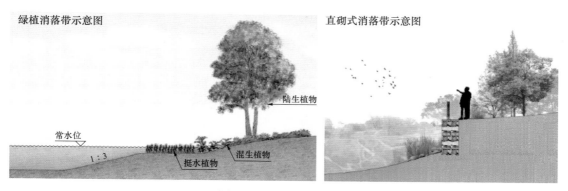

图 13.3-6　消落带示意图

（5）雨水收集系统

为了合理利用岛上的淡水资源，增加淡水水源，建议建设集雨系统（图 13.3-7）。结合地形及路网规划，设计道路雨水边沟系统，收集地块雨水径流汇集至东湖。结合山体等高线，设计山体汇水收集系统，北侧山体雨水径流汇集至珍珠湖湿地，净化后汇入西湖作为生活用水的重要补给来源；南侧山体雨水汇集后经蓄水池沉淀送至海水淡化厂净化处理后供岛上使用。

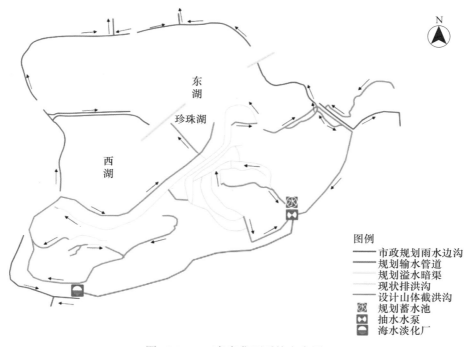

图 13.3-7　三角岛集雨系统方案图

（6）污水处理系统

污水处理系统是岛上旅游开发的基础之一，主要处理旅游开发产生的各类废水，防止水体污染，保障生态健康（图 13.3-8 ）。

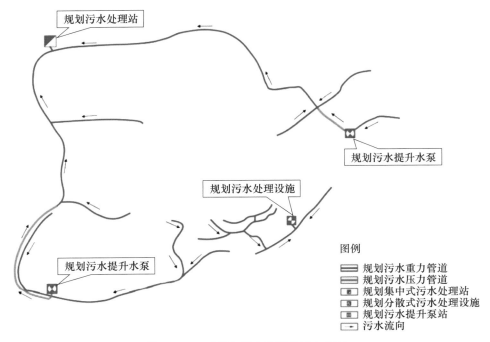

图 13.3-8   三角岛污水处理系统方案图

污水管道系统规划：沿环岛路规划污水干管，北片区、西南片区、东南片区污水分别送至污水处理站集中处理，南片区采用一体化污水处理设施就地处理。

污水处理理念：污水高效处理——中水回用——零排放与物质循环，岛上污水经处理站深度处理之后，达到中水回用标准，经泵站加压进入中水池，经中水管网系统配给各用户，实现岛上水资源的循环利用。

3. 三角岛林相改造及土壤修复方案

（1）林相改造方案

针对山坡中部的桉树林进行林相改造，建议将桉树移除后，对整个山体进行苗木补植（图 13.3-9），林相改造共分为三个区域，分别为桉树林一区、桉树林二区和自然山体区。

① 桉树林一区

现状：该区域桉树较密，基本为纯桉树，地势平缓约 30°，面积约 49000m² ，靠近东西湖，景观效果较差。立地土壤基本是黄沙土，沙石土，堆积形成，土壤贫瘠。

补植方式：桉树移除后，该区域基本全部裸露，同时靠近东西湖重要的饮用水源和景观节点，处于视觉敏感区。因此，靠近东湖的区域设置成为"海岛植物园"。靠近西湖的区域进行"喷播＋栽植"的方式建立防护林带，以减少人为活动对西湖湖水的污染。

图 13.3-9　植被恢复区划图

② 桉树林二区＋自然山体区

现状：桉树林二区林下植被茂密，种类多样，移除桉树后，灌草覆盖度相对较高。自然山体区主要为灌木和草本，土层较薄，多为岩石。

补植方式：栽植乔木，乔木高度约 3～4m，以保证丰富冠层垂直结构。

（2）土壤修复方案

土壤是生态系统不可或缺的重要组成部分，是植被、动物、微生物和系统维持生物多样性必需的物质基础。三角岛的成土母质为花岗岩，部分区域岩石裸露。土壤表层为黄沙土壤，土层浅薄，养分贫瘠，土壤酸碱度跨度大，既有盐碱土，又有强酸性土壤和中性土。区域水土流失严重，水肥保持能力差，不利于植物生长。

中部西南—东北走向的边坡上种植有人工桉树林带，现有桉树林面积约为 6 万 m²，桉树会导致土壤肥力下降，土壤水分被快速抽干，且桉树生长会阻碍同地块内其他植物的生长发育。

修复策略：建议利用现状条件就地制造人工土壤（基质），实现海岛尺度下的物质循环。

岛上的相关原材料：桉树、抚育的枝丫材、湖内的淤泥、废弃的石渣、扩大湖区产生的渣石碎料等。

建议将岛内的桉树全部砍伐，就地粉碎并加工成堆肥有机质，用于土壤改良。若岛内材料无法满足土壤修复的需求时，可以外运材料入岛（如肥料、客土、外来种籽和其他材料），但入岛材料必须进行消毒处理。

处理方式：规划在岛上选择一处合适的位置设立基质加工厂，工厂化处理的主要步骤是把岛上的桉树、抚育的枝丫材、建筑渣土等材料进行粉碎，添加有益细菌，再经过高温发酵堆沤制成植物生长的人工土壤（基质）。这样不但有效解决了废弃材料引起的环境问题，而且实现了生态环境应有的物质循环功能，具有投资低，对周边环境影响小的优点（图 13.3-10）。

（a）

（b）

（c）

（d）

（e）

图 13.3-10   桉树采伐后加工成土壤基质

13.4　生态修复效果

13.4.1　修复前（图 13.4-1）

（a）

（b）

图 13.4-1　项目修复前状况

13.4.2 修复后（图13.4-2、图13.4-3）

（a）

（b）

（c）

图 13.4-2 项目修复后 2 年效果（2023 年）

（d）

图 13.4-2　项目修复后 2 年效果（2023 年）（续）

图 13.4-3　项目修复后 2 年局部效果（2023 年）

第14章 案例七 湿陷性黄土区
——陕西省韩城市芝川东部台塬植被恢复工程

14.1 项目背景

14.1.1 项目简介

韩城市位于陕西省东部黄河西岸，关中盆地东北隅。西部多为梁状山岭，中部浅山区多为黄土丘陵，东部黄土台塬。由于采矿作业和其他建设需求，导致在西部30km的山体地段上有规模不等的采矿场20多个，取土垫路、制砖等工程，对黄土山体造成了严重破坏。露采场形成的岩质高陡边坡满目疮痍、寸草不生，极易发生崩塌；裸露的土质边坡极易受到雨水侵蚀，水土流失严重。而这些裸露边坡也会产生扬尘，影响空气质量。同时破坏了山体原有的自然形态，严重影响地貌景观。

边坡治理项目位于韩城市南部，行政区划属韩城市芝川乡政府，位于濮水左岸、529乡道东侧、双楼—相里堡村通村公路旁，临近G108国道，京昆高速从治理区东南侧经过，交通便利（图14.1-1）。治理总面积约14.4万m²，主要包含旧砖窑和搅拌站两处裸露黄土边坡。均为因取土挖方产生的大量陡立裸露边坡，坡体表面风化严重，逐年剥离，植被覆盖困难，导致景观破坏及水土流失、扬尘等环境问题。

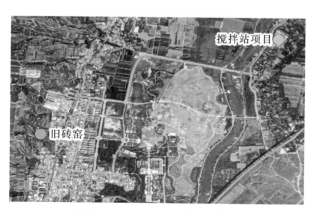

图 14.1-1 边坡治理项目区位图

14.1.2　自然环境概况

韩城市处于暖温带半干旱区域，属大陆性季风气候，四季分明，气候温和，光照充足，雨量较多。年平均气温 14.5℃，平均年降水量 559.7mm，无霜期 208 天，日照 2436h，但雨量不均，多集中于 7～9 月份。春夏季易发生干旱，夏季阵雨多、强度大，水土流失严重。年平均风速 3～4m/s。

韩城地势西北高，东南低。西部深山多为梁状山岭，一般海拔 900m 以上。中部浅山区多为黄土丘陵，海拔 600～900m。东部黄土台塬，一般海拔 400～600m，濛水下游川道和黄河滩地，多在海拔 400m 以下。境内山原川滩等地貌类型兼有，其中深山和浅山丘陵占总面积的 69%。

项目区地貌上属于黄河西岸堆积－剥蚀黄土台塬地带，塬面西高东低呈阶梯状，地表物质以冲积、风积、坡积、洪积物质为主，下伏三门系湖泊沉积地层，属于黄河的高阶地类型。中部被河水切割，塬面开隙度大，一般以 4°～6° 向东倾斜延伸为 16 块指状原面，塬表面南北向平坦，塬边呈丘陵化。沟壑密度为 0.92km／km^2，原沟相对高差 70～120m，沟头由于溯源侵蚀强烈，逐年延伸，塬面破碎呈残塬状。

韩城地处黄土高原，依山（黄龙山）向河（黄河），水热条件比较优越，植被发育良好，有着丰富的生物多样性资源和完整独特的暖温带落叶阔叶林森林生态系统，是黄土高原的"物种基因库"。截至 2021 年末，韩城市森林面积达 158.3 万亩，森林覆盖率 48.6%。

据大岭东侧植被调查分析：600～700m 针叶树以白皮松为主。落叶阔叶树主要有漆树、山楂、杜梨、毛柳、槭树等。灌木主要有黄蔷薇、野海棠、黄栌等。700～1000m 针叶树以油松为主，阳坡、断崖沟壁有少量侧柏分布；阔叶树有山楂、山桃、山杏等；灌木主要有连翘、胡枝子、虎榛子。在阴坡常有山葡萄、葛藤等藤本植物分布。1000～1500m 为针阔混交林，以油松、桦木为主，亦见有成片纯白桦林分布，灌木以绣线菊、狼牙刺为多。1500～1700m 主要为栎属的辽东栎、锐齿栎和槲栎。1700m 以上是以禾本科为主的荒草坡。调查研究表明，区内共有种子植物 97 科 408 属 710 种。

14.2　生态环境问题诊断与分析

本项目治理区域主要包含旧砖窑和搅拌站两处裸露黄土边坡，均为因取土挖方产生的大量陡立裸露边坡，坡体表面风化严重，存在多处危岩体，遇水易崩塌，坡面水土流失严重（图 14.2-1～图 14.2-3）。

图 14.2-1　旧砖窑坡面全景图

图 14.2-2　坡面水土流失严重

图 14.2-3　搅拌站 1 号坡全景图

1. 治理区为湿陷性黄土边坡，柱状节理发育，遇水易湿陷，产生安全隐患

水是影响黄土边坡稳定性的重要因素，因此如何准确截流引排是治理成功的关键因素之一。设计时不仅需考虑如何处理来自坡顶部的汇水，还应防止大量外部水（天然降雨、养护喷灌）侵入坡面，造成坡体失稳滑塌。

2. 治理区边坡高且陡，稳定性差

治理区边坡局部垂直高度达 90m 以上，坡度超 70°，坡面无植被覆盖，黄土遇水易发生水土流失。

3. 治理区坡面立地条件差，植被恢复难度大

治理区边坡刚开挖不久，坡面大多为深层土，养分匮乏；加之开挖坡度较大，坡面难以涵养水分，植物立地条件差，生长困难，常规绿化手段治理难度大，需采取特殊的技术手段进行植被恢复。

14.3　生态修复目标与方案

14.3.1　生态修复目标

（1）消除地质灾害隐患

采取工程措施进行地质灾害治理，消除治理区范围内不稳定的斜坡地质灾害隐患，保证项目所在地人民生命财产的安全和水土的保持。

（2）修复治理区的生态环境

通过治理，逐渐形成与当地植被协调的植物群落。改善山体景观，营造秀美山川，从根本上解决韩城生态地质环境恶劣的问题，恢复生态环境及自然景观，形成良好的生态、生活环境。

（3）促进治理区的综合开发利用

通过该治理项目的实施，有利于改善投资环境，提高治理区土地资源开发利用的价值，恢复成林地，充分发挥治理区及周边山体的经济价值和生态价值。提高治理区土地资源开发利用的价值。

14.3.2　生态修复方案

1. 边坡稳定性处理

（1）削坡卸载

由于部分边坡坡度较大，存在地质安全隐患，需通过机械削坡整形的方式来实现边坡的稳定，将边坡的整体坡度按 1∶0.75 进行削坡。并在边坡上设 3～5m 宽施工便道，以方便机械施工和后期挂网及养护施工。旧砖窑坡顶削坡控制线距离现状坡肩平均约

11m，局部在高程 410m 处设 3m 宽施工便道。搅拌站 1 号坡坡顶削坡控制线距离现状坡肩平均约 20m，在 532m、566m 高程处设 5m 宽施工便道。搅拌站 2 号坡坡顶削坡控制线距离现状坡肩平均约 20m，在 520m 高程处设 1 级平台。总削方量为 190591m³。

（2）堆坡整形

削坡产生的土方堆填于坡脚，堆填角度 35°，采用机械进行回填土堆坡整形，堆坡应以设计堆坡线为准，进行施工放线，堆坡坡脚线应在施工红线内，不得超越。原则上削坡产生的土方就地平衡消化，不得外运。按照整理厚度 1.5m 计算：

旧砖窑整形土方量：8110m³。

搅拌站 1 号坡整形土方量：14398m³。

搅拌站 2 号坡整形土方量：109464m³。

整形土方总量为 131972m³。

（3）压实沉降

堆填边坡需要经过分层压实、洒水沉降处理，土方开挖与堆填应相互配合，开挖一定工作量后应按设计堆坡范围进行底部回填土的堆坡整形，采用机械将堆填的土方平摊，平摊土层厚度不大于 100cm，并用挖机履带反复压实处理，压实完成后进行洒水沉降处理，让回填土加大含水率并自然沉降变形达到逐渐密实，完成本层回填土压实沉降后方可继续开挖堆填，然后再进行压实、洒水沉降，以此类推直至完成堆填。

旧砖窑沉降面积：3900m²。

搅拌站 1 号坡沉降面积：13398m²。

搅拌站 2 号坡沉降面积：5518m²。

总沉降面积：22816m²。

（4）浮土清理

由于边坡开挖完成后经受风化作用，坡面表层存在平均约 15cm 软弱风化层，土质松散，稳定性差，对后期喷播作业产生不利影响。采用机械配合人工的方式清除 15cm 厚软弱土层，直至清至硬质土体，确保网钉锚固有效作用长度达到满足工艺要求。

坡面浮土清理工程量按平均 15cm 计算，清理面积为 143819m²，合计清理方量约 21574m³。

（5）修建截排水沟

为防雨水冲击坡面的植被和土壤，避免对坡面、平台所种植物造成侵害，必须进行有组织排水，做好截排水沟的布设工作。

2. 团粒喷播设计

边坡的土壤为水稳性差的湿陷性黄土，在自然条件下，极易水土流失，无法含蓄水分和养分。需要合理地选择修复技术，实现在生态修复的同时彻底解决水土流失问题。因此，本项目采用"团粒喷播植被恢复技术"对边坡进行修复。

（1）金属网敷设

采用镀锌铁丝网，规格为：$\phi2.0mm$，网孔规格：$5cm\times5cm$；网宽：$200cm$。将镀锌铁丝网向坡顶上方延伸 3m 以上，并用网钉固定。

敷设金属网时，金属网应在坡底堆坡上边缘处断开，防止因堆土沉降造成金属网变形。

（2）封水层施工

考虑到黄土边坡的土质遇水易湿陷的特性，本项目在实施喷播作业之前应先进行封水层施工。封水层是由黏质土、植物纤维及高分子等化学物质按特定的配合比调制而成，通过湿式喷播设备喷射至目标坡面，在坡面上形成一层 $1\sim2cm$ 的黏土封水层。封水层致密的结构可以降低水的渗透速度，极大地阻隔外部降水侵入原坡体，从而起到保护坡面的作用。

封水层基质的稳定透水系数为 $2.6\times10^{-6}cm/s$，属于渗透系数较低 – 极低的一类土壤（普通黏土的透水系数为 $1.16\times10^{-4}cm/s$）。

封水层工程量为 $143819m^2$。

（3）团粒喷播作业

金属网敷设工序完成后，进行团粒喷播。将喷播材料通过专业设备，喷播到坡面上。喷播厚度为 7cm，（其中封水层 2cm，底层 $2\sim3cm$，种子层 $1\sim2cm$）。

团粒喷播工程量为 $143819m^2$。

（4）植物设计

根据当地气候特点和坡面情况选择适宜的植物种类，主要有：小叶锦鸡儿、榆树、沙棘、沙枣、紫穗槐、刺槐、黑麦草（表 14.3-1）。

喷播用植物表　　　　　　　　　　　　　　　　　　表 14.3-1

植物名称	拉丁文名	科属
小叶锦鸡儿	*Caragana microphylla Lam*	豆科、锦鸡儿
沙棘	*Hippophae rhamnoides Linn.*	胡颓子科、沙棘属
沙枣	Elaeagnus angustifolia L.	胡颓子科胡颓子属
紫穗槐	*Amorpha fruticosa Linn.*	豆科、紫穗槐属
刺槐	*Robinia pseudoacacia* L.	豆科、刺槐属
黑麦草	*Lolium perenne* L.	禾本科、黑麦草属
榆树	*Ulmus pumila* L.	榆科、榆属

3. 栽植绿化设计

为了保证植被群落的景观效果，可在坡脚及边坡平台等坡度较缓的区域进行栽植绿化，配合团粒喷播达到生态修复的目的。设计选用常绿乔木雪松及侧柏进行复绿，采用密植与列植相结合的方式进行种植，保证四季有景的景观效果（表14.3-2）。

苗木栽植表　　　　　　　　　　　　　　　表 14.3-2

边坡	种植区域	品种	数量	单位	备注
旧砖窑	坡脚	2m 高侧柏	315	株	1 株 /2m²
搅拌站1 号坡	坡脚	9m 高雪松	60	株	1 株 /4m²
	坡间平台	5m 高雪松	192	株	1 株 /1.5m²
	坡间平台	4m 高侧柏	291	株	1 株 /4m²
	坡间平台	2m 高侧柏	1775	株	3 株 /m²
	坡间平台	1.5m 高侧柏	296	株	2 株 /m²

4. 养护管理

养护是常规绿化工程质量好坏的关键，团粒喷播由于采取特殊的工艺，其养护亦具有其特殊性。养护工作主要包括浇水、施肥、病虫防治。

该治理工程项目植被养护期为 2 年。

14.4　生态修复效果

14.4.1　修复前（图 14.4-1）

图 14.4-1　项目修复前状况

14.4.2　修复后 1 年（图 14.4-2）

（a）

（b）

图 14.4-2　项目修复后 1 年效果（2017 年）

14.4.3 修复后2年（图14.4-3）

（a）

（b）

图 14.4-3 项目修复后 2 年效果（2018 年）

（c）

图 14.4-3 项目修复后 2 年效果（2018 年）（续）

第15章　案例八　吹填岛礁建设

——海南省三沙市吹填岛礁植被新建项目

15.1　项目概况

15.1.1　项目简介

项目位于海南省三沙市的南沙海域。吹填岛礁由珊瑚砂吹填而成，通过人工措施加快了成岛过程。在自然情况下，这些岛礁上形成 1cm 土壤约需 1 万年，植被自然形成约需要 400 年的时间。吹填岛礁上原本没有原生植物，当然也不会有原有植物的自我繁殖。由于吹填岛礁远离大陆，植物也难以传播到岛礁上。因此，人工辅助下的植被新建是目前唯一可靠的途径。

15.1.2　自然环境概况

项目区属海洋性热带雨林气候，气候反差大，高温、高湿、高盐，年平均气温28℃～30℃，夏季地表温度超过 50℃。区域内海域常年受东北季风和西南季风影响。每年 11 月至翌年 3 月，盛行东北季风，风力在 6 级以上，波高在 2.5m 以上；6 月至 10 月，是台风季节，盛行西南季风。局部低压造成大风多，处于西南大风的风口，不但大风日数多，而且来得突然，持续时间长，风的阵性大。降雨量充沛，年降水量可达 2800mm 以上。

项目区经人工吹填珊瑚砂而形成，由数量较多的、大小不一的珊瑚石和颗粒小的珊瑚砂组成，初期结构松软，极易沉陷，未经淋溶的珊瑚砂含盐量高、碱性强。珊瑚砂微孔丰富、形状、颗粒大小不均，空隙率较大，透水性强，保肥能力差，很容易造成植物养分缺乏，使植物生长不良。

15.2　生态环境问题诊断与分析

根据现状调查结果，目前项目区主要的环境问题为土壤养分缺乏、水土流失、植物筛选等问题。

15.2.1　环境问题概述

1. 土壤抗冲蚀问题

项目区常年温度高，多台风，雨期较为集中，降水量丰富，短时间内有暴雨甚至特大暴雨出现，对土壤基质造成冲蚀，极易造成土壤层的水土流失，导致生态重建失败。

2. 珊瑚砂的养分问题

珊瑚砂的含盐量大，但生物生长需要的养分却极其缺乏，尤其是氮元素含量极低，约为 0.04%，对植物生长极为不利。

3. 适应性植物的选择问题

由于珊瑚砂特殊的结构并且盐碱成分较高，对种子的萌发、生长起到抑制作用，一般植物很难在珊瑚砂上正常定居和生长。必须筛选耐贫瘠、抗盐碱的植物。

4. 种子发芽期和幼苗期保护

植株在发芽和幼苗时期，极为脆弱，地上植株和地下根系均比较容易受到损害。试验区温度高，中午地表温度达到或者接近，甚至超过 50℃，一般植物幼芽和幼苗很难承受这种地表温度，如果不采取有效的降温措施，幼苗根部容易被灼伤而导致幼苗死亡。

15.2.2　适用植物调查

针对区域特殊的地理位置、气候条件和土壤环境，通过查阅文献资料、调查和实验等方式选择了多种比较适宜当地气候条件的植物，如草海桐、榄仁、抗风桐、马占相思、木麻黄、苦楝、夹竹桃、木豆、车桑子、黑荆、银荆、金合欢、银合欢、单叶蔓荆、大叶油草、大花蒺藜、海滨雀稗、狗牙根、巴哈雀稗草、马齿苋、太阳花、沟叶结缕草等乔木、灌木和草本；并对这些植物的种源情况进行调查。

15.3　植被新建目标

15.3.1　原则

1. 生态性原则

通过创新的人工措施和技术，构建海岛环境下的人工土壤层，并选取适宜海岛生长的植物，创造全新的生态海岛环境。

2. 可持续性原则

前期通过人为干预和土壤层构建，创建海岛植被，选择适宜的植物配置方式，从而形成稳定的植物群落，实现可持续发展原则。

3. 效率与效益并重的原则

治理过程不仅要兼顾生态、经济等效益，还要注重效率，达到短期内快速构建植被群落的效果。

15.3.2 目标和任务

1. 目标

（1）快速构建人工土壤层，并实现水土保持；

（2）快速构建植物群落，改善海岛生态环境；

（3）短期内达到较高的植被覆盖率；

（4）改善海岛环境，创造适合人类的居住和工作环境。

2. 主要任务

（1）系统调查项目区环境现状，查明岛上珊瑚砂和水样理化性质；

（2）根据气候条件选择合理的植物物种组合；

（3）根据吹填岛礁条件，设计可行的人工土壤基质配制方案，并进行试验验证；

（4）实施吹填岛礁的植被新建，经过适当养护，实现预期的生态功能。

15.4 植被新建方案

15.4.1 试验阶段

1. 样品检测

对项目现场采集的珊瑚砂、水样土样等进行检测（表15.4-1）。

试验样品的各项指标检测 表 15.4-1

样品	pH 值	电导率（μS/cm）
珊瑚砂	8.3～8.9	2640～3700
翻动 15cm 后表层珊瑚砂	7.6～8.9	1600～8760
淡水淋溶后表层珊瑚砂	8.1～8.7	303～546
淡水淋溶后下层 15cm 珊瑚砂	9.2	330
喷播后培养基下珊瑚砂	8.8	2800

续表

样品	pH 值	电导率（μS/cm）
施工用土	6.8	59
海水	8.2	10000
淡化海水	6.9～7.3	589～637
淡水	7.9	127
喷播后培养基	7.8	425
1 份土、1 份珊瑚砂、2 份有机质培养基	7.8	1780
1 份土、1 份珊瑚砂、2 份有机质培养基滤液	7.8	6450

2. 植物选择

经文献资料调查、试验研究，初步确定本次试验共选用草本 8 种，乔木 4 种，灌木 4 种（表 15.4-2）。

植物选择　　　　　　　　　　　　　　　　表 15.4-2

序号	植物名称	科属	生态特性	种源
1	狗牙根	禾本科 狗牙根属	适于世界各温暖潮湿和温暖半干旱地区，长寿命的多年生草，极耐热和抗旱	有
2	弯叶画眉草	禾本科 画眉草属	多生于荒芜田野草地上，产于全国各地，分布全世界温暖地区	有
3	黑麦草	禾本科 黑麦草属	须根发达，丛生，分蘖很多，喜温暖湿润土壤	有
4	巴哈雀稗草	雀稗属	适宜于热带和亚热带，年降水量高于 750mm 的地区生长，对土壤要求不严	有
5	太阳花	马齿苋科 马齿苋属	喜欢温暖、阳光充足的环境，极耐瘠薄，一般土壤都能适应，对排水良好的砂质土壤特别钟爱	有
6	沟叶结缕草	结缕草属	喜温暖湿润气候，生长势和扩展性强，受海洋气候影响的近海地区对其生长最为有利	有
7	大叶油草	禾本科 地毯草属	适于热带和亚热带气候，喜光，也较耐阴，再生力强，亦耐践踏。对土壤要求不严，能适应低肥沙性和酸性土壤	有
8	海滨雀稗	禾本科 雀稗属	广泛分布在整个热带和亚热带地区，多用于改良受盐碱破坏的土地和受潮汐影响的土壤，以能适应各种非常恶劣的环境而闻名，是热带、亚热带沿海滩涂和类似盐碱地区的选择植物	有
9	金合欢	豆科 金合欢属	喜光、喜温暖湿润的气候，耐干旱	有
10	银合欢	含羞草科 银合欢属	适应性强、抗旱，不择土壤、耐瘠薄盐碱	有
11	黑荆	豆科金 合欢属	喜光，喜温暖，不耐涝。较耐阴，喜湿润气候，对土壤要求不严	有

序号	植物名称	科属	生态特性	种源
12	银荆	豆科金合欢属	为喜光树种，不耐庇荫。喜温暖湿润气候，对土壤 pH 值要求不严	有
13	木豆	豆科木豆属	喜温，最适宜生长温度为 18℃～34℃，耐干旱，比较耐瘠，对土壤要求不严	有
14	山毛豆	豆科灰毛豆属	适应性强、耐酸、耐瘠、耐旱、喜阳，稍耐轻霜，适于丘陵红壤坡地种植	有
15	车桑子	无患子科车桑子属	喜温暖湿润的气候，在阳光充足、雨量充沛的环境生长良好，对土壤要求不严，以砂质壤土种植为宜	有
16	单叶蔓荆	马鞭草科牡荆属	广布于沿海岸边，可作为海滨防沙造林树种。具有地面匍匐茎，节上生根，以此适应海滩沙地生活条件。性强健，根系发达，耐寒，耐旱，耐瘠薄，喜光，匍匐茎着地部分生须根，能很快覆盖地面	有

3. 设备、材料准备与运输

（1）项目设备

主要包括喷播机、水泵、吊车、叉车、铲车、电动割草机、喷雾器等。

（2）项目材料

① 种子

草本种子净度在 95% 以上，发芽率 90% 以上；乔灌木种子净度 85% 以上，发芽率在 75% 以上。

② 黏土

土壤颗粒粒径在 0.5cm 以下，含盐量小于 0.1%，pH 值在 5.5～8.5 之间。

③ 其他

其他材料有有机质材料、纤维材料、肥料、团粒剂、稳定剂、农药等。

本次运输过程中的装卸主要采用人力，黏土为 25kg 的编织袋小包装，小包装再装入吨包，由吊车或叉车吊运，作业效率低。叉车两台，船内倒运；货车一台，岛上倒运。黏土应在陆地提前筛选（土壤粒径小于 0.5cm），装入吨包封口后吊运。所用黏土一定要进行消毒处理，避免有害的病菌和虫卵带入岛上。有机质、纤维材料、肥料应放入大包装，方便吊装；稳定剂、团粒剂、农药等要密封和防雨淋处理。

15.4.2　施工阶段

1. 喷灌系统

安装地埋式喷灌系统，喷头间隔 10m，本次安装为中间两排式。喷灌作业应避免在风大时进行（图 15.4-1）。

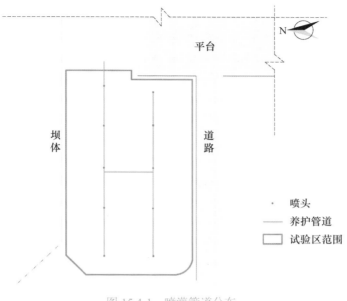

图 15.4-1 喷灌管道分布

2. 清面

清理、平整作业区基础面层，大块珊瑚石清理或深埋。

3. 喷播

本次施工喷播作业分三次进行，依次为灌木区、草本一期和草本二期。

（1）灌木区

灌木和草本种子含：车桑子，山毛豆，木豆，金合欢，银合欢，银荆，黑荆；黑麦草，狗牙根，巴哈雀稗草，太阳花，沟叶结缕草，弯叶画眉草。

（2）草本一期

草本种子包含：黑麦草，狗牙根，巴哈雀稗草，太阳花，沟叶结缕草，弯叶画眉草。

（3）草本二期

草本种子包含：黑麦草，狗牙根，巴哈雀稗草，太阳花，沟叶结缕草，弯叶画眉草。

15.4.3 养护阶段

1. 浇水养护

项目所在地区淡水资源匮乏，而且淡化海水成本较高，所以浇水养护应选择喷灌，以提高用水的效率和质量。浇水养护应避开地温高和光照强的时间，选择早晨和傍晚。

本项目大部分采用淡化海水作业和养护，实践证明淡化海水可以作为喷播和养护作业用水。由于施工、养护用水量较大，每年 6～10 月是南沙群岛的台风季节，下雨频繁，建议喷播施工尽量在台风来临前完成。

2．施肥养护

珊瑚砂孔隙率较大、透水性强、肥力贫瘠，而且保肥能力差，很容易造成植物养分缺乏，使植物生长不良，所以应尽量加大喷播土层厚度（5cm以上），增强培养基的保水保肥功能。

前期尽量以水溶方式施肥，可以避免烧苗，后期可干撒，但干撒后要及时浇水，否则容易造成烧苗，干撒要注意均匀，避免肥力不均造成植物生长不均匀。

3．喷药养护

南沙群岛地区因温度适宜，非常容易造成虫害的发生，养护期间应严格监视，如果发生病虫害，选择针对性强的药剂进行灭杀。

15.5　植被新建效果

吹填岛礁植被新建后 3 个月见图 15.5-1。

（a）

（b）　　　　　　　　　　（c）

图 15.5-1　项目植被新建后 3 个月效果

第 16 章　案例九　建筑屋顶植被建设
——上海市松江区巨人集团屋顶绿化项目

16.1　项目概况

16.1.1　项目简介

　　项目位于上海市松江区，建设工程核心地带有大面积水域环绕，使整体建筑如一巨龙游于水面（图 16.1-1）。屋顶景观的整体布局由美国 SWA 公司设计，设计定位为草原式屋顶绿化，即通过植被建设营造城市中的草原风光。

图 16.1-1　巨人集团松江总部大楼总体景观

　　如图 16.1-2 所示，园区屋顶总绿化面积 13896.83m²，屋面由 48 块大小不等的斜坡平屋面构成，坡面形状、坡度、角度、朝向等情况复杂，最大坡度 53°，最小坡度 6°。由于 2 号、3 号、21 号、22 号斜屋面面积较小，坡度较大，未作喷播设计。因此，实际施工屋面 44 块。最大坡度为 7 号屋面的 44°，最小坡度为 39 号屋面的 6°。

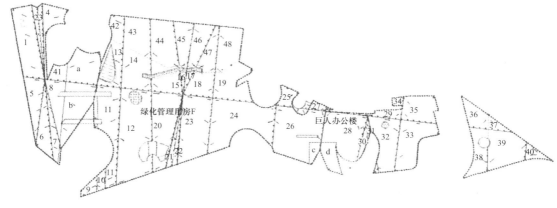

图 16.1-2 屋顶绿化分区平面图

16.1.2 区域特征

上海市地处亚热带季风区，气候温和，全年降雨量充沛，70% 降雨集中在 4～9 月，为典型夏雨型季风降雨，年降水出现 2 个高峰，即春末夏初的 6 月与夏秋交接的 9 月，月降雨量达到 150mm。

16.2 问题诊断与分析

本项目属于纯人工的植被环境构建项目，因此省去生态诊断与分析过程，在此重点介绍本项目的难点问题。

16.2.1 技术难点

本案例屋顶属于大面积的陡坡面屋顶，工程实施难度极大，综合概括有以下 4 个特征：

（1）屋顶绿化面积较大，整体绿化面积 13896.83m²。

（2）屋面绿化坡面多，坡向复杂。坡面有 40 多个，主要坡面介于 15°～40° 之间，其中最小为 6°，最大为 44°。

（3）为了营建低养护的开敞型屋顶绿化，需要土层较厚、营养丰富的土壤基质。但屋顶结构有承重荷载限制，土壤基质层不能太厚。另外，在大面积的斜坡屋顶上如何固土？

（4）整体设计旨在通过种植低矮灌木、草本地被营造城市中的草原风光，但种类丰富、密集、长势良好的植被，其根系肯定发达且健壮。如何保证根系不破坏屋顶的结构层、防水层和保温层是需要重点考虑的问题。

（5）保水和排水问题。植物生长需要充足的水分，但大多数植物不能忍受泡水。所以如何保水和蓄水需要有针对性设计，同时，大雨、暴雨和长时间降雨情况下的快速排水也同样重要。

16.2.2　气候难点

由于上海气候湿润，降雨集中，短时间强降雨可能会冲刷、破坏屋面土壤并由此导致水土流失。此外，上海气候局地性特征明显，在市区有明显的"城市热岛效应"，对屋顶的气候影响较大。

16.3　植被生态构建方案

16.3.1　目标设计

以屋顶为支撑，营建以草灌为主要植物的、具有典型草原景观特色的土壤与植物表层。要求植被能够在极低养护下靠雨水正常生长，要求绿化不影响建筑的主体功能，要求景观与周围环境协调。

16.3.2　路线设计

针对该屋顶绿化工程的特点及其具体情况，采用团粒喷播与屋面绿化辅助措施相结合的方法，对整个屋面进行分区域、分类型的主体构建。屋顶绿化的主体结构主要分为五个部分，从下到上依次是：阻根防水层、蓄排水层、过滤层、土壤基质层和种植层。

此屋顶绿化工程的施工顺序为：清扫建筑顶层→铺设阻根防水层→安装石笼→铺设橡胶排水板（满铺）→铺设保水层（满铺）→铺设过滤层（满铺）→敷设防滑槽钢骨架（防腐处理）→铺设轻质土壤层→铺设喷灌系统→团粒喷播施工→植物栽植→竣工验收→植物养护管理（图 16.3-1）。

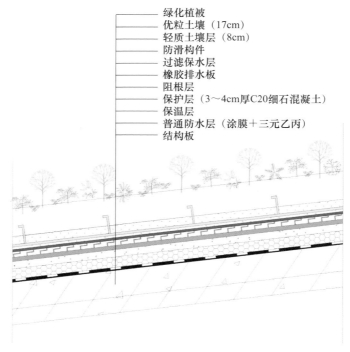

绿化植被
优粒土壤（17cm）
轻质土壤层（8cm）
防滑构件
过滤保水层
橡胶排水板
阻根层
保护层（3～4cm厚C20细石混凝土）
保温层
普通防水层（涂膜＋三元乙丙）
结构板

图 16.3-1　屋顶绿化系统剖面图

16.3.3　材料与技术选择

1. 土壤基质的选择

屋顶绿化相关技术规范对屋面荷载有明确界定，种植基质层关系到植物生长和房屋结构承重的问题，因此在种植基质选择上要以质轻且营养丰富为原则。团粒喷播制备的土壤基质，是在黏质土及玉米秸秆、花生壳、酒糟、中药渣等有机材料的基础上，添加必要的缓释肥料和土壤添加剂混配而成。在团粒化反应后，形成与自然界的原始森林表土有类似物理性质的松软人工土壤，该人工土壤由大小不同的团粒结构组成，具有多级空隙、质轻、排水通透、保水保肥、抗雨水冲刷等特点（表 16.3-1）。其固、液、气三相体积比例与自然土壤相同，有利于植物生长和土壤微生物活动，并且能够促进植物群落与土壤微生物群落之间的良性互动，从而形成稳定的生态系统。因此，选择该人工团粒土壤用于屋顶绿化。

人工土壤基质的理化性质指标　　　　　　　　　　　　　　表 16.3-1

项目		团粒土壤
物理性能	土壤基质容重	$0.9g/cm^3$
	土壤基质有效持水量	65%
	土壤基质总孔隙度	42.5%

续表

项目		团粒土壤
化学性能	有机质	7.58%
	速效氮	360mg/kg
	有效磷	199mg/kg
	速效钾	$1.18×10^3$mg/kg
	pH 值	8.8
	电导率	866μS/cm

2. 喷播设备与防滑措施

团粒喷播所制备的土壤基质需要专用喷播机进行喷播，这种喷播设备能使流动性的泥浆状混合材料在喷射瞬间与土壤团粒剂反应。多余的水分从土壤基质中排出，人工土壤层会牢固地吸附于坡面上，即使受到雨水的冲刷也不会脱落，这一特点使其在斜屋面稳定附着成为可能。鉴于该工程坡面多，坡向、坡度复杂，整个屋面需加设防滑装置，通过防滑挡板分散斜向下滑力。对于坡度大于 20° 的屋面，还需敷设金属网以辅助固定土壤基质，增强坡面土层的稳定性。

3. 植物材料选择

屋顶绿化不同于地面绿化，屋顶不能提供给植物足够的三维伸展空间，因此植物材料的选择不但受到建筑荷载以及房屋环境等影响，还要考虑植物的生长空间。结合整体设计风格与景观需要，植物材料选择栽植当地长势良好、观赏价值较高的低矮灌木及多年生地被植物（表 16.3-2），以低矮草花体现草原风光，基本不会受到场地因素的影响。

4. 蓄排水结构设计

整个屋面蓄排水系统的建立运用了石笼结构，它在满足工程施工、养护步道需求的同时，还具备划分空间、蓄排水的作用（图 16.3-2）。石笼结构是由多个石笼按照一定建造方式叠砌而成的工程结构，其基本工作单元为填石的石笼。填石要满足密度、粒径和级配、形状、抗风化性、抗腐蚀性等方面的要求。其起源可追溯到 2000 多年前的都江堰水利工程，竹笼装石筑堰法就是最早的石笼结构。

该屋顶绿化工程利用石笼结构将坡面区域进行有效分隔，其两侧为不同区域的保水层与过滤层。在持续降雨或短时间大量降雨的情况下，上方多余水分可通过过滤层与石头间隙转移至下方区域，由排水管道集中排出。水分在流经石头间隙时得到有效蓄留，水分流失量大大减少。因此，在构造上起到蓄排水的作用，并在屋顶景观构建方面起到一定的装饰作用。此外，石笼布局打破了以往为满足交通需求而铺设园路的传统模式，诠释了屋顶绿化乃至整个绿化工程结构、功能、景观的和谐统一。

表 16.3-2

选用的修复植物

植物名称	拉丁名	科属	形态特征	植株高（cm）	花期（月）	花色	观赏特性
绵毛水苏	*Stachys lanata*	唇形科水苏属	多年生宿根草本	35～40	7	紫红	观花、观叶
多花筋骨草	*Ajuga multiflora*	唇形科筋骨草属	多年生常绿草本	25～30	4～5，10～12	蓝紫色	叶色紫黑，花期较长
美丽月见草（矮化型）	*Oenothera biennis*	柳叶菜科月见草属	多年生草本	30～50	5～10	白色至粉红色	花大而多，花期长
金山绣线菊	*Spiraea×bumalda 'Golden Mound'*	蔷薇科绣线菊属	落叶小灌木	30～60	5～10	粉红色	叶色金黄，聚伞花序，观赏期长
花叶蔓长春	*Vinca major 'Variegata Loud'*	夹竹桃科蔓长春花属	常绿蔓性藤本	10～20	3～5	紫色	花叶兼赏类地被材料
阔叶麦冬	*Liriope palatyphylla*	百合科麦冬属	多年生草本	25～35	6～9	紫色	观花、观叶、观果
金叶苔草	*Carex Evergold*	莎草科苔草属	多年生草本	20～25	4～5		观叶地被
无毛紫露草	*Tradescantia virginiana*	鸭跖草科紫露草属	多年生常绿草本	30～40	5～10	蓝紫色	观花观叶
中华景天	*Ssdum chinensis*	景天科景天属	多年生常绿肉质草本	15～20	5～6		观叶地被
八宝景天	*S.spectabile*	景天科景天属	多年生肉质草本	30～40	7～10	白色或紫红色	观叶地被
垂盆草	*S.sarmentosum*	景天科景天属	多年生常绿草本	25～30	5～6	淡黄色	观叶地被

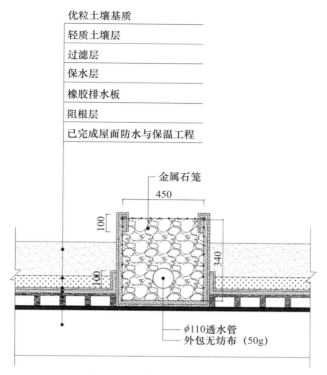

优粒土壤基质

轻质土壤层

过滤层

保水层

橡胶排水板

阻根层

已完成屋面防水与保温工程

金属石笼

450

100

340

100

φ110透水管

外包无纺布（50g）

图 16.3-2　蓄排水结构示意图

5. 景观构建

结合整体设计风格与景观需要，植物材料选择当地长势良好、观赏价值较高的低矮灌木及多年生地被植物，以低矮草花体现草原风光。植物材料多选用多年生宿根草本，通常选择体量较小的种类。最高的灌木种类金山绣线菊仅 60cm，植株较高的美丽月见草也选用低矮品种，高度控制在 50cm 以下。多花筋骨草、金山绣线菊与金叶苔草在自然式的植物布局中起到点缀的作用，其体量与观赏特性完全可以满足案例需要。

4～10 月是屋顶的观花季节，蔓长春与多花筋骨草在春季次第吐苞，之后美丽月见草竞相开放，将整个屋顶的氛围烘托得更加热烈。

6. 养护管理与使用年限

施工完成后，为达到稳定持久的草原景观，需进行合理的养护管理。该工程所选用的植物均为多年生草本和木本植物，可自然更新演替，但在少量缺苗部位则需人工查漏补缺，以达到整个屋面的完整统一。随着植物的生长和养分流失，土壤肥力会逐渐降低，可以借助自动喷灌系统定期为植物喷施液肥补充养分。此外，在病害防治方面，按照"早预防、早发现、早施药"的原则防治病害。在春季草木发芽前对屋面植物进行一次喷药预防，一般配合自动喷灌系统在浇返青水时进行，这样可以大大减少人工养护力度，从而达到低养护低管理的目的。

在土壤养分充足和养护管理及时有效的前提下，合理的植物选择与植物配置方式可有效延长绿化景观的使用寿命。然而屋顶绿化工程的耐久性和使用年限主要取决于阻根层材料的质量，《种植屋面工程技术规程》JGJ 155—2013 规定"种植屋面防水层的合理使用年限不应少于 15 年"。该屋顶绿化工程所采用的阻根层材料是德国生产的耐根穿刺防水卷材，耐根穿透能力通过了欧洲权威机构认证，抗拉强度达 850N，依据施工技术指标和材料质量判定，其最低使用年限远大于 15 年。

16.4 屋顶植被建设效果

上海松江区巨人集团屋顶植被建设后的效果见图 16.4-1。

（a）

（b）

图 16.4-1 项目植被建设后效果

（c）

（d）

（e）

图 16.4-1　项目植被建设后效果（续）

第17章 案例十 河道生态治理
——山东省青岛市大任河综合整治工程

17.1 项目概况

17.1.1 项目简介

大任河发源于青岛市即墨区鳌山卫青岗岭，向东北流经东水场村、南邱家白庙、河东村、东邱家白庙、大任观村、星石庄等村，于星石庄村北注入鳌山湾。河道全长12.17km，河宽6~142m，流域面积49km²。大任河是即墨梅茶园景区的骨干河网，将蓝鳌路景观绿廊、茶田花香种植区、鳌角石村、梅花谷景区、天柱山森林公园五个组团联系起来。本次综合整治长度约3295m，大任河作为当地景观重要的景观轴，所以在对其整治时，应体现当地个性风貌、历史文化等方面，将其打造成乡村景观脉络和公共活动组织的核心载体。

项目建设河段西起白庙桥东至大任观村，全长约3.3km，为梅茶园旅游景区段滨河水域。河道最大宽度约为70m，最小宽度约为25m，平均宽度约为35m，总用地面积约237445.0m²。项目距离轻轨11号线约4.7km，交通便利，地理位置优越。周边有梅花谷、天柱山等优质景观资源及鳌角石村等人文资源。

17.1.2 自然环境概况

青岛市即墨区地处北温带季风区域内，属于受海洋环境影响的季风显著的海洋性气候，冬暖夏凉春温秋爽，4~9月份多为东南季风气候，湿热多雨；10~3月份则以西北季风为主，少雨多雪。年平均气温为12℃，最热月平均气温25℃；最冷月平均气温-1.2℃，极端最高气温为38.7℃，极端最低气温-18.6℃。降水分布东多西少，东部年均773mm。常年盛行风向为南南西风，其次为西南风和北北东风。历年平均相对湿度69%，最高8%（7~8月），最低58%（3月）。

现有优质苗木主要集中在管理路两侧龙柏、大叶女贞等改造段植物（图17.1-1）。

河道局部芦苇、荷花长势良好，考虑后期保留。河道两岸部分法桐、垂柳等植物长势良好，外观效果佳。

芦苇
Phragmites communis (Cav.) Trin. ex Steud.

荷花
Nelumbo SP.

法桐
Platanus orientalis Linn.

垂柳
Salix babylonica

大叶女贞
Ligustrum compactum (Wall. ex G. Don) Hook. f.

龙柏
Sabina chinensis (L.) Ant. cv. Kaizuca

图 17.1-1　沿线植物资源分布

17.2　生态系统问题诊断与分析

17.2.1　河道现状分析

本河道河段是即墨梅茶园景区的骨干河网，河道内原生植物长势较好、驳岸形态多样，场地具有较好的自然地理位置，拥有丰富的山水地形及自然景观资源，并且交通十分便利。政府政策的大力支持以及目前特色产业的发展，形成了良好产业支撑。这些都为场地的进一步发展提供了不可多得的机遇。

存在问题：河道两侧植被的多样性较低、景观效果差、河道未能发挥滨水绿地价值，而且岸边绿地废弃，桥体周边无标识性。河槽杂乱无序，堤坡残缺不全。目前大任河周边村落较多，但是没有形成自己的特色。

17.2.2 植被群落分析

现场植物生长繁茂，局部河道芦苇密集，需后期清淤处理。自然护岸植物密集，较为杂乱，需后期处理。

17.2.3 水情分析

大任河为季节性河道，平时水量较少，汛期河道水量较大且水流速度较快，易造成洪灾。大部分现状河道为自然冲沟，河道断面较窄，且现状河道多年未清淤，淤积严重，现状河道深度不满足50年一遇防洪水位要求，现状堤顶无法加高。大任河现状河道内淤积严重，河道多年未清淤。

居民生活污水排入水体，氮磷超标，造成藻类大量繁殖，导致水体富营养化。现状大任河两岸存在污染点源，主要为雨污混流排水口和现状明沟内雨污混流。河道沿线的村庄无配套市政污水管道。

17.3 河道治理设计

大任河综合整治工程包括：河道护岸工程、河道治理工程、生态景观工程、河水安全工程。大任河设计河段上游主要为山景区域，设计河段主要为乡村滨河区域，下游主要为城市滨河区域（图17.3-1）。

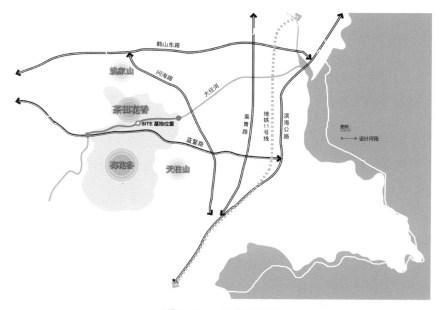

图 17.3-1 区位联系图

17.3.1 河道护岸工程

1. 生态自然护岸段

本段西起马家白庙桥东至鳌角石村东侧，长度约为 2160m。以自然放坡为主要护岸形式，两侧植被密集，河道中央芦苇繁茂。设计考虑后期水面蓄水，将设计子沟，保证景观水面。

2. 垂直护岸段

（1）分布于白庙桥东，长度约 300m，以及鳌角石村东至大任观村，长度约 788m。鳌角石村段东侧河道两侧有现状垂直护岸。考虑后期水生植物遮挡，增强水岸生态属性。

（2）鳌角石村段东侧河道现有石堰景观性良好。建议后期保留并做相应美化处理，提升节点景观品质（图 17.3-2）。

图 17.3-2　大任河河道景观现状照片

17.3.2 河道治理工程

1. 河道清淤工程

针对现状河槽杂乱无序，堤坡残缺不全问题开展大任河河道综合治理。整治河道长度 3.3km。秉承遵循自然原则，对河道进行清淤整治和岸坡治理，保证河流生态本底功能，统筹考虑生态水系景观水面的要求。河道平面布置，尽量不向两侧扩挖，不改变河道走势，并尽可能使河道顺直，避免河槽断面急剧收缩或扩宽，对于河槽断面变化处，采用渐变段衔接。施工过程中，河道清淤控制线可根据现场实际情况做适当调整，相邻断面之间清淤疏浚平顺过渡。断面设计，尽量减少清淤疏浚工程量，治理段采用现状河底高程。局部景观节点可结合岸坡植物造景可形成优美的临水景观。

2. 路、桥、堰工程

为解决河流沿线村庄基础设施建设滞后、河岸交通可达性较差的问题，沿河全线完善交通网络体系。既方便了沿河两岸交通联系，又可作为引线，串接景点和村庄。

道路设计：顺沿现状河道线进行设置，局部利用现状已有滨河道路设计，线形力求平顺衔接。采用彩色透水混凝土材质。

桥涵设计：保留现状板桥 4 座，漫水桥 1 座。改善两岸交通通行条件，并做景观提升，新建漫水桥 1 座，提升河流窗口位置形象。

石堰工程：保留现状石堰 5 座，并做景观提升。新增石堰 1 座，新增拦沙坎 5 处。拦蓄挡水形成开阔的水面景观，局部跌水，丰富水面景观。

3. 生态景观工程

生态设计已经成为未来河道整治工作的必然趋势。河道治理既要充分发挥其防洪、蓄水、排涝等最基本功能，还需加强其生态、景观、旅游、休闲等功能。在延续原有生态护岸形式的基础上，局部结合现状和景点布置要求建设，就地取材，大量使用乡土植物，保护原有河道自然生境。以"梅山花醉，景融大任河畔""水润村居，文汇鳌角石村"为设计理念，塑造大任河特色沿河乡村生态景观。

河道植被是河道生态保护与修复的重要支撑，大任河综合整治工程中针对道路两侧、河道岸坡、河道、景观节点等区域的特点，分别进行植被设计。植物选择秉承多样性、乡土性、文化性、景观性的原则。

道路两侧行道树的选择注重速生长、抗污染、耐瘠薄、易管理等养护成本因素。同时分村配置，打造每个村的特色树种。

河道水生植物保留现状优质芦苇、荷花，新增水生植物千屈菜，主要在沿河两侧亲水位置片植，营造淡紫色浪漫滨河氛围，创建乡村滨河景观带。

整体河道景观绿化以梅类植物为主题植物，突出景点特色。考虑季相变化，丰富植物品种，在绿色基调背景下，配置色叶植物品种，打造环境优美生态自然的滨河景观岸线。

17.3.3　河水安全规划

1. 防洪工程

（1）防洪标准及内容

按照《城市防洪工程设计规范》GB/T 50805—2012，结合水利部门意见，河道防洪设计重现期为 50 年。主要内容包括：河道平面、纵断面、横断面及护岸设计，拦蓄水构筑物设计、河底处理及土方整理等工作。

（2）河道平面布置

根据片区控规及《即墨区大任河河道规划防洪计算书》进行布置，设计河道蓝线结合现状河道和景观需要，在满足行洪的前提下，按照 50 年一遇的防洪要求进行设计。

大任河河道长 3.368km，设计主河槽宽 20～40m，护岸线线型主要为直线与圆弧。

（3）河道横断面设计

大任河为季节性河道，平时水量较少，汛期河道水量较大且水流速度较快，必须保证洪水顺利下泄。河道周边主要为交通及居住建设用地，景观环境要求较高，需要综合考虑河道行洪的需要以及河道周边发展对景观环境的需求，对蓄水段和非蓄水段采用不同的断面形式。

根据设计洪水水面线及安全超高的计算结果，以设计洪水位加安全超高作为河道两侧的堤防控制线，河道两侧的绿化宜高于控制线设计。本次设计中，结合景观的需要，护岸采用斜坡式护岸和重力式护岸相结合的形式，重力式护岸顶标高低于设计常水位 0.5m，平时蓄水在主河槽内进行，汛期洪水漫过主槽到达两岸。

2. 堤防工程

城市防洪建筑物安全超高的规定，主要是考虑洪水计算可能存在的误差、泥沙淤积造成水位的暂时抬高等各种不利因素的影响，而采取的一种弥补措施；同时，安全超高的规定也为防洪抢险提供了有利条件。《堤防工程设计规范》GB 50286—2013 规定，堤顶高程按设计洪水位加堤顶超高确定。堤顶超高包括波浪爬高、风壅增水高度和安全超高。

根据《即墨区蓝色硅谷核心区大任河、大任河河道规划防洪计算书》，设计堤顶超高 $Y = 0.17 + 0.001 + 0.8 = 0.971m$，取 1.0m。

3. 河底处理及防渗

根据地勘报告，本场区地表水为河水，地下水较丰富。地下水类型为潜水，主要赋存于第四系砂层中，局部赋存于黏性土及基岩中。地下水的补给途径主要为侧向径流补给、大气降水，排泄途径主要为地下水的抽取、蒸发及侧向径流。河水与地下水通过侧向径流互相补给。地下水位年变化幅度约在 2.0m。测量时间为枯水期，近 3～5 年来最高水位漫过两侧河堤。本次本着自然、生态的理念，河底防渗根据现场不同地段的实际地质情况，采用黏土防渗的方式。

对于非蓄水段，河底尽量保持原生态的河底，在局部坡降较大、河道冲刷较为厉害的河段，需设置防冲刷设施，护砌方式可考虑干砌石、嵌草砖、种植袋等不同形式；在个别跌差较大，对河道纵坡影响较大的位置适当设置跌水，以减缓河底纵坡。

4. 拦蓄水构筑物

（1）刚性坝蓄水

为满足景观用水的需要，在河道缓坡段采用刚性坝拦蓄水，营造连续、大面积的蓄水段，可以创造亲水空间，改善城市环境，润化城市空气。河道中修建拦蓄水，构筑物不仅可以蓄水，形成一定的景观水面，而且起到调蓄缓流的作用。

（2）生态型蓄水

湿地型河道采用生态性蓄水，为断续、小面积、自然水面，生态性蓄水可以涵养城市地下水、净化河水。河道陡坡段拦蓄水采用高度较矮的多级堆石坝，以降低坝体高度，减少防洪对两侧地块的影响，具体做法详见景观设计图纸。

5. 河道断面整理工程（清淤及填方）

本工程依据设计河底高程进行清淤，结合景观要求及防洪计算整理河道，根据河道规划蓝绿线拓宽断面，修正河道局部急转弯。

根据现阶段的景观方案，河道断面（土方）整理工程总挖量约为17万 m^3，施工时应以实际产生的挖方量为准。

对于填方段，河道回填采用粗粒料、黏土等进行分层回填压实，分层厚度不大于30cm，压实度不小于90%，不得采用淤泥质土、软土、液化土、膨胀土等不良土体进行回填，不得采用粉细砂土进行回填。

6. 截污工程

根据即墨区污水专项规划，沿河截污管道管径DN500，主要收集两侧地块污水和转输上游污水后，污水最终排入大任河污水处理厂。

17.4　生态治理效果

大任河生态治理效果见图17.4-1。

（a）

（b）

图 17.4-1　大任河生态治理效果

（c）

（d）

（e）

图 17.4-1　大任河生态治理效果（续）

（f）

图 17.4-1　大任河生态治理效果（续）

第18章　案例十一　生态修复过程评价
——辽宁省海城市菱镁矿山生态恢复治理工程（二期）过程评价

18.1　项目概况

华子峪镁矿隶属于辽宁金鼎集团有限公司，位于辽宁省海城市八里镇铧子峪，矿区总面积为 3.343km²。治理区为矿区内的一个排岩场，位于华子峪采坑的西北侧山坡区域，受损面积达 39977m²。长期进行排岩活动导致山体严重破损，整体形态呈现多级不规则台阶状，坡度在 34°～49° 之间。为了消除矿山地质灾害隐患，治理矿山地质环境问题，提高矿山土地利用率和恢复生态环境质量，本次治理采用了削坡整形、平台平整、客土处理和种植等工程措施，通过修复破损山体、改善植被立地条件，实现治理区内的植被恢复，以促进可持续发展（图 18.1-1）。

图 18.1-1　海城菱镁矿山治理前状况图

18.2　评价方法

评估生态修复工程的过程可以按照表 6.3-1 的内容打分，并按照表 6.3-2 评级。表 6.3-1 可以根据具体的修复工程情况进行适当的修改和补充。

18.3　生态环境问题诊断评价（10 分）

项目材料中关于生态问题诊断的内容如下：

针对项目面临的生态受损和地质灾害问题，本项目结合现场实地调查、地质勘察，对该区域地质环境问题进行了全面诊断。诊断结果如下：① 生态环境受损严重。治理区由于长期排岩造成边坡裸露，植物立地条件恶劣，原有植被消失殆尽，植被覆盖率几乎为零。② 地质灾害。由于弃渣直接堆填于原始边坡之上，边坡坡度大，边坡稳定性较差，可能引发滑坡等地质灾害。地质灾害的发生不仅危及矿山周围安全，也对生态环境产生不利影响，加剧水土流失、土地荒漠化等次生灾害。③ 空气污染。弃渣排放的过程中形成的粉尘，使八里镇地区的大气降尘量居高不下，不仅影响周围植被的生长，还长期影响了周围居民的生活。

综上所述，问题诊断明确了治理区面临的生态问题（6 分）及地质稳定状况（4 分），评分为 10 分。

18.4　政策分析评价（8 分）

在项目实施过程中，应当始终遵守相关法律、法规，符合地区发展的政策和规划，确保该项目的实施符合法律政策要求和当地发展规划或生态专项规划，并严格按照相关技术标准与规范实施。这不仅有利于保护生态环境，还有利于促进当地经济和社会的发展。该项目材料中对符合的法律及政策分析内容如下：

1. 法律法规及规划依据

（1）《中华人民共和国环境保护法》（2014 年修订）；

（2）《中华人民共和国森林法》（2019 年修订）；

（3）《中华人民共和国土壤污染防治法》（2018 年）；

（4）《中华人民共和国大气污染防治法》（2018 年修订）；

（5）《中华人民共和国水污染防治法》（2017 年修订）；

（6）《中华人民共和国矿山安全法》（2009 年修订）；

（7）《中华人民共和国矿产资源法》（2009 年）；

（8）《中华人民共和国环境影响评价法》（2018 年修订）；

（9）《中华人民共和国土地管理法》（2019 年修订）；

（10）《中华人民共和国固体废弃物污染环境防治法》（2020 年修订）；

（11）《地质灾害防治法条例》（2003年）；

（12）《矿山地质环境保护规定》（2019年修订）；

（13）《土地复垦条例》（2011年）；

（14）《辽宁省地质环境保护条例》（2018年修订）；

（15）《辽宁省地质灾害防治管理办法》（2017年修订）；

（16）《辽宁省实施〈中华人民共和国土地管理法〉办法》（2021年）；

（17）《辽宁省青山保护条例》（2012年）；

（18）《辽宁省土地复垦实施办法》辽政发〔2013〕；

（19）《辽宁省矿产资源管理条例》（2014年修订）；

（20）《辽宁省矿山地质环境保护与治理规划（2016—2020年）》。

2. 矿山治理规章制度

（1）《国务院关于全面整顿和规范矿产资源开发秩序的通知》（国发〔2005〕28号）；

（2）《财政部 国土资源部 环保总局关于逐步建立矿山环境治理和生态恢复责任机制的指导意见》（财建〔2006〕215号）；

（3）《关于进一步加强矿山地质环境保护与恢复治理方案编制及矿山地质环境恢复治理保证金管理的通知》（辽国土资发〔2013〕122号）；

（4）《关于下达2018年度生产矿山地质环境治理和土地复垦任务的通知》（辽国土资项〔2018〕15号）；

（5）《关于印发鞍山市青山工程矿山地质环境治理工作实施方案的通知》（鞍政办发〔2013〕54号）；

（6）《辽宁省青山工程矿山工程破损山体治理工程技术要求》。

综上所述，本项目在实施过程中严格遵守当地相关法律、法规（4分），并符合地区发展的政策和规划（4分），评分为8分。

18.5 目标设计评价（18分）

本项目的设计材料中包含设计依据、结构功能设计及景观设计，具体内容如下：

18.5.1 设计依据（4分）

1. 现状依据

本项目对修复区的自然概况调查情况如下：

（1）气候特征

矿区所在地属大陆性半湿润半干旱季风气候，四季分明，年平均气温 8.9℃，一月平均气温为 −10.2℃，7 月平均气温为 24.8℃。降雨多集中在 6～9 月份，多年均降水量 710.2mm，最大年降水量 1024mm，多年平均蒸发量为 1628mm。无霜期 160d，≥10℃ 积温 3700℃，多年平均日照时数 2536h。全年主导风向为南风，平均风速为 2.8m/s，最大风速为 12.6m/s。冻期为 3.5～4 个月，冻结期为每年的 10 月至次年 4 月。冻土深度约 0.9m。

（2）水文特征

矿区内河流不发育，仅有两条小河流经矿区之西北及东南。河水流量不大，仅雨季流量较大，终年水流不断。矿区东北侧王家坎子水库可供工业用水，水库需水量约 10 万 m^3。

（3）土壤类型

矿区属丘陵沟谷地貌类型，地形起伏较大。土壤以棕壤土、潮棕壤为主，土层厚度约 30～40cm，肥力较高，土壤表层 pH 值约为 6.5～7.2，土壤肥力适中，适宜植物生长。

（4）植被分布

植被为辽东山地西麓暖温带湿润的油松、栎木及其次生灌丛区，代表植物为落叶、松油松和刺槐。灌丛以榛子和胡枝子为主，灌草有白羊草灌草丛、黄背草灌草丛、野古草灌草丛、丛生隐子草灌草丛等。

2. 规范依据

为消除地质灾害隐患，有效恢复生态环境，本项目结构及功能设计依据如下：

（1）《灌溉与排水工程设计标准》GB 50288—2018；

（2）《水土保持综合治理技术规范》GB/T 16453.1−16453.6—2008；

（3）《土地复垦技术标准（试行）》；

（4）《开发建设项目水土保持方案技术规范》SL 204—1998；

（5）《生态公益林建设　技术规程》GB/T 18337.3—2001；

（6）《森林土壤分析方法（国家标准）》GB 7830−7892−87；

（7）《造林技术规程》GB/T 15776—2023；

（8）《建筑边坡工程技术规范》GB 50330—2013；

（9）《滑坡防治工程设计与施工技术规范》DZ/T 0219—2006；

（10）《泥石流灾害防治工程设计规范》DZ/T 0239—2004；

（11）《矿山及其他工程破损山体植被恢复技术》DB 21/T 2019—2012。

18.5.2　结构与功能设计（10 分）

根据当地自然条件、区域地理因素等属性，对矿山环境治理工程进行可行性规划，提出切实可行的工程设计方案，确定本项目治理工程包括：修坡整形工程、客土工程、植被种植工程、道路工程及辅助建筑工程。

1. 修坡整形工程

项目区总体规划设计分为平台种植恢复治理区和斜坡种植恢复治理区两个恢复治理单元，总治理面积约为 39977m²。根据治理区内地形地貌特征，将治理区规划为 5 级阶梯区块，共 8 个平台恢复区。坡度较大的边坡恢复成林地，共划分为 3 个斜坡区块（图 18.5-1）。

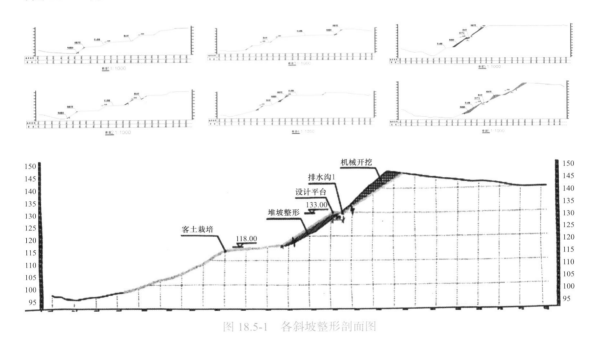

图 18.5-1 各斜坡整形剖面图

修坡整形工程完成情况介绍：

（1）削坡整形工程

本项目区内边坡角度多在 34°～49°，其较为陡峭的边坡角度不利于种植工程施工，因此需要对边坡进行削坡整形，同时对结构不稳定或堆放岩石的坡面进行削坡处理放缓坡度，将设计坡角降至 27°～30°，提高其边坡稳定性，防止坡体失稳造成滑坡，也利于植物生长及坡面的整体美观。3 个斜坡挖方量共计 21496.27m³，填方量共计21100.08m³。项目区内的斜坡整形工程量一览表如表 18.5-1 所示。

（2）平台平整工程

在平整石方时，对平台堆积的大块碎石用挖掘机进行填埋或利用液压镐将其捣碎后再进行平整，对小块碎石采用推土机进行平整及压实。通过网格法计算，8 个平台平整挖方量共计 4555m³，填方量共计 4554m³。平台平整工程量统计表如表 18.5-2 所示。

斜坡整形工程量一览表 表 18.5-1

斜坡区	剖面号	原始坡度（°）	设计坡度（°）	挖方量（m³）	填方量（m³）
Ⅱ1	1-1′	44	27	1432.80	2240.33
	2-2′	40	29	0.00	5373.03
	3-3′	47	30	552.04	401.08
Ⅱ2	4-4′	43	30	13123.63	8007.00
	5-5′	49	29	5864.00	4514.17
Ⅱ3	6-6′	34、39	30	496.80	564.46
合计				21469.27	21100.08

平台平整工程量统计表 表 18.5-2

工程名称	地块	平整标高	挖方量（m³）	填方量（m³）
平整石方	I1	150.37	193.00	192.00
	I2	149.35	352.00	351.00
	I3	159.20	618.00	618.00
	I4	160.15	941.00	940.00
	I5	174.90	1229.00	1229.00
	I6	184.26	467.00	468.00
	I7	189.28	627.00	627.00
	I8	176.24	128.00	129.00
总计			4555.00	4554.00

2. 客土工程

为营造良好的植被生长条件，斜坡区及平台区均采用整体客土方式，全面客土厚度 0.5m。其中，平台区全面客土面积 18819.48m²，总客土量 8907.56m³；斜坡区全面客土面积 17262.70m²，总客土量 9710.85m³；沿道路两侧需种植绿化带，采用坑穴客土方式，种植穴规格、株距同平台、斜坡，共需客土量 36.43m³。整个种植区客土量共计 18655.80m³（表 18.5-3）。

客土工程量一览表 表 18.5-3

区域	地块	面积	全面客土量	坑穴客土量	总客土量
平台	I1	795.95	397.98	12.74	410.71
	I2	1366.07	683.04	21.86	704.89
	I3	2790.55	1395.28	44.65	1439.92
	I4	3354.88	1677.44	53.68	1731.12

续表

区域	地块	面积	全面客土量	坑穴客土量	总客土量
平台	I5	4583.48	2291.74	73.34	2365.08
	I6	2238.35	1119.18	35.81	1154.99
	I7	2335.51	1167.76	37.37	1205.12
	I8	1354.69	677.35	21.68	699.02
斜坡	II1	6708.82	3354.41	107.34	3461.75
	II2	6904.37	3452.19	110.47	3562.66
	II3	3649.51	1824.76	58.39	1883.15
道路		3894.82		36.43	36.43
合计					18655.80

3. 植被种植工程

根据项目地气候类型，选用适宜本地生长的耐寒、耐旱、耐贫瘠的植被，乔木树种主要为刺槐。种植工程量统计表详见表18.5-4，植被种植示意图见图18.5-2。

植物种植工程完成情况介绍：

（1）平台植物种植

排岩场平台种植1~2年生的刺槐，治理面积共28.23亩，种植间距1.5m×1.5m，坑穴规格0.6m×0.6m×0.6m，每穴栽植2株，总计种植刺槐16728株。

种植工程量统计表　　　　　　　　表 18.5-4

地块		面积（m²）	坑穴数量	人工挖种植穴	种植数量	备注
平台	I1	795.95	354	76.41	708	1. 种植刺槐规格：1~2年生； 2. 株距：1.5m×1.5m； 3. 每穴种植2株； 4. 种植穴规格：0.6m×0.6m×0.6m； 5. 道路全长779m，两侧种植刺槐
	I2	1366.07	607	131.14	1214	
	I3	2790.55	1240	267.89	2480	
	I4	3354.88	1491	322.07	2982	
	I5	4583.48	2037	440.01	4074	
	I6	2238.35	995	214.88	1990	
	I7	2335.51	1038	224.21	2076	
	I8	1354.69	602	130.05	1204	
边坡	II1	6708.82	2982	644.05	5963	
	II2	6904.37	3069	662.82	6137	
	II3	3649.51	1622	350.35	3244	
道路		3891.82	1039	224.34	2077	
总计		39974	17076	3688.22	34149	

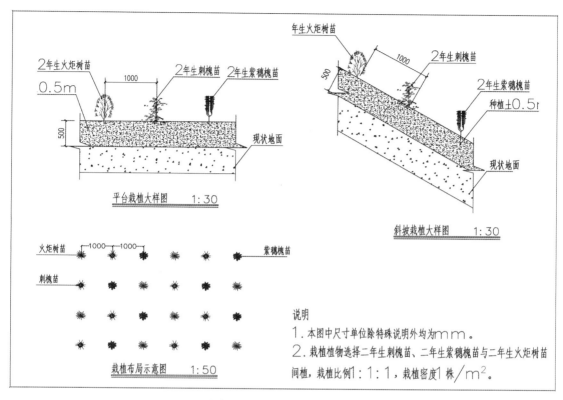

图 18.5-2 植被种植示意图

（2）边坡植物种植

对于边坡种植 1～2 年生的刺槐，治理面积为 25.89 亩，种植株行距 2m×2m，坑穴规格 0.6m×0.6m×0.6m。每穴种植 2 株刺槐，总计种植刺槐 15344 株。

（3）道路两侧植物种植

道路用于本项目上山施工作业之用，需要栽植行道树进行降尘和降低道路地表温度。本项目修建运输道路长 779m，根据实际情况在道路两侧种植单排绿化带，种植株间距为 1.5m，坑穴规格 0.6m 宽×0.6m 长×0.6m 深，每穴种植 2 株，共计种植刺槐 2077 株。

4. 道路工程

道路工程完成情况介绍：通往本项目区及项目区内有车辆通行的自然土质道路，但长期使用、无人维护，路面已经凹凸不平，不能满足项目施工需要，故需要对原有土质道路进行翻修，方便工程施工及后期管护。本工程设计碎石路面道路宽 5m，全长 779m，共计共铺筑面积 3895m^2。

5. 辅助建筑工程

针对降低雨水对坡面的冲刷和保证坡面稳定安全，在坡面设有截排水系统，在坡（顶）面汇水面积较大处设置排水渠、挡水墙，减少汇水对坡面的冲刷。同时，在坡面设置竖向排水沟和溢水管进行有序排水。

18.5.3 景观设计（4分）

在目标设计评分标准中，设计依据明确了修复区域的自然概况，且项目工程中结构及功能设计通过项目区地质环境治理和地形塑造，消除了矿山地质灾害隐患，恢复了水土保持的功能，通过植被设计改善了生态环境，重新构建起生态廊道，恢复了生态价值。但目前景观设计尚有不足，且缺少修复后的景观效果图，应扣除其分值。

综上所述，目标设计评分为14分。

18.6 设计评价（28分）

该项目材料中包含其修复方案如下：

18.6.1 技术路线（8分）

海城菱镁矿山生态修复技术路线见图18.6-1。

图18.6-1 海城菱镁矿山生态修复技术路线

18.6.2 工艺措施（8分）

1. 边坡修整

（1）修坡整形工程。治理区内拟恢复成林地区块需首先进行修坡整形，使其坡面连续，为植被创造良好的立地条件，整形工程技术流程为：测量放线—挖方、填方—填方区平整压实。

（2）客土平整工程。治理区内拟恢复成林地区块需进行客土，客土工程施工技术流程为：测量放线—整体客土—土方整平。

2. 截排水系统

在坡顶、坡底、分级平台等汇水面积加大的区域布设截排水沟，实现坡面有序排水。

3. 植被种植工程

治理区内拟恢复成林地工程施工技术流程为：测量放线—种植穴开挖—刺槐树苗购运—栽植—灌溉。

4. 养护管理

（1）为防止植物幼苗在生长期间出现缺水现象，造成植物生长迟缓甚至死亡，需要在栽植完成至植物成活之前进行养护管理，保证植物生长期间的水分充足。

苗木的养护方式一般分为人工浇水和喷灌两种。人工浇水时，浇水管喷射方向应斜切坡面，避免直射破坏基质造成基质流失；喷灌时，根据设计施工图纸布设管道，正式喷灌前应进行试喷试验，反复调试喷头方向，以免出现喷洒盲区。

（2）用于植物养护的水质须符合现行国家标准《农田灌溉水质标准》GB 5084—2021的有关规定内容；根据气温变化的不同，应适时浇灌封冻水和返青水。

（3）不同植物在不同施肥阶段对肥料需求量不同，为节约人工施肥时间成本，可采用"少量多次"的方式进行施肥，病虫害防治宜采用对环境影响较小的防治措施。根据植物生长状况可采取相应的施肥措施，肥料的使用应符合现行行业标准《化肥使用环境安全技术导则》HJ 555—2010 的有关规定。

18.6.3　方案设计（8分）

施工方案设计文件包括设计说明书、设计图纸、主要设备和材料表项目，具体方案设计文件如下（图 18.6-2～图 18.6-6）：

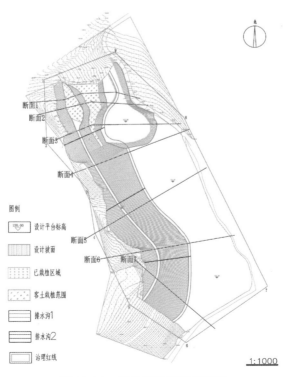

图例

| 130.00 | 设计平台标高 |
| 设计坡面 |
| 已栽植区域 |
| 客土栽植范围 |
| 排水沟1 |
| 排水沟2 |
| 治理红线 |

1:1000

图 18.6-2　绿化工程平面布置图

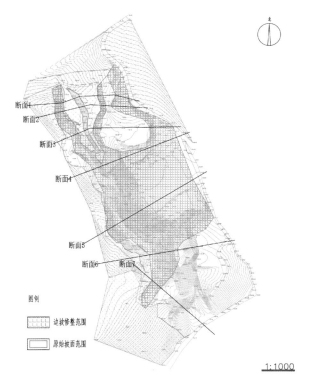

图 18.6-3 土建工程平面示意图

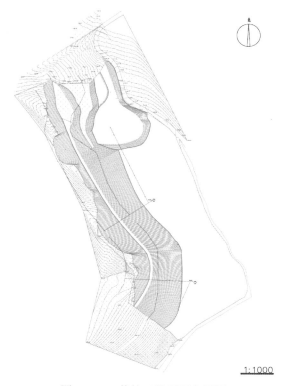

图 18.6-4 养护工程平面布置图

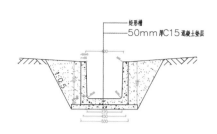

排水沟 1 详图 1：16

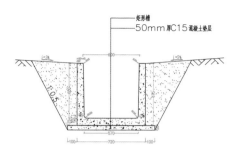

排水沟 2 详图 1：20

排水沟 1 止水条断面图 2：1

排水沟 2 止水条断面图 2：1

排水沟1 说明：
1、沟槽开挖时两侧边坡披度不宜超过1：0.5，砌筑完成后使用渣石回填；
2、矩形槽：采用预制钢筋混凝土结构，单节长度为2m，混凝土强度等级C25F200W4；单节矩形槽两端：一侧为光面，另一侧为凹槽，凹槽呈梯形内宽8mm×外宽12mm×深度10mm，凹槽内镶嵌橡胶止水条；
3、橡胶止水条：内宽8mm×外宽12mm×深度10mm；
4、矩形槽拼接处使用M7.5水泥砂浆抹缝；

排水沟2 说明：
1、沟槽开挖时两侧边坡披度不宜超过1：0.5，砌筑完成后使用渣石回填；
2、矩形槽：采用预制钢筋混凝土结构，单节长度为2m，混凝土强度等级C25F200W4；单节矩形槽两端：一侧为光面，另一侧为凹槽，凹槽呈梯形内宽8mm×外宽12mm×深度10mm，凹槽内镶嵌橡胶止水条；
3、橡胶止水条：内宽8mm×外宽12mm×深度10mm；
4、矩形槽拼接处使用M7.5水泥砂浆抹缝；

图 18.6-5 排水沟设计图

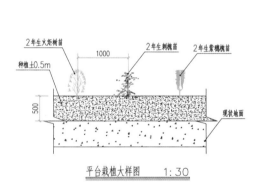

平台栽植大样图 1：30

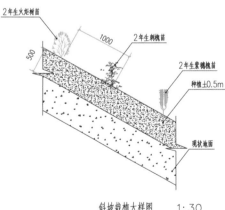

斜坡栽植大样图 1：30

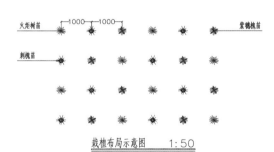

栽植布局示意图 1：50

说明
1.本图中尺寸单位除特殊说明外均为mm。
2.栽植植物选择二年生刺槐苗、二年生紫穗槐苗与二年生火炬树苗同植，栽植比例1：1：1，栽植密度1株/m²。

图 18.6-6 植物栽植设计图

18.6.4　成本预算（4分）

本项目总造价219.49万元，其中工程施工费201.94万元，其他费17.55万元，项目区面积59.97亩，每亩总造价3.65万元，亩均施工费造价3.37万元，项目预算总表见表18.6-1。

项目预算总表　　　　　　　　　　　表18.6-1

序号	单项工程名称	预算金额（万元）	各项费用占工程施工费的比例（%）
1	工程施工费	201.94	92.00
2	设备购置费	—	—
3	其他费用	17.55	8.00
4	不可预见费	—	—
5	总投资	219.49	100.00

通过上述内容可知，本项目方案制定中明确了具体的技术路线、工艺措施、方案设计和成本预算。综上所述，该项评分为28分。

18.7　施工过程评价（27分）

18.7.1　施工组织设计（5分）

1. 施工管理制度

本项目在施工过程中包含了完善人员安排、物资管理使用制度及要求，具体内容如下：

（1）在施工现场建立专职安全机构，进行统一管理。

（2）对施工现场的各种机具、设备、材料、设施等均按施工平面图堆放、布置，保证施工现场整洁、文明，符合生产要求。

（3）在施工现场设置临时栅栏、围墙，禁止非施工人员进入现场。

（4）专人负责施工现场的水源、电源，设备不得乱动。废物、废水应按规定堆放、排放。

（5）在施工现场安置了消防设备，备有足够的灭火器材。

2. 施工组织管理机构

（1）项目工程质量管理制度

成立项目经理部。项目经理对工程质量负责。严格按照设计的工程量和技术要求进行施工，确保工程质量。本项目实行监理制，坚决杜绝豆腐渣工程，务必使本项工程质量达到优质。执行工程经常性检查和阶段检查制度，发现问题坚决返工，返工费由施工单位负责。

（2）项目工程安全管理制度

建立安全生产岗位责任制，项目经理对安全工作全面负责，参加施工人员要签订安全责任书。安全防范重点为：安全防护、机械安全、消防保卫等；各级领导要充分重视安全生产，认真贯彻执行安全法规；在施工生产进行之前，必须进行安全技术交底，交底资料要有负责人员签字；施工现场设专职安全员。

（3）项目资金管理制度

参照建设项目经济核算和项目责任制模式实行项目管理，严格把关经费核算。

（4）项目工程验收管理制度

项目工程在完成计划设计工程任务后，由施工单位向鞍山市国土资源局提出竣工申请，由海城市国土局组织相关部门进行初验，验收合格后报鞍山市国土资源局进行终验。由鞍山市国土资源局组织有关专家、设计单位、施工单位和监理单位对工程进行验收，并将验收结果上报国土资源厅。

3. 施工准备

（1）现场调查。调查内容主要包括边坡周边环境、边坡范围、施工条件以及施工前水源、电源、道路交通、生活设施、材料堆放等临时设施的布置。

（2）确定种植植物。根据现状环境确定适宜当地的植物种子为刺槐种子。刺槐种子在使用前应测定其发芽率，发芽率低的种子采用催芽的方式处理。

（3）确定其他材料质量。

4. 施工方案

（1）修坡整形施工安排。治理区内拟恢复成林地区块需首先进行修坡整形，使其坡面连续，为植被创造良好的立地条件，整形工程技术流程为：测量放线—挖方、填方—填方区平整压实。

（2）客土平整施工安排。治理区内拟恢复成林地区块需进行客土，客土工程施工技术流程为：测量放线—整体客土—土方整平。

（3）植被种植施工安排。治理区内拟恢复成林地工程施工技术流程为：测量放线—种植穴开挖—刺槐树苗购运—栽植—灌溉。

18.7.2　施工质量（12分）

施工符合国家法律、行政法规和技术标准、规范的要求，在施工过程中，为了保证工程质量，需要对施工过程进行严格控制。具体从以下四个方面进行控制：

1. 现场管理

在施工现场建立有专职安全机构，进行统一管理。

2. 材料管理

对施工现场的各种机具、设备、材料、设施等均按施工平面图堆放、布置，保证施工现场整洁、文明，符合生产要求。

3. 机械设备管理

专人负责施工现场的水源、电源，设备不得乱动。废物、废水应按规定堆放、排放。在施工现场安置了消防设备，备有足够的灭火器材。

4. 人员管理

在施工现场设置临时栅栏、围墙，禁止非施工人员进入现场。

18.7.3 施工计划（5分）

2019 年 11 月至 2020 年 5 月进行施工，竣工验收安排在 2020 年 7 月。养护期从 2020 年 7 月至 2022 年 7 月（表 18.7-1）。

施工进度表

表 18.7-1

月份	2019 年 11 月	2019 年 12 月	2020 年 1 月	2020 年 2 月	2020 年 3 月	2020 年 4 月	2020 年 5 月
削坡整形工程	✓	✓	✓				
平整工程		✓	✓	✓			
客土工程			✓	✓	✓	✓	
种植工程						✓	✓
灌溉工程						✓	✓
道路工程	✓						
养护工程						✓	✓

18.7.4 项目验收（5分）

完成项目建设后，通过对项目的各项工作进行全面检查和评价，确认其符合设计要求、规范标准和合同约定。

本项目具有完善的施工设计文件，施工管理措施目标明确，包含完善的人员安排和管理制度、物资和机械使用制度、工期安排和施工计划、工程质检和监督制度，施工质量达标，施工报验资料完备并符合审计要求，但验收证明材料尚有不足。综上所述，该项评分为 22 分。

18.8　管理与养护评价（9 分）

关于养护的资料内容如下：

工程竣工后，参照前期维护部分进行为期 2 年养护工作，并安排 2 名专门养护人员，2 年养护期合计 1000 工日。主要进行加土、扶正、修剪、松土、除草、浇灌、施肥等日常管理工作。

养护管理方案包括：① 海城的春季天气较为干旱，为防止植物幼苗在生长期间出现缺水现象，造成植物生长迟缓甚至死亡，需要保证植物在第一年春季水分供给充足。② 采用人工拉车灌溉方式。人工浇水时，浇水管喷射方向应斜切坡面，避免直射破坏基质，造成基质流失；喷灌时，根据设计施工图纸布设管道，正式喷灌前应进行试喷试验，反复调试喷头方向，以免出现喷洒盲区。③ 用于植物养护的水质须符合现行国家标准《农田灌溉水质标准》GB 5084—2021 的有关规定内容。第一年浇灌 3 次，养护期除正常降雨外每年灌溉 2 次，养护期为 2 年。因此，需要浇水约 7 次，共需要水量 4925m³。④ 植物在不同施肥阶段对肥料需求量不同，根据植物生长状况采取相应的施肥措施，为节约人工施肥时间成本，可采用"少量多次"的方式进行施肥，病虫害防治宜采用对环境影响较小的防治措施。

本项目在养护工作中安排有专门的养护人员、完善的养护设施及养护方案，综上所述，该项评分为 9 分。

18.9　评价结果

综上，根据表 6.3-1 的评分方法和表 6.3-2 的评级方法，该工程过程评价总得分为 91 分，评级为优秀。说明该项目的立项与设计过程符合国家和地方政策；在实施生态修复工程之前，进行了详细的环境评估和问题诊断，以确定问题的根源和最佳的解决方案。在实施方案设计阶段遵守相关法律、法规、技术标准，符合地区发展的政策和规划，并在实施过程中严格按照预定计划执行。在实施阶段以恢复矿山生态系统健康和稳定为目标，采用的技术和方法经过充分验证和测试，达到高标准，以确保最大限度地减少对环境的负面影响，同时满足社会的期望和需求。

第 19 章 案例十二 生态修复效果评价
——内蒙古自治区包头钢铁集团尾矿库生态修复项目

19.1 项目背景及修复效果

本项目的背景与方法见第 10 章案例三。生态修复后效果如图 19.1-1 所示。

（a） 恢复后 25 天

（b） 恢复后 3 个月

（c） 恢复后 1 年

（d） 恢复后 1 年 3 个月

（e） 恢复后 2 年

（f） 恢复后 2 年

图 19.1-1 生态修复后效果

19.1.1 生态修复区植被恢复效果

团粒喷播生态修复 3 个月后，修复区域木本植物均匀分布（图 19.1-1）。经修复后 1 年的养护管理，柠条锦鸡儿、小叶锦鸡儿和胡枝子等木植物生长茂盛，具有较高的生物量，实现生态修复区域植物 100% 完全覆盖（图 19.1-1）。

生态修复 10 年后，团粒喷播生态修复区域形成了以木本植物为主的植被群落结构，而在同一尾矿库采用普通客土喷播生态修复区域和未经人工干预区域形成了以草本植物为主的植被群落结构。与普通客土喷播生态修复区域和未经人工干预区域相比，团粒喷播生态修复区域植被群落的多样性最高（图 19.1-2），说明团粒喷播生态修复区域土壤环境更有利于植物定植，同时也为植物生长提供了充足的养分，促进生态修复区植被群落结构的形成，使生态系统更加稳定。

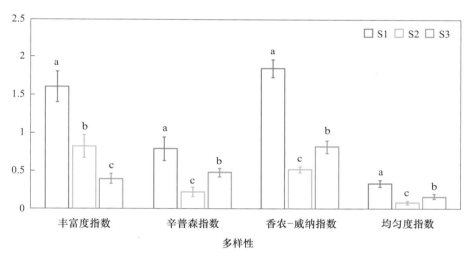

图 19.1-2 植被群落多样性

注：图中 S1 表示团粒喷播生态修复区域；S2 表示普通客土喷播生态修复区域；S3 表示未经人工干预区域；不同小写字母 a、b、c 表示差异显著（$p < 0.05$）

19.1.2 生态修复区土壤微生物群落结构

土壤微生物群落是土壤生态系统的重要组成部分，与土壤中有机物的分解、物质循环和能量转移等过程密切相关，是生态修复效果评价的重要指标之一。生态修复 10 年后，团粒喷播生态修复区域土壤细菌和真菌的 Simpson 指数显著高于普通客土喷播生态修复区域（图 19.1-3），说明团粒喷播生态修复后，土壤环境得以改善，植被生物量和多样性显著提升，形成大量的凋落物和根系分泌物为微生物生长提供了充足的营养基础，使微生物的多样性提高。

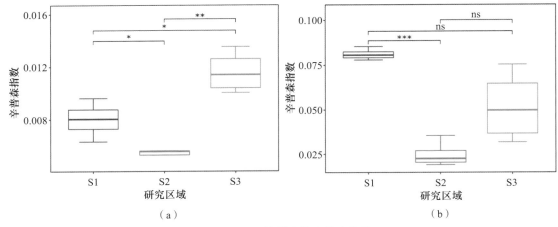

图 19.1-3　土壤微生物辛普森指数

注：图中 S1 表示团粒喷播生态修复区域；S2 表示普通客土喷播生态修复区域；S3 表示未经人工干预区域；
　　a 表示土壤细菌；b 表示土壤真菌；＊表示显著差异（$p < 0.05$）；＊＊表示极显著差异（$p < 0.01$）；
　　＊＊＊表示非常显著差异（$p < 0.001$）；ns 表示无显著差异

1. 土壤细菌群落结构

土壤细菌科水平的群落组成差异图表明，团粒喷播生态修复后土壤中芽孢杆菌和根瘤菌的相对丰度显著高于普通客土喷播生态修复区域和未经人工干预区域（图 19.1-4）。芽孢杆菌具备适应多种极端环境的能力，同时芽孢杆菌在生长过程中还会产生高活性分解酵素，促进土壤中有机物质的分解，加速土壤养分的循环进程。根瘤菌能够与豆科植物共生，形成的固氮体系不仅为宿主植物提供必需氮素营养，还能为生态系统中其他植物和微生物提供可利用氮源。团粒喷播生态修复区域形成芽孢杆菌和根瘤菌的双接种效应，促进了区域内生态系统的平衡和发展。

另一方面，团粒喷播生态修复区域化能异养型细菌的相对丰度较低，而固氮、芳香降解和硝酸盐反应细菌的相对丰度较高（图 19.1-5），说明团粒喷播生态修复区域的细菌除化能异养生长繁殖外，还可通过自养和光能异养来生长代谢，同时参与物质循环、固氮等的功能菌也为生态修复区生物的生长提供充足的养分，为生态修复区域植被群落建立提供物质基础。

2. 土壤真菌群落结构

土壤真菌属水平的群落组成差异图表明，团粒喷播生态修复后土壤中 *Mortierella* 的相对丰度显著高于普通客土喷播生态修复区域和未经人工干预区域（图 19.1-6）。*Mortierella* 菌丝体是一种潜在的植物病原、昆虫和害虫生物防治剂，也是可溶解磷酸盐的真菌，不仅能够抵抗植物病原菌的侵害，还能够为自身和植物生长提供有效态磷。

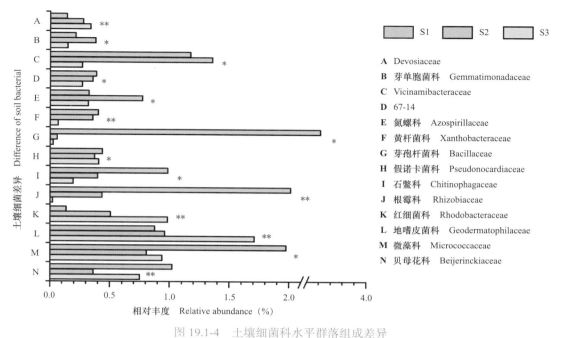

图 19.1-4 土壤细菌科水平群落组成差异

注：图中 S1 表示团粒喷播生态修复区域；S2 表示普通客土喷播生态修复区域；S3 表示未经人工
　　干预区域；＊表示显著差异（$p < 0.05$）；＊＊表示极显著差异（$p < 0.01$）

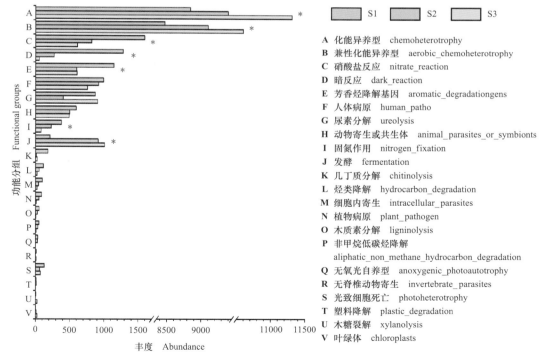

图 19.1-5 土壤细菌的生态功能

注：图中 S1 表示团粒喷播生态修复区域；S2 表示普通客土喷播生态修复区域；S3 表示未经人工
　　干预区域；＊表示显著差异（$p < 0.05$）；＊＊表示极显著差异（$p < 0.01$）

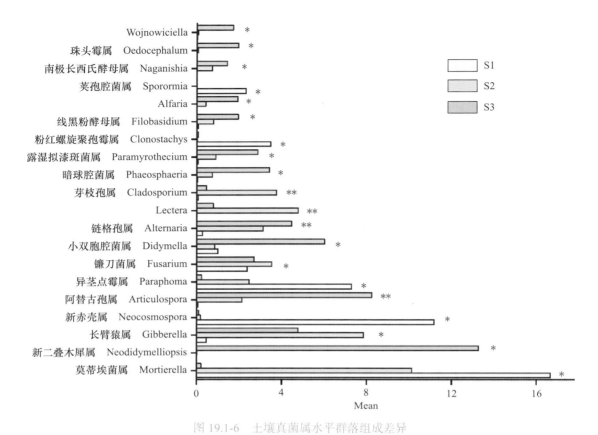

图 19.1-6　土壤真菌属水平群落组成差异

注：图中 S1 表示团粒喷播生态修复区域；S2 表示普通客土喷播生态修复区域；S3 表示未经人工
干预区域；＊表示显著差异（$p < 0.05$）；＊＊表示极显著差异（$p < 0.01$）

土壤真菌生态功能图表明，团粒喷播生态修复区域营腐生真菌和内生真菌的相对丰度高于普通客土喷播生态修复区域（图 19.1-7）。内生真菌能够通过固氮、溶磷、调节植物激素水平、改变根系形态、调节渗透性、增强溶解活性等作用促进调节植物生长，帮助寄主植物抵御恶劣环境，而团粒喷播生态修复区域中的 *Motierella* 就属于内生真菌。此外，内生真菌会与病原菌竞争生态位和营养物质，使得团粒喷播生态修复区域的动植物病原菌的相对丰度明显降低，保障修复区植被不受病原菌的侵害，促进了修复区生态系统的可持续发展。

相对于团粒喷播，普通客土喷播生态修复区域和未经人工干预区域的动植物病原菌的相对丰度较高（图 19.1-7），动植物病原菌能够从寄主细胞获取营养物质，进而抑制动植物的生长繁育，阻碍生态修复的进程，最终影响生态修复效果。

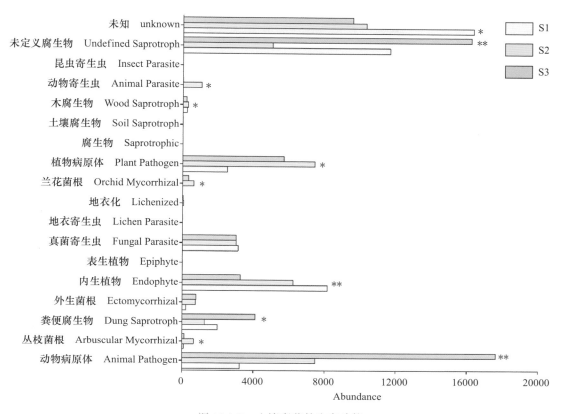

图 19.1-7 土壤真菌的生态功能

注：图中 S1 表示团粒喷播生态修复区域；S2 表示普通客土喷播生态修复区域；S3 表示
未经人工干预区域；＊表示显著差异（$p < 0.05$）；＊＊表示极显著差异（$p < 0.01$）

19.2 生态修复成效评价

19.2.1 评价方案制定

由于场地尺度和评价方法的原因，选择 HJ1272 指标体系中的重要生态系统面积、植被覆盖度、环境质量、生物多样性和主导生态功能这五项作为本次评价指标，对各项指标的分值进行重新调整（表 19.2-1）。重新制定的生态修复工程功能成效（EFI）分级表如表 19.2-2 所示。

生态修复工程功能成效评估指标   表 19.2-1

序号	评估指标	评估指标说明	指标分值
1	重要生态系统面积	评估区内森林、灌丛、草地、湿地、农田（非生态用地转化）、典型海洋生态系统等面积增长情况	15

续表

序号	评估指标	评估指标说明	指标分值
2	植被覆盖度	评估区内有植被覆盖区域的生长季平均植被覆盖度提升情况	15
3	环境质量	评估区内土壤质量改善情况	30
4	生物多样性	评估区植物物种多样性提升情况	20
5	主导生态功能	评估区水源涵养、土壤保持、防风固沙、固碳、海岸防护等主导生态功能提升情况	20

生态修复工程功能成效（EFI）分级表　　　　　表 19.2-2

指数分值范围	成效分级
$90 \leqslant ERI \leqslant 100$	优秀
$80 \leqslant ERI < 90$	良好
$60 \leqslant ERI < 80$	合格
$ERI < 60$	不合格

19.2.2　各项内容评分

1. 重要生态系统面积

根据 HJ 1272 和表 19.2-1 制定重要生态系统面积评分表，如表 19.2-3 所示。

重要生态系统面积评分表　　　　　表 19.2-3

重要生态系统面积增长率（S_r）	得分
$0.5\% \leqslant S_r$	15
$0 < S_r < 0.5\%$	$9 + 6 \times S_r / 0.5\%$
$-0.5\% \leqslant S_r \leqslant 0$	9
$S_r < -0.5\%$	0

重要生态系统面积增长率（S_r）的计算公式如下：

$$S_r = \frac{\sum_{i=1}^{n} S_i - \sum_{i=1}^{n} S_i'}{\sum_{i=1}^{n} S_i'} \times 100\% \tag{19.2-1}$$

式中，S_r——重要生态系统面积增长率；

　　　S_i——森林、灌丛、草地、湿地、农田等重要生态系统的当前面积；

　　　S_i'——森林、灌丛、草地、湿地、农田等重要生态系统治理前原有面积；

　　　i——重要生态系统类别序号；

　　　n——类别数量。

修复区域从 2010 年至 2021 年各级别植被覆盖度的变化如图 19.2-1 所示，修复区根据植被覆盖度分为五个等级：较低（0～20%）、低（20%～40%）、中（40%～60%）、高（60%～80%）、较高（80%～100%）。2010 年至 2021 年，中覆盖度以上区域面积占比从66.5% 增加到 98.3%，增加了原有面积的 47.8%（S_r）。因此，重要生态系统面积得分为 15。

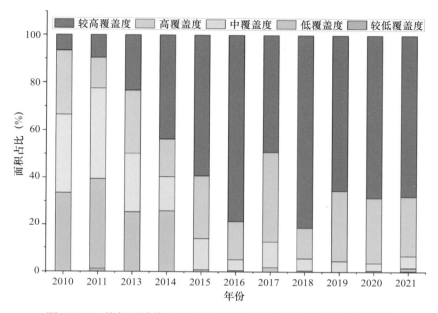

图 19.2-1　修复区域从 2010 年至 2021 年各级别植被覆盖度的变化

2. 植被覆盖度

根据 HJ 1272 和表 19.2-2 制定植被覆盖度评分表（表 19.2-4）。

表 19.2-4

植被覆盖度评分表

植被覆盖度提升率（VC_r）	得分
$5\% \leqslant VC_r$	15
$0 < VC_r < 5\%$	$9 + 6 \times VC_r/5\%$
$-5\% \leqslant VC_r \leqslant 0$	9
$VC_r < -5\%$	0

植被覆盖度提升率（VC_r）的计算公式如下：

$$VC_r = \frac{VC - VC'}{VC'} \times 100\% \qquad (19.2\text{-}2)$$

式中，VC_r——植被覆盖度提升率；

　　VC——当前植被覆盖度；

　　VC'——生态系统治理前的植被覆盖度。

修复区域和对照区域的植被覆盖度年际变化如图 19.2-2 所示。2010 年至 2021 年，生态修复区的植被覆盖度从 51.5% 提升到 83.1%，提升率为 61.4%（VC_r），因此植被覆盖度得分为 15。

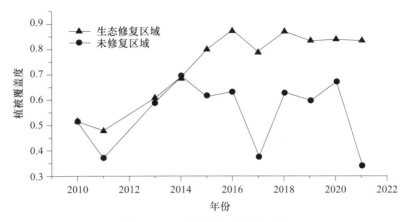

图 19.2-2　植被覆盖度年际变化

3．环境质量

由于 HJ-2022 指南中没有明确环境质量评价的具体指标和方法，本次评价依据项目的具体情况确定评价指标。由于包钢区域土壤中存在较严重的盐化和重金属污染问题，因此选择盐化指标电导率和主要重金属铅、铬、铜、锌的含量作为本次环境质量评价的指标。各项指标满分均 6 分，5 项共 30 分。环境质量评分表如表 19.2-5 所示。

表 19.2-5

环境质量评分表

环境质量治理率（EQ_r）	得分
$5\% \leqslant EQ_r$	6
$0 < EQ_r < 5\%$	$3 + 3 \times EQ_r/5\%$
$-5\% \leqslant EQ_r \leqslant 0$	3
$EQ_r < -5\%$	0

各项环境指标的治理率（EQ_r）的计算公式如下：

$$EQ_r = \frac{EQ_i' - EQ_i}{EQ_i'} \times 100\% \qquad (19.2\text{-}3)$$

式中，EQ_r——该项环境指标的治理率；

　　EQ_i——当前第 i 项环境指标数值；

　　EQ_i'——生态系统治理前第 i 项环境指标数值；

　　i——环境指标编号。

生态修复前后项目区土壤环境各项指标对比如表 19.2-6 所示，电导率由修复前的 916mS/m 降低为 132.90mS/m，降低了 85.5%（EQ_r），因此该项得 6 分；铅、铬、铜和锌分别降低了 33.5%、2.8%、32.2% 和 19.0%，分别可得 6 分、4.68 分、6 分和 6 分，因此该项目在环境质量方面的总得分为 28.68 分。

生态修复前后项目区土壤环境各项指标对比　　　　　　　表 19.2-6

土壤环境指标	修复前	修复后
电导率（mS/m）	916.00	132.90
铅（mg/kg）	192.2	127.9
铬（mg/kg）	124.9	121.4
铜（mg/kg）	215.2	145.8
锌（mg/kg）	344.0	278.6

4. 植物物种多样性

根据 HJ 1272 和表 19.2-2 重新制定植物物种多样性评分表（表 19.2-7）。

植物物种多样性评分表　　　　　　　表 19.2-7

多样性提升率（LB_r）	得分
$5\% \leqslant LB_r$	20
$0 < LB_r < 5\%$	$9 + 6 \times LB_r / 5\%$
$-5\% \leqslant LB_r \leqslant 0$	9
$LB_r < -5\%$	0

植物多样性提升率（LB_r）的计算公式如下：

$$LB_r = \frac{LB - LB'}{LB'} \times 100\% \tag{19.2-4}$$

式中，LB_r——植物多样性提升率；

LB——当前植物种数量；

LB'——生态系统治理前的植物种数量。

统计发现，本项目区生态修复后植物共有 13 种而修复前仅有 5 种，多样性提升了 140%，因此植物物种多样性得 20 分。

5. 固碳功能

根据 HJ 1272 和表 19.2-2 重新制定固碳功能评分表（表 19.2-8）。

固碳功能评分表　　　　　　　　　　　表 19.2-8

固碳功能提升率（DF_r）	得分
$5\% \leqslant DF_r$	20
$0 < DF_r < 5\%$	$9 + 6 \times DF_r / 5\%$
$-5\% \leqslant DF_r \leqslant 0$	9
$DF_r < -5\%$	0

固碳功能提升率（DF_r）的计算公式如下：

$$DF_r = \frac{DF - DF'}{DF'} \times 100\% \qquad (19.2\text{-}5)$$

式中，DF_r——固碳功能提升率；

　　　DF——当前生态系统的碳密度；

　　　DF'——生态系统治理前的生态系统碳密度。

调查结果表明，生态修复后，项目区植被碳密度为 5.29g/m²，土壤碳密度为 2.77g/m²，合计总碳密度为 8.08g/m²。修复前区域的总碳密度为 3.02g/m²，增加了 167.5%。因此固碳功能方面得 20 分。

19.2.3　成效评分与评级

经计算与评估，包钢尾矿库生态修复项目的各项评分分别为，重要生态系统面积——15 分，植被覆盖度——15 分，环境质量——28.68 分，植物物种多样性——20 分，固碳功能——20 分，共计 98.68 分。

根据表 19.2-3 对生态修复成效进行评级，结果为优秀，说明包头钢铁集团尾矿库生态修复项目使项目区在生态系统各方面指标均有显著的提升。

第20章 案例十三 碳汇估算

——广东省珠海市三角岛生态修复项目碳汇估算

20.1 项目概况

本项目的项目背景及技术方案见第12章案例五。该项目共新增绿地面积142000m²，改造绿地面积50000m²。属于边坡喷播新增绿地面积48000m²。

20.2 抽样清查建立基础数据库

根据前期调查，得到基础数据如下（表20.2-1～表20.2-3）：

不同生长时间主要优势种的有机碳含量（g/kg）　　　表20.2-1

喷播时间（个月）	银合欢	金合欢	台湾相思
3	446.53±43.24	370.50±29.74	484.67±6.23
6	432.97±39.89	392.39±31.17	490.44±16.85
9	440.54±50.43	384.86±9.27	433.17±62.88
12	465.68±13.26	465.08±39.13	484.22±12.50
18	473.28±30.03	480.39±35.05	511.25±44.85
均值	451.8	418.644	480.75
变异系数	0.04	0.12	0.06

主要优势植物的生长参数　　　表20.2-2

序号	银合欢			金合欢			台湾相思		
	株高（cm）	地径（cm）	生物量（g）	株高（cm）	地径（cm）	生物量（g）	株高（cm）	地径（cm）	生物量（g）
1	57	0.5	5.78	39	0.4	2.21	48	0.3	3.54
2	60	0.6	5.79	33	0.4	2.71	45	0.3	3.77
3	50	0.5	5.41	38	0.4	2.58	30	0.3	1.11

续表

序号	银合欢			金合欢			台湾相思		
	株高（cm）	地径（cm）	生物量（g）	株高（cm）	地径（cm）	生物量（g）	株高（cm）	地径（cm）	生物量（g）
4	81	0.8	6.9	32	0.4	2.90	38	0.3	1.91
5	90	0.6	11.38	42	0.4	2.19	40	0.3	2.62
6	173	1.1	37.33	46	0.4	4.08	35	0.3	2.11
7	185	1.1	50.42	45	0.4	4.69	47	0.4	5.73
8	173	1.1	49.65	48	0.6	4.70	26	0.2	0.87
9	134	0.9	24.22	55	0.6	6.99	18	0.15	0.24
10	131	0.8	16.81	60	0.6	5.99	22	0.2	0.68
11	163	0.8	21.32	60	0.4	5.91	24	0.2	0.60
12	370	3	760.95	65	0.7	6.10	58	0.5	12.56
13	420	3.5	938.01	82	0.7	25.76	85	0.9	18.92
14	390	3.4	784.61	105	0.8	29.80	87	1	19.91
15	235	1	59	145	0.9	48.22	108	1.1	67.45
16	197	1.1	90.59	161	1.5	55.41	161	2.1	368.39
17	120	0.3	6.86				202	2.2	462.99
18	140	0.4	9.12						
19	151	0.8	11.2						
20	247	1.4	160.52						
21	330	1.7	183.69						
22	345	2	343.8						

不同立地的土壤有机碳含量（g/kg）　　　　　　　　　　表 20.2-3

重复	坡上	坡中	坡底
1	14.19996	13.18077	10.78712
2	9.056736	19.61415	16.92845
3	6.181073	8.121733	16.87527
4	10.83036	13.60483	15.59041
5	13.56343	7.012045	4.63297
6	15.21131	18.21208	9.574044
平均	11.50715	13.29094	12.39804
总体均值	12.39871	变异系数	7.19%

20.3 经验参数的确定与经验公式的拟合

20.3.1 确定经验参数

经过对数据库的分析，得出银合欢、金合欢和台湾相思的碳含量经验参数分别为 451.8g/kg，418.64g/kg 和 480.75g/kg。喷播区域土壤的有机碳含量经验参数为 12.4g/kg。

20.3.2 拟合经验公式

使用 SPSS22 的曲线估计进行公式拟合，选择优度最接近 1 的公式作为经验公式（图 20.3-1）。得出银合欢、金合欢和台湾相思的生物量估算经验公式，如下所示：

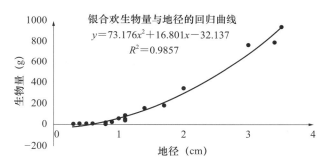

图 20.3-1 银合欢生物量经验公式拟合

1. 银合欢生物量估算经验公式

使用银合欢的地径对生物量进行估算，经验公式如下：

$$y = 73.176x^2 + 16.801x - 32.137 \qquad R^2 = 0.9857 \qquad (20.3-1)$$

2. 金合欢生物量估算经验公式

使用金合欢的株高对生物量进行估算（图 20.3-2）。经验公式如下：

$$y = 0.4335x - 15.471 \qquad R^2 = 0.9636 \qquad (20.3-2)$$

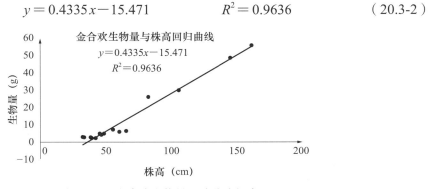

图 20.3-2 金合欢生物量经验公式拟合

3. 台湾相思生物量估算经验公式

使用台湾相思的地径对生物量进行估算（图20.3-3）。经验公式如下：

$$y = 46.186x^2 \qquad R^2 = 0.9624 \qquad (20.3\text{-}3)$$

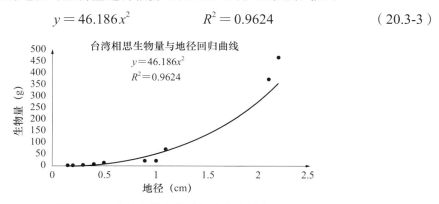

图 20.3-3　台湾相思生物量经验公式拟合

20.4　现状基础数据调查与碳汇估算

20.4.1　植物碳汇估算

经过对面积为 500m² 的抽查样地调查，获得当期的植被生长状况基础数据。根据生长参数估算的银合欢、金合欢和台湾相思的生物量和碳汇（表 20.4-1～表 20.4-3）。

银合欢生长参数调查结果及生物量估算表　　　　　　　　　　　　　表 20.4-1

调查编号	株高（cm）	地径（cm）	生物量估算（g）
1	300	2.8	572.93
2	270	2.2	349.32
3	210	1.8	228.72
4	230	2.4	418.16
5	260	1.7	202.12
6	225	1.8	228.72
7	205	1.5	153.21
8	202	1.8	228.72
9	229	1.3	109.99
10	204	1.4	130.89
11	191	1.2	90.52
12	198	1	55.84
13	190	1.2	90.52
14	195	1.3	109.99

续表

调查编号	株高（cm）	地径（cm）	生物量估算（g）
15	192	1.1	72.47
16	203	1.5	153.21
17	243	1.8	228.72
18	303	2.6	492.70
19	183	1.5	153.21
20	203	2	286.17
平均生物量			217.80
平均生长密度（株 /m²）	56		
总生物量估算值（kg）	585446.4		
总碳储量估算值（kg）	268193.0		

金合欢生长参数调查结果及生物量估算表　　　　表 20.4-2

金合欢碳储量估算			
调查编号	株高（cm）	地径(cm)	生物量估算（g）
1	112	1	33.08
2	105	0.7	30.05
3	120	0.8	36.55
4	100	0.8	27.88
5	105	0.7	30.05
6	108	0.7	31.35
7	92	0.7	24.41
8	115	0.7	34.38
9	72	0.5	15.74
10	60	0.4	10.54
11	120	0.6	36.55
12	113	0.6	33.51
13	53	0.2	7.50
14	44	0.4	3.60
15	44	0.4	3.60
16	46	0.4	4.47
17	65	0.7	12.71
18	82	0.7	20.08
19	105	0.8	30.05
20	145	0.9	47.39
平均生物量			23.67
平均生长密度（株 /m²）	20.8		
总生物量估算值（kg）	23636.17		
总碳储量估算值（kg）	9895.05		

台湾相思生长参数调查结果及生物量估算表　　　　表 20.4-3

调查编号	株高	地径 (cm)	生物量估算（g）
1	19	0.2	0.73
2	28	0.3	2.08
3	65	0.4	4.37
4	62	0.4	4.37
5	54	0.4	4.37
6	42	0.3	2.08
7	42	0.3	2.08
8	39	0.3	2.08
9	44	0.4	4.37
10	46	0.4	4.37
11	300	2.8	653.27
12	110	0.7	18.45
13	98	0.8	26.01
14	120	1.1	59.02
15	100	1	46.19
16	88	0.8	26.01
17	93	1	46.19
18	102	0.9	35.22
19	110	0.8	26.01
20	87	0.7	18.45
平均生物量			49.29
平均生长密度（株 /m²）	22.4		
总生物量估算值（kg）	52993.3824		
总碳储量估算值（kg）	25476.56859		

总体植物碳储量估算值＝银合欢碳储量估算值＋金合欢碳储量估算值＋台湾相思碳储量估算值：

$$＝ 268193 ＋ 9895 ＋ 25476 ＝ 303564（kg）$$

20.4.2　土壤碳汇估算

调查发现当前的不同调查样地的土层厚度和容重如表 20.4-4 所示：

不同调查样地的土层厚度和容重   表 20.4-4

样地编号		1	2	3	4	5	6	7	8	9	10	平均
厚度	cm	8.2	6.6	5.4	6.8	7.3	9.0	7.5	7.2	6.9	5.5	7.04
容重	g/cm³	1.11	0.92	0.89	1.12	1.21	0.88	0.97	0.99	1.21	1.3	1.06

根据平均土层厚度和土壤有机碳含量经验参数可以计算单位面积土壤碳储量为：$12.4 \times 7.04 \times 1.06/100 = 0.925 kg/m^2$，则 $48000 m^2$ 的喷播样地，土壤碳储量估算值为 $0.925 \times 48000 = 44400 kg$。

20.4.3 总碳储量及固碳经济价值估算

植物和土壤合计固碳 $303564 + 44400 = 347964 kg$。$347964 kg$ 固碳量相当于固存二氧化碳当量 1275.868t，结合当地近期的碳交易价格（广东碳交易价格 2023 年第 17 周为 83.97 元 /t），三角岛生态修复边坡喷播修复新增碳汇价值为 107134 元。